W0031806

Lyall Watson

Der Duft der Verführung

Das unbewusste Riechen und die Macht der Lockstoffe

Aus dem Englischen von
Yvonne Badal

S. Fischer

Die Originalausgabe erschien 1999 unter dem Titel
›Jacobson's Organ And the Remarkable Nature of Smell‹
bei Allen Lane/The Penguin Press, London

Satz: Pinkuin Satz und Datentechnik, Berlin
Druck und Bindung: Clausen & Bosse, Leck
Printed in Germany
ISBN 3-10-089406-5

Das Geheimnisvollste, das Allermenschlichste,
ist Geruch ...
COCO CHANEL

Inhalt

Direkt unter unserer Nase

Wir haben einen guten Riecher. Wir wittern Probleme, folgen und schlagen auf dem Weg zum Ziel oft Richtungen ein, die alles andere als nahe liegend sind. Trotzdem disqualifizieren wir hartnäckig unsere Riechfähigkeiten und tun verächtlich so, als sei die menschliche Nase nichts als ein Gebrauchsgegenstand.

Sicher, die meisten Tiere haben einen ausgeprägteren Geruchssinn. Hunde sind millionenfach geschickter im Erschnüffeln sozialer Fährten, Igel tausendmal besser gerüstet für das Aufspüren von Fressbarem. Doch sogar wir Menschen sind bemerkenswert gut im Wahrnehmen, Erkennen und Erinnern von Gerüchen, obwohl unsere olfaktorischen Zentren nur ein Tausendstel unserer Hirnkapazität in Anspruch nehmen.

Wir können allein am Geruch erkennen, wer mit uns verwandt ist oder in welchem Stadium des Menstruationszyklus sich unsere Frauen und Freundinnen befinden. Wir wittern Krankheiten und Gefahr und können zwischen frischer und verdorbener Nahrung unterscheiden. Wir wissen, was Rousseau meinte, als er schrieb, der Geruchssinn sei der Sinn unseres Erinnerns und Begehrens. Es ist uns bewusst, dass dies der sinnlichste all unserer Sinne ist, wie Diderot einmal sagte. Wir erkennen auch den Wahrheitsgehalt von Helen Kellers Behauptung, dass der Geruchssinn zwar der »gefallene Engel« unter unseren Sinnen, aber dafür ein mächtiger Hexenmeister sei, der uns in all den Jahren unserer Existenz über viele Tausende Kilometer sicher geleitet hat.

Woher also diese Ambivalenz? Irgendwas scheint uns entgangen zu sein. Und ich glaube auch zu wissen, was das ist: Wir übersehen, dass wir seit Urzeiten ein eigenartiges

Körperteil besitzen, obwohl wir es sozusagen direkt vor unserer Nase haben. Die Naturwissenschaften kennen es seit 1811. Den Biologen ist es als Struktur im Gaumendach von Schlangen vertraut, mit der das Reptil Moleküle »schmeckt«, die von seiner ruckartig hervorschießenden Zunge eingesammelt wurden. Anatomen haben Entsprechendes auch in den Nasenhöhlen von Opossums, Ameisenbären, Fledermäusen, Katzen, Wildkaninchen und sogar Weißwalen gefunden. Doch obwohl dieses Körperteil vor über einem Jahrhundert auch beim Menschen entdeckt und beschrieben wurde, verschwand es auf mysteriöse Weise wieder aus den Lehrbüchern.

Bemerkungen über dieses Organ finden sich in medizinischen oder technischen Fachzeitschriften der vergleichenden Anatomie und olfaktorischen Physiologie, in denen es gewöhnlich als rudimentär bezeichnet wird, als anatomischer Geist, der für einen kurzen Moment im menschlichen Embryo erscheine und vor der Geburt längst wieder entschwunden sei. In Wirklichkeit aber bleibt es uns erhalten: 1991 wurde es bei einer Studie in fast allen Nasen von eintausend nach dem Zufallsprinzip ausgewählten erwachsenen Probanden gefunden.

Dieses schwer fassbare Gebilde heißt »Jacobson-Organ«, benannt nach einem scharfsichtigen dänischen Anatomen, der es vor beinahe zwei Jahrhunderten entdeckte. Es ist leicht zu übersehen. Sein wahrnehmbares Äußeres besteht aus nichts als einem winzigen Tüpfel auf jeder Seite der Nasenscheidewand, beim Menschen jeweils eineinhalb Zentimeter oberhalb des Nasenlochs. Und mit der Tatsache, *dass* es existiert, verändert sich alles. Denn damit haben wir die Möglichkeit, uns ein mächtiges und uraltes Erbe zurückzuerobern, einen chemischen Sinn, der uns Zugang zu einem unterschwelligen Signalsystem bietet, welches vielen anderen Lebewesen seit jeher die Tür zu einer Welt öffnete, die wir für uns verloren glaubten, seit wir die Betonung vom Riechen aufs Sehen verlagerten.

Dieses Jacobson-Organ rettet den am meisten unterschätzten all unserer Sinne vor dem Vergessen. Es dient nicht nur als eine Art Supercharger, der uns empfänglicher für Gerüche macht, sondern scheint vielmehr einen vom eigentlichen olfaktorischen System ganz unabhängigen Riechkanal anzubieten und eine viel ältere, urzeitlichere Hirnregion mit Daten zu füttern, nämlich den Teil des Gehirns, in dem Informationen von luftgetragenen Hormonen und noch viele andere verdeckte Informationsmuster verarbeitet werden. Und auf diese Weise führt es zu physiologischen Veränderungen mit tief greifenden Auswirkungen auf unser Bewusstsein, unsere emotionale Verfassung und unsere grundlegendsten Verhaltensweisen. Jüngsten Forschungen zufolge könnte es sich bei genau diesem System um den Mechanismus für unseren »sechsten Sinn« handeln, der für unsere manchmal so offensichtliche »übernatürliche« Fähigkeit verantwortlich ist, Informationen zu erwerben, die von den traditionellen fünf Sinnen kaum wahrgenommen werden könnten.

Wenn diese Annahme richtig ist, dann könnte das Jacobson-Organ der wichtigste Schlüssel seit der Entdeckung des Unbewussten sein, um den Schleier vor den Geheimnissen unseres Geistes zu lüften. Als Evolutionsbiologe und Anthropologe finde ich diese Möglichkeit natürlich enorm aufregend.

Aristoteles verknüpfte die vier Elemente Erde, Luft, Feuer und Wasser mit den vier Sinnen Sehen, Hören, Tasten und Schmecken. Doch er sprach auch noch von einem fünften Element – er nannte es »Quintessenz« –, das er für das wichtigste von allen hielt und mit dem Geruchssinn verband. Ihn stellte er ins Zentrum unseres Wahrnehmungsvermögens, weil er ihn als das Bindeglied zu allen anderen Sinnen sah. Seither war die Zahl Fünf in der Kultur des Abendlandes als Anzahl unserer Sinne etabliert. Ich will Aristoteles ganz und gar nicht widersprechen, doch ich denke, es ist an der Zeit, diesen von ihm beschriebenen fünften Sinn im Zentrum unseres Bewusstseins unter neuen Aspekten zu betrachten und dem Riechen, diesem Aschenbrödel unter unseren Sinnen, den Platz einzuräumen, der ihm gebührt.

Lyall Watson
Castlemehigan, Irland, im November 1998

Teil Eins

System in die Dinge bringen

Die hochgestellten
Ziffern verweisen auf
die Bibliographie ab S. 260

Riechen ist unser vergessener Sinn. Es gibt keine allgemein akzeptierten Messwerte seiner Eigenarten, keine Gesellschaft, die ihn angemessen würdigt, und keine Wörter, die ihn beschreiben, abgesehen von jenen, die wir uns von unserem alles beherrschenden Sehsinn borgen.

Riechen ist unser verführerischster und provokativster Sinn. Er bestimmt jeden Bereich unseres Lebens mit und stellt das mächtigste aller Verbindungsglieder zu unseren weit zurückliegenden Ursprüngen her. Doch dieser Sinn ist ebenso stumm, wie fast vollständige Sprachlosigkeit ihm gegenüber herrscht. Er trotzt allen Beschreibungen und Überprüfungen und fordert damit unsere Phantasie heraus. Dass er nicht völlig sprachlos geblieben ist, verdanken wir einigen wenigen aufopfernden Versuchen, an ihm festzuhalten. Und die begannen mit der Arbeit eines sehr auf Ordnung bedachten Schweden.

Carl von Linné (1707–1778) war der Große Indexator. Er hatte an der Universität von Uppsala Medizin studiert, obwohl sein Herz schon immer der Botanik gehörte. Seine Naturforschungen, die er mit einer Studie über alle Blütenpflanzen Lapplands begann, beendete er 1737 mit Hilfe eines revolutionären neuen Begriffsbestimmungs- und Beschreibungsschemas für jede nur denkbare Spezies. Und während der folgenden zwanzig Jahre, bis zur Veröffentlichung seiner *Systema naturae*, in dem er alles verzeichnete, was ihm unter die Augen kam, erweiterte er seine Naturgeschichte derart, dass er damit ein für alle Mal unser Denken über die Welt um uns veränderte.[114]

Den Dingen einen Namen zu geben verleiht uns Macht über sie – die Macht, sie aus der Natur auszugliedern. Diese Separation ist zwar künstlich, aber außerordentlich nützlich, denn sie erlaubt es uns zum Beispiel, für einen Augenblick den Baum zu vergessen und uns stattdessen auf die Komposition und Koexistenz des Waldes zu konzentrieren. Namensgebung ist ein erster entscheidender Schritt, um die Ökologie zu begreifen. Linné wandte diese Kunst in seinem Eifer, die gesamte lebende Existenz zu katalogisieren, sogar auf die unfassbare Welt der Gerüche, Düfte und des Gestanks an. Es gibt, so entschied er, sieben Geruchshauptklassen, vom Wohlgeruch bis hin zum Gestank, von solchen, die »nicht nur unseren Nerven, sondern dem Leben im Allgemeinen freundlich gesonnen sind«, bis hin zu solchen, die »alles Lebendige abstoßen«.[115]

1752 veröffentlichte Linné sein Werk *Odores medicamentorum.* Im Verlauf der folgenden zweieinhalb Jahrhunderte gab es Dutzende Versuche, dieses System aus den Blickwinkeln der Psychologie, Chemie, Physiologie oder Riechstoffkunde weiterzuentwickeln. Einige dieser weiterführenden Untersuchungen erwiesen sich zwar für die Chemiker der Kosmetik- und Parfumindustrie von Nutzen, doch selbst die ausgeklügeltsten neuen Taxonomien sind letzten Endes nicht zufrieden stellend und widersprüchlich, da sie zum einen alle an der Zufälligkeit scheitern, die den meisten Gerüchen anhaftet, und zum anderen der Tatsache unterliegen, dass es jeder Sprache dieser Welt an einem spezifischen Vokabular für den Akt des Riechens mangelt.[115]

Es gibt weder semantische Traditionen noch kritische Forschungen über Ursprung und Funktion all der Begriffe, die Sprachen für die Beschreibung von Gerüchen verwenden. Und in keiner Kultur sind Lernprozesse feststellbar, die unmittelbar vom Geruchssinn geprägt wären. So muss auch ich ständig, Geruch für Geruch, auf die Klassifikationen jenes Mannes zurückgreifen, den der Romancier John Fowles einmal »den großen Lagerverwalter der

Natur« nannte.[57] Sie sind in der Tat nicht nur hilfreich, sondern ergeben auch überraschend tief greifenden Sinn, folgt man dem Duftspiel der Fragrantes (wohlriechend), Hircinos (aufreizend), Ambrosiacos (verführerisch), Tetros (faulig), Nauseosos (Ekel erregend), Aromaticos (duftend) und Alliaceos (knoblauchartig).

Linné war sehr viel mehr als nur ein Ordnungsfanatiker. Er war ein meisterhafter Organisator, der Lebendiges in all seiner Unbändigkeit und Erscheinungsform sortierte und systematisierte. Mit seiner wunderbaren Intuition erfand er Namen und erschuf Muster, die im Prinzip bis heute ihre Gültigkeit behalten haben und dazu beitragen, Zusammenhänge und Verwandtschaften dort zu verdeutlichen, wo sie auf den ersten Blick niemand vermuten würde. Er bereicherte unsere Sicht mit Einsicht und ermöglichte uns spannende Einblicke in den Göttlichen Plan. Und nicht zu vergessen: Er war es auch, der unseren Platz in der Natur bestimmte und uns als *sapient* einordnete, also zu Lebewesen erklärte, die zwar nicht gerade weise, aber – angemessen bescheiden – »vernunftbegabt« sind und daher vielleicht einmal zur Weisheit gelangen könnten.

Für die Ongee auf den Andamanen, einer Inselgruppe im Bengalischen Meerbusen, ist der Geruchssinn nichts Eigenständiges, sondern ein fundamentales kosmisches Prinzip und Urquell jeder individuellen Identität. Ihm ist das Entstehen wie das Vergehen von Leben zu verdanken. Wenn die Ongee – oder auch die modernen Japaner – »ich« meinen, legen sie den Zeigefinger auf die Nasenspitze. Denn dort wohnt der Geist, und ist dieser zu groß oder klein, kann das zu Problemen führen. Gesund ist der Mensch, der seinen eigenen Geruch »gebändigt« hat, wohingegen der vollständige Verlust des Eigengeruchs zum Tode führen kann.[29]

Die Vorstellungen von Leben und Atmen, Seele und Geruch sind in vielen Kulturen untrennbar miteinander verwoben. Einige Mexikaner glauben noch heute, dass der Atemgeruch eines Mannes mehr zu seiner Zeugungsfähigkeit beiträgt als sein Samen. Und auf den Andamanen kommunizieren die Menschen sogar unmittelbar über Gerüche, eine Tradition, die sie »mineyalange« nennen, was wörtlich »sich erinnern« heißt.

Nichts prägt sich mehr ins Gedächtnis ein als Gerüche. Man kann fragen, wen man will, wer sich an das Haus seiner Kindheit oder an einen Jugendfreund erinnern soll, wird nur vage Details vor Augen haben. Doch der kleinste Hauch irgendeines vertrauten Dufts genügt und schon fließen die Erinnerungen, und zwar nicht peu à peu, sondern als etwas Ganzheitliches mit allen Aspekten. Auf wundersame Weise tauchen sämtliche Gerüche der einstigen Erlebniswelt geradezu explosionsartig wieder auf, so wie Diane Ackerman einmal schrieb: »Eine komplexe Vision schießt aus dem Unterholz hervor.«[1]

Ganz genauso geschieht es. Vielleicht, weil der Geruchssinn der Einzige ist, den man nicht abstellen kann. Man kann die Augen schließen, sich die Ohren zuhalten oder sich davon abhalten, etwas zu berühren oder zu kosten. Doch wir riechen ständig und mit jedem Atemzug, zwanzigtausendmal am Tag. Und wenn ich mit meinen Vermutungen über das Jacobson-Organ richtig liege, dann werden diese Informationen nicht in der grauen Masse des bewussten Gehirns gespeichert, denn das ist viel zu beschäftigt mit den Dingen des Augenblicks, sondern im Langzeitgedächtnis, in jenen Hirnregionen also, die mehr von Sensibilitäten als reinen Empfindungen gespeist werden – und es besteht in der Tat ein großer Unterschied zwischen Empfindungsvermögen und Sensibilität. Da sich nun meine Überlegungen über die Existenz eines sechsten Sinnes auf mehrere Möglichkeiten von olfaktorischer Erfahrung erstrecken, sollte ich aber erst einmal etwas über die grundlegenden Funktionsweisen des Geruchssinns sagen.

Nasen sind auffällig. Sie sind der Mittelpunkt unseres Gesichts, ragen in die Welt hinaus und ziehen Aufmerksamkeit auf sich. Wir gehen immer der Nase nach, stecken sie in anderer Leute Angelegenheiten und laufen ständig Gefahr, auf sie zu fallen.

Wir atmen durch die Nase und wärmen darin die eingehende Luft. Doch für diesen Vorgang hätte jede Art von simpler Öffnung genügt. Stattdessen haben wir ein hervorstechendes Profil, eine Art Dach, das von einem ausgesprochen zweckdienlichen Knorpel gestützt wird. Es hält den Regen ab, leitet beim Schwimmen das Wasser um und verleiht unserer Sprache Resonanz. Funktionell betrachtet ähnelt die Nase am ehesten einer Gebläsehaube, vergleichbar einem Luftansaugstutzen, wie er auf Bootsdecks zu finden ist. Sie ragt über den direkt am Gesicht herrschenden Geruchswirrwarr hinaus und vermeidet somit beim Erschnuppern von Informationen den Eigengeruch. Wer Wache stehen und Gefahr wittern soll – für gewöhnlich Männer –, braucht folglich auch eine deutlich größere Nasenstruktur.

Im Inneren sind unsere Nasen jedoch alle gleich. Alle führen in zwei durch das Septum getrennte Hohlräume, überraschend große Gewölbe, die im Schädel beinahe ebenso viel Platz beanspruchen wie unser berühmt großes Gehirn. Ein Großteil davon dient als eine Art Airconditioner, der von dünnen, spiralförmigen Knochen in drei horizontale Kammern unterteilt wird und von Gewebe umhüllt ist, das sich je nach Motiv und Anlass ausdehnt oder zusammenzieht. Der Luftstrom durch das rechte und linke Nasenloch, zwei eher alternierende als parallele Passagen, in denen ständig turbulente Bedingungen herrschen, ist also selten gleich. Aber das hat vielleicht einen guten Grund.

Hoch oben an der Decke der beiden oberen Kammern, in etwa auf Höhe der Augenbrauen, befindet sich jeweils eine Spalte mit gelblichem Gewebe. Jedes davon ist nur einen Quadratzentimeter groß. Zusammengeschoben würden sie auf eine Briefmarke passen, dennoch sind beide mit Millionen von fadenartigen Sinneszellen ausgestattet. Und genau dort werden Gerüche aufgegriffen.

Dass diese Geruchsepithelien so versteckt im Hintergrund der Nase angesiedelt sind, erscheint auf den ersten Blick merkwürdig. Es wäre doch nahe liegender, wenn sie dort wären, wo sie von einem konstanten Luftstrom umweht werden könnten. Doch genau wie alle anderen Sinnessysteme braucht auch das Riechorgan Abwechslung. Wie die Retina all die winzigen spontanen Augenbewegungen zur notwendigen Reizvielfalt braucht, ist auch der Erfolg der Nase von Subtilität und Variation abhängig. Sie liegt ständig auf Lauer nach einem neuen, interessanten Hauch und fordert je nach Anlass unsere Aufmerksamkeit – und dann rümpfen wir die Nase oder schnuppern.

Der Geruchssinn ist ein chemischer Sinn. Aufgabe der Rezeptoren in der Nase ist es, chemische Informationen in elektrische Signale umzuwandeln, die dann durch die Riechnerven in die Schädelhöhle geschickt werden, wo sie sich im Bulbus olfactorius sammeln (dem so genannten Riechkolben, einer Anschwellung im Nasentrakt und Teil des Telenzephalons). Dieser wiederum leitet die Information an die Großhirnrinde weiter, wo dann Assoziationen stattfinden und noch nicht identifizierte Signale beispielsweise in den Duft einer Rose oder in die moschusartige Warnung eines irritierten Stinktiers verwandelt werden.[5]

Trainierte Nasen können Hunderttausende von Gerüchen unterscheiden, weit mehr, als unser Gedächtnis zu beschreiben im Stande ist. Aber unzählige namenlose

Düfte bleiben uns buchstäblich auf der Zunge kleben, weil nicht einmal die vertrautesten Gerüche jemandem verständlich zu machen sind, der sie nie gerochen hat. Meiner Meinung nach entsteht ein Teil dieser Konfusion nur durch unsere spezifische Art, Gerüche zu erleben.

Die Sequenz Duft–Nase–Gehirn, die ich eben in äußerst groben Zügen beschrieben habe, ist nun aber nicht unsere einzige Möglichkeit der Geruchsaufnahme. Unsere Nasenhöhlen sind einerseits über die Nasenlöcher direkt mit der Außenluft verbunden, andererseits indirekt mit »Innenluft«, die durch den Rachen strömt und mit den Aromen von Speisen, Getränken oder Verdauungsprodukten angereichert ist. All diese Informationen laufen zum Bulbus olfactorius im Gehirn. Doch an den Seiten dieser Anschwellung liegen die beiden kleineren Lappen des so genannten Bulbus olfactorius accessorius oder Nebenbulbus, der seine Informationen über die Umwelt aus einer ganz anderen Quelle speist, nämlich aus den Zwillingsröhren des Jacobson-Organs.

Vor zwanzig Jahren gab es kaum jemanden, der an die Existenz eines solchen Organs glaubte. Zwar lagen diverse Berichte von viktorianischen Anatomen darüber vor, aber der moderne anatomische Konsens war, dass der Mensch über ein solches Organ nicht verfügt. All das änderte sich 1991 durch eine Entdeckung an der University of Colorado. Bruce Jafek, damals noch ein auf Nasen spezialisierter Chirurg, war neugierig geworden auf dieses ominöse Jacobson-Organ und entwarf gemeinsam mit dem Mikroskopiker David Moran einen simplen Nasenspiegel, der ihnen bei der Suche danach helfen sollte. Und einfach indem sie Patienten mit einem Lichtstrahl in die Nase leuchteten, entdeckten sie, dass jede der zweihundert von ihnen untersuchten Personen über dieses Organ verfügte.[129]

Wenn man erst einmal weiß, wo man suchen muss, ist

es leicht zu finden. Die Öffnungen sind normalerweise mit bloßem Auge zu erkennen, zwei winzige, blässliche Tüpfel am vorderen unteren Abschnitt des Nasenseptums, etwa eineinhalb Zentimeter von jedem Nasenloch entfernt. Manchmal sind sie mit ein paar Millimetern Durchmesser relativ groß, manchmal bedarf es eines Binokularmikroskops, um sie zu finden. Doch jeder Mensch, unabhängig von Alter, Geschlecht oder Rasse, besitzt sie – es sei denn, es wurde jene Art von kosmetischer Nasenoperation durchgeführt, bei der dieser Teil des Nasenseptums vollständig entfernt wird.

Diese Tüpfel führen in zwei kurze, mit Sinneszellen bestückte Röhrchen, die sich von den Rezeptoren im normalen Riechepithel stark unterscheiden. Moran schrieb: »Sie sehen anders aus als alle Nervenzellen, die ich jemals im menschlichen Körper gesehen habe.«[214] 1990 untersuchten die Physiologen Luis Monti-Bloch und Larry Stensaas an der University of Utah vierhundert weitere Probanden und stellten fest, dass auch sie alle über diese Zwillingsröhren verfügten. Und jeder benutzte diese Organe eindeutig, um Botschaften an das Gehirn zu schicken.[128]

Am interessantesten ist, dass das Jacobson-Organ nicht für gewöhnliche Gerüche empfänglich ist. Vielmehr reagiert es vorrangig auf eine Reihe von großmoleküligen Substanzen, die häufig keinerlei erkennbaren Geruch haben. Es kommuniziert auch nicht mit dem Hauptbulbus und der Großhirnrinde, sondern mit den Nebenbulben und jenen Hirnregionen, die das Paarungsverhalten und andere grundlegende Emotionen koordinieren. Jüngsten Forschungen zufolge stehen diese beiden eigenständigen parallelen Riechsysteme aber auch auf überraschende Weisen miteinander in Verbindung, wodurch eine Sensibilität entsteht, die keines dieser Systeme allein hervorzurufen im Stande wäre.

Moran, Jafek, Stensaas und Monti-Bloch gehören mittlerweile einer kleinen Gruppe von hervorragenden Wissenschaftlern an, die überzeugt sind, ein neues Sinnesorgan für die Ermittlung von chemischen Signalen entdeckt zu haben, welche nach bisheriger Meinung außerhalb der Reichweite menschlicher Empfindungsmöglichkeiten liegen würden. Sie haben den Namen Jacobson-Organ abgelegt und nennen es das »vomeronasale Organ«. Doch nicht nur durch diese neue Namensgebung distanzieren sie sich deutlich von der unter konservativen Physiologen und Neurologen noch immer vorherrschenden Meinung, weshalb diese auch mehr konkrete Nachweise von ihnen fordern. Diese werden vorzugsweise mit Hilfe von Probanden erworben, die bereit sind, sich Farbstoffe injizieren zu lassen, damit festgestellt werden kann, wo die Indikatorsubstanzen im Gehirn ankommen. Solche Sturheit angesichts all der vorliegenden Fakten kommt einem vertraut vor. Ähnliches begegnete mir das letzte Mal in den sechziger Jahren, als dickschädelige Geologen bis zum letztmöglichen Moment versuchten, die kontinentale Drift der Erdplatten als Unsinn hinzustellen.

Ich jedenfalls bin von den vorliegenden Nachweisen für dieses Organ – das ich nach wie vor mit dem Namen seines dänischen Entdeckers benennen möchte – beeindruckt. Die Möglichkeiten, die sich damit allen Erforschern des Ungewöhnlichen eröffnen, faszinieren mich: Das Jacobson-Organ scheint das »primitive Gehirn« mit Informationen zu füttern. Es ist kein olfaktorisches Bindeglied zu unserem Bewusstsein, sondern eher eine chemische Verrechnungsstelle für unterschwellige Eindrücke, all das, was mit den Worten der Wissenschaftsautorin Karen Wright zu »schlechten Schwingungen, wohligem Schauder, augenblicklichen Antipathien und unwiderstehlicher Anziehung« führen kann[214] – zu all den irrlichternden Empfindungen also, die ein sechster Sinn, welcher dieses Namens wert ist, hervorrufen können muss.

Doch bevor ich mich nun mit diesen außergewöhnlichen Randzonen des Geruchssinns befasse, möchte ich vor dem Hintergrund der neuesten Erkenntnisse tun, womit jeder gute Evolutionsbiologe beginnen sollte: Ich werde einen Blick zurückwerfen und mit Hilfe von Linné feststellen, wie alles begann.

Fragrantes

In diese Geruchsgruppe ordnete Linné alle blumigen und ausgesprochen wohlriechenden Düfte wie zum Beispiel Jasmin, Safran und Zitrus ein.

Wie es scheint, war er, der Lateiner, sich durchaus bewusst, dass die beiden Wortstämme fragrare (riechen) und flagrare (brennen) verwechselt werden können, fand aber offenbar gerade das angemessen.

Safran zum Beispiel ist nicht nur wohlriechend, sondern hat auch etwas Feuriges, Köstliches, ja geradezu Üppiges an sich – was beispielsweise Alexander Pope veranlasste, die Flotte, unter der Odysseus Segel setzte, als »eine Kreuzfahrt der goldglänzenden Düfte« zu beschreiben.

Safran ist ein Krokusgewächs. Crocus ist der chaldäische Name für die Familie der Iris. Und Iris ist die Göttin des Regenbogens und die Götterbotin der griechischen Mythologie.

Es finden sich hier also genügend Übereinstimmungen zwischen Biologie und Mythologie, um einen klassischen Forscher glücklich zu machen und ihm als gutes Omen für die Evolution eines Sinnes zu erscheinen, der in der Lage ist, etwas Strahlendes und Schönes wahrzunehmen.

1 · Die Geburt einer Nase

Der Geruchssinn war der Erste unserer Sinne. Es ist sogar denkbar, dass die treibende Kraft, um einen kleinen Klumpen olfaktorischen Gewebes im Neuralrohr eines Urfischs ins Gehirn zu transportieren, die Riechfähigkeit war. Wir denken, *weil* wir riechen konnten.

Diese Behauptung lässt sich schnell erläutern. Bevor Seh- und Hörvermögen begannen unsere ganze Aufmerksamkeit zu beanspruchen, teilten wir uns mit allen übrigen Lebewesen einen gemeinsamen chemischen Sinn, der vom direkten Kontakt mit einer Materie im Wasser oder in der Luft abhängig war. Und während neunzig Prozent unserer Zeit auf Erden haben wir auf genau diese Weise funktioniert.

Dann verlagerte sich der Schwerpunkt. Wir lernten stattdessen mit Energiewellen zu leben, begannen Sinn im Chaos zu suchen und ein Bewusstsein zu entwickeln – was natürlich gut war. Aber nun müssen wir noch einmal zurückgehen und ein paar sehr nützliche Fähigkeiten aufsammeln, die wir auf unserem Weg zurückgelassen haben.

Vor vierhundert Millionen Jahren, im Devon, waren Fische die bedeutendsten und am weitesten entwickelten Tiere auf Erden. Und die meisten von ihnen waren kieferlose, schwer gepanzerte Gestalten, die ihre Nahrung aus dickem Küstenschlamm herausfilterten. Ihre Welt bestand aus unmittelbaren Empfindungen, ihre Verhaltensweisen waren simpel. Jeder ungewöhnliche Reiz, ob es nun grelles Licht, ein lautes Geräusch oder irgendein abrupter Kontakt war, führte zur mehr oder weniger gleichen Reaktion: Aversion. Der Fisch zog sich zurück und versuchte sein Glück später noch einmal. Er roch sich durchs Leben, wie es kam.

Am Anfang war es schwierig, Geschmack und Geruch zu unterscheiden. Im Schlamm folgt Empfindung unmittelbar auf Kontakt. Man prallt auf etwas und dann kostet man es, um festzustellen, ob man der Sache ausweichen oder sie fressen sollte. Das waren chemische Tests, vorgenommen von Zellen, die dazu geschaffen waren, wasserlösliche Moleküle zu analysieren.

Viele Krustentiere funktionieren noch heute so. Sie benutzen dazu Zellen an ihren Beinen, die ausschließlich auf Aminosäuren reagieren und somit schnell zwischen organischer und anorganischer Materie unterscheiden können. Nahrungsfiltrierende Fische brauchten keine größere Unterscheidungsfähigkeit als die, etwas Fressbares aus dem Schlamm herausziehen und den ganzen Rest umgehen zu können. Es wäre diesen hirnlosen Pionieren jedoch durchaus zugute gekommen, hätten sie irgendeine Möglichkeit gehabt, immer nur das Nahrhafteste aus dem Schlamm herauszuwühlen, anstatt ständig mit offenem Maul darin herumbohren zu müssen. Doch dazu hätte es der Fähigkeit bedurft, bereits aus einer gewissen Entfernung heraus Dinge testen und kosten zu können – und genau hier sind wir beim Punkt Geruch angekommen.

Der Geruchssinn ist ein Fernsinn, eine Möglichkeit, Zeit auszudehnen und im Voraus herauszufinden, was vor einem liegt. Er ist bewusstseinserweiternd und schafft neue Möglichkeiten, doch damit bedarf er einer Analysefähigkeit, die im Leben von Gewässerbodenbewohnern normalerweise nicht notwendig ist. Dennoch war es ausgerechnet einer jener Schlammfische, dem der große Sprung vorwärts gelang. Das Ergebnis ist noch heute sichtbar, eingefroren in den Lebensgeschichten einiger weniger moderner Arten von kieferlosen, gliedlosen, knochenlosen und oft blinden Schleimaalen und Neunaugen.

Schleimaale sind geduldige Aasfresser. Sie verbringen den größten Teil ihres Lebens in leichtem Schlick vergraben, sodass nur noch ihre stumpfen Rüssel herausragen, und warten auf dieselben chemischen Signale, die auch Krustentiere auf verwesenden Fisch aufmerksam machen. Doch diese primitiven Fische haben einen Vorteil vor Hummer und Krabben. Sie verfügen über eine Öffnung oberhalb des Mauls, die in eine Doppelkammer führt, wo Gerüche isoliert, analysiert und vielleicht sogar lokalisiert werden können. Ihnen war allem Anschein nach die erste Nase der Welt gegeben.

Mit dieser Geheimwaffe ausgerüstet, konnten Schleimaale wachsen und gedeihen. Mindestens zwanzig Arten haben überlebt, und das derart gut, dass sie den Fischern zur reinsten Plage wurden. Sie verkriechen sich in den Fangnetzen unter den Dorschfischen und fressen sich einfach durch diese hindurch, bis nur noch Gräten in den Netzen übrig sind. Schleimaale können nichts sehen, aber ausgezeichnet riechen. Sie schwimmen mit wellenartigen Bewegungen einer Fischspur hinterher, bis sie die Richtung ausgemacht haben, aus der der stärkste Reiz kommt, dann wählen sie die Route mit dem richtigen Geruch und folgen ihr, bis sie am Ziel angelangt sind.

Ihre Verwandten, die Neunaugen, haben diesen Prozess sogar noch verfeinert, indem sie gelernt haben, instinktiv bereits auf ein einziges chemisches Aroma zu reagieren, das zum üblichen Körpergeruch von lebenden Fischschwärmen wie beispielsweise Forellen gehört. Sie entwickelten diesen Spürsinn, verließen ihr schlammiges Larvenrevier, bekamen funktionsfähige Augen und jagen und parasitieren seither ihre Wirte. Kaum sind sie in deren Reichweite, beginnen sich diese behänden, fadenwurmartigen Tiere mit ihrem scharfen Gebiss an irgendeinem Weichteil der Forelle festzusetzen und wie Wasservampire deren Körpersäfte auszusaugen, wobei sie das Blut ihrer Opfer nach der Art von Fledermäusen mit gerinnungshemmenden Stoffen in Fluss halten.[101]

Diese unangenehme Angewohnheit der rundmäuligen Schleimaale und Neunaugen wird nahe liegenderweise »Ansaugen« genannt. Und dieses saugende Leben wird ihnen durch die Tatsache ermöglicht, dass sie über Kiemen verfügen, die sich direkt in den Rachen öffnen, damit sie während des Blutsaugevorgangs weiter atmen können. In dieser Hinsicht sind sie derart gut angepasst, dass sie trotz ihrer ansonsten so primitiven Merkmale seit über vierhundert Millionen Jahren überleben konnten. Allerdings fand im Laufe dieser Zeit eine entscheidende Veränderung statt: Sie haben nicht nur eine Nase, sie haben auch so etwas wie ein *Nasenhirn* bekommen.

Das Nervensystem dieser Säuger ist rudimentär. Sie haben weder sympathische noch vegetative Nerven – nichts von diesem Netzwerk, das bei modernen Wirbeltieren Darm, Leber, Drüsen und das Herz versorgt. Doch die Nerven aus der Nase haben sich mittlerweile im Kopf dieser Tiere zu einem Bündel von bereits erstaunlichen Ausmaßen ausgeprägt. Und das beginnt sich nun proportional zu seinen Aufgaben seitlich auszudehnen. Das Aufregendste an diesem Merkmal ist, dass es schon in diesem frühen Stadium die Gestalt von etwas völlig Neuem anzunehmen beginnt. Es ist ein im Wachstum begriffenes Vorderhirn, welches als unmittelbare Reaktion auf ein Riechbedürfnis zu sprießen beginnt.

In einem Lebensraum, in dem die Sicht begrenzt ist und Geräusche nicht lokalisiert werden können, kann man nur über den Geruch Spuren aufgreifen, die solide Informationen über etwas anbieten, das sich noch in weiterer Entfernung befindet. Aber dazu reicht der Geruchssinn allein nicht aus. Es muss auch feststellbar sein, woher ein Geruch stammt. Schleimaale und Neunaugen begeben sich zu diesem Zweck in einen Geruchskorridor, indem sie den Körper von einer Seite zur anderen schwingen und dabei dem Wasser auf breiterer Front mit ihrer einzigen

Nasenöffnung Proben entnehmen. Die meisten evolutionär jüngeren Fische verfügen hingegen über zwei äußere Nasenöffnungen und praktizieren somit »Stereoriechen«, was umso besser funktioniert, je weiter diese beiden Öffnungen voneinander entfernt sind. Je größer der Kopf, desto besser also auch die Chance, stereo riechen zu können. Irgendwo zwischen diesen Nasenöffnungen gab es nun Platz für einen Koordinator, eine Stelle, an der Informationen über Gerüche analysiert werden können. Und das führte wiederum zu Verhaltensanpassungen.

Fische leben in einer Umwelt, in der sogar teillösliche Substanzen ihren Weg in chemisch sensible Bereiche des Körpers finden und damit außerordentliche Bravourstücke beim Aufspüren von Gerüchen ermöglichen. Der Gewöhnliche Flussaal zum Beispiel hat eine höchst ungewöhnliche Affinität zu einigen Alkoholarten, wobei er immer nur auf ein paar wenige Moleküle gleichzeitig reagiert, sogar wenn deren Konzentration nur bei 1:10 liegt. Man bedenke: diese Verdünnung entspräche einem einzigen Schuss Wodka in einer Wassermenge vom Volumen des Eriesees.[189] Natürlich sind diese Aale in Wirklichkeit Abstinenzler. Sie laichen und sterben in den Tiefen der Sargossa-See, wo sie ihre blattartigen Larven sich selbst überlassen, bis diese dann führungslos durch fünftausend Kilometer offenen Ozeans den Weg zurück zu ihren uralten Jagdgründen in den Tümpeln und Seen von Polen und Deutschland schwimmen – eine Reise, die drei Jahre dauert. Wie ihnen das gelingen kann, ist noch immer ein Geheimnis, aber ganz offensichtlich hat es etwas mit dem Geruchssinn zu tun.

Experimente mit Lachsen haben gezeigt, dass diese in der Lage sind, zwischen klarem und solchem Wasser zu unterscheiden, durch das kurz eine Meerespflanze gezogen wurde. Vermutlich werden junge Lachse von den spezifischen Aromen der jeweils einzigartigen Pflanzenkombinationen in den Flüssen ihrer Heimat geprägt. Nun ist es schwer vorstellbar, dass sich junge Aale ohne eine solch entscheidende, frühe Prägung durchschlagen können. Aber sie tun es. Sie werden allein vom Instinkt und dem Vorhandensein oder Nichtvorhandensein einiger weniger spezifischer Moleküle getrieben, Entscheidungen zu treffen, von denen das Überleben ihrer gesamten Art abhängt.[74]

Geruch ist *tatsächlich* stimulierend. Er weckt Erinnerungen und Sehnsüchte – Nostalgie ist eine wunderbare Bezeichnung dafür, weil sie buchstäblich »sehnsüchtiges Heimweh« bedeutet. Das Ganze dient dazu, neue Nervenverschaltungen in unserem Gehirn zu fördern, was bei einfacheren Spezies bereits ausreichte, um ein simples Nasenhirn zu erschaffen. Bei Zugfischen wie dem Lachs hat sich dieses Zentrum zu einem paarigen Organ ausgebildet, ganz wie es einer Spezies angemessen ist, die bilateral wahrzunehmen und zu funktionieren begann. Und genau dieses Organ ist der Bulbus olfactorius.

Viele Haie finden ihre Nahrung über den Geruch. Lässt man Wasser, in dem lebende Fische aufbewahrt worden waren, in einen Hai-Tank einfließen, reagieren die Bewohner mit typischem Jagdverhalten. Waren in diesem Wasser verletzte oder tote Fische gewesen, kann man die Haie bis zur Raserei treiben. Ihre Aufregung verstärkt sich proportional zum Stress, unter dem ihre Beute gestanden hatte. Sie erspüren deren Angstgeruch und reagieren mit außerordentlicher Genauigkeit darauf. Bei einem Hai-Experiment ließ man einen verletzten Fisch die Länge eines Tanks durchschwimmen, nahm ihn heraus und ließ kurz darauf den Hai hinein. Der Weißspitzen-Hundshai folgte exakt der Zickzacklinie des Fisches und wiederholte jede einzelne Bewegung, die seine für ihn nun unsichtbare Beute zuvor gemacht hatte.[190]

Wie es scheint, werden diese Raubtiere vom Geruch ihrer Beute aus der Entfernung angelockt, doch der entscheidende, der tödliche Schlag wird vermutlich durch einen anderen Sinn ausgelöst. Bei einigen Arten ist dies, sofern das Wasser klar ist und Tageslicht einfällt, der Sehsinn. Bei anderen können es Druckwellen sein, die von Sinneszellen entlang der Körperflanken aufgegriffen werden. Doch kleine, grundbewohnende Haie wie der gefleckte Katzenhai scheinen sich einzig auf das schwache elektrische Feld zu konzentrieren, das durch die Muskelbewegungen eines anderen Fisches hervorgerufen wird. Und diese Eindrücke werden offenbar durch Geruch verstärkt, beziehungsweise scheinen auf merkwürdige Weise sogar in direktem Zusammenhang mit ihm zu stehen.[91]

Diese Synästhesie, das Verschmelzen eines Sinns mit den Reizen eines anderen, dient dem Überleben. Sogar im Leben eines Fisches wird Empfindung nur selten durch einen einzigen Umstand ausgelöst. Die Sinne überlagern sich. Die Grenzen zwischen ihnen sind oft fließend. Auf unsere Beobachtungen von außen gestützt, können wir allerdings bestenfalls behaupten, dass bei einem Fisch jeweils ein Sinn nach dem anderen zu dominieren scheint.

Im Falle des gefleckten Katzenhais gleitet das Riechen nahtlos in einen Bewusstseinszustand über, den der Fisch, könnte er sprechen, vermutlich eher als Schmecken denn Riechen bezeichnen würde. Ich finde es faszinierend, dass gerade dieser Katzenhai bekannt dafür ist, ein Vorderhirn zu besitzen, das nicht nur groß, sondern auch mit einem Paar angeschwollener Riechkolben ausgestattet ist, die proportional größer und differenzierter ausgeprägt sind als bei nahezu jedem anderen Fisch. Und damit ist er bestens ausgestattet, um Sinnesgrenzen fließend zu halten, so wie wir, wenn wir uns aus einer verwirrenden Wahrnehmung zu Metaphern flüchten und einen »leisen Geruch« oder einen »hellen Klang« beschreiben.[177]

Dr. Samuel Johnson empfand die Farbe Scharlachrot

wie das »Schmettern einer Trompete« und der Dichter Rimbaud beschrieb den Klang des Vokals *A* als »schwarzhaarigen Panzer der Fliege«. Es kann auch kein Zufall sein, dass Menschen mit angeborener Synästhesie – bei Reizung eines bestimmten Sinnesorgans wird die Reizempfindung eines ganz anderen erlebt – Probleme mit ihrem limbischen System haben, mit jenen Hirnregionen also, die sich bei Säugetieren aus dem alten Bulbus olfactorius heraus entwickelt haben.

Ein Physiologe ging sogar so weit, Menschen, bei denen sich Sinneseindrücke derart vermengen, als »lebende kognitive Fossile« zu beschreiben, die im Gedächtnis bewahrten, wie unsere frühesten Vorfahren unter den Wirbeltieren sahen, hörten, tasteten, schmeckten und rochen.[119] Tatsache ist, dass sich unsere Hirnhemisphären, jene walnussartigen, angeschwollenen grauen Massen, die das Vorderhirn dominieren und mittlerweile fast unser gesamtes bewusstes Verhalten kontrollieren, unmittelbar aus olfaktorischem Gewebe entwickelt haben.

Die Grenzen der Sinnesentwicklung von Fischen werden im Wesentlichen von ihrem Lebensraum gesetzt. Wasser ist nicht nur ein physikalischer Träger, der besonders gut die Ausbreitung bestimmter Gerüche unterstützt, sondern auch ein gutes Transportmittel für Geräusche – und zwar um einiges schneller als Luft. Dafür lässt es andere, unmittelbarere Kommunikationsformen nicht zu. In die Luft entlassene Gerüche schaffen sehr viel mehr Möglichkeiten. Luft atmen zu können, ist eine liberalisierende Erfahrung. Erst diese Fähigkeit befreite unsere Vorfahren von dem Zwang, den Körper nass halten und sich ständig in der Reichweite von Wasser aufhalten zu müssen, um eine schnelle Rückzugsmöglichkeit zu haben, atmen und sich fortpflanzen zu können. Doch die größte Veränderung in unserem Leben war, dass uns eine ganz neue Bandbreite an Sinneserfahrungen eröffnet wurde.

Luft wird traditionell als »dünn« bezeichnet, doch je mehr wir über unsere Atmosphäre wissen, desto reichhaltiger wird sie. An manchen Orten ist sie derart angefüllt mit anorganischem Treibgut, dass man sie beinahe durchpflügen könnte, an anderen so angereichert mit lebendigen Nebenprodukten, dass sie beinahe selbst zu einem lebenden Gewebe geworden ist. Sogar die sauberste Luft über dem Südpazifik oder der Antarktis besteht aus zweihunderttausend unterschiedlichen Partikeln pro Lungenzug. Und diese Zahl kann im Getümmel der Serengeti-Migration oder über der sechsspurigen Autobahn von Los Angeles während der Rushhour auf über zwei Millionen und mehr ansteigen.

Die meisten Stoffe in der Luft bestehen aus winzigen Salz- und Tonpartikeln oder der Asche von Waldbränden und entfernten Vulkanausbrüchen. Doch mitten auf diesem fruchtbaren Nährboden wächst und treibt ein ganzer Garten an exotischer Flora und Fauna. Jeder Atemzug, den wir aus dieser Suppe schöpfen, enthält ziemlich sicher auch ein paar zwischen ihren Wirten umherschwirrende Viren, vier bis fünf gewöhnliche Bakterien, fünfzig bis sechzig Pilze, darunter mehrere Rost- oder Schimmelpilze, ein bis zwei winzige, von den Küsten angetriebene Algen und vielleicht auch eine Farn- oder Moos-Spore und sogar den einen oder anderen verkapselten Einzeller.[202]

Das ist völlig unvermeidlich. Immerhin ist das der Stoff, aus dem das Leben ist. Wir teilen unseren Planeten auf ganz natürliche Weise mit einem permanenten Aeroplankton, einer schwebenden Ökologie, die zu still ist, um sie hören zu können, und zu klein, um sie zu sehen, aber voller Sinn und Zweck. Man stelle sich nur einmal vor, dass man sich ständig all dieser luftigen Einschlüsse bewusst wäre, und schon begreift man, was es hieße, wirklich gut riechen zu können.

Luftatmer pflegen Dinge anders zu tun. Ihre Riechsinneszellen sind nicht wie bei Fischen in isolierten Nasensäcken angesiedelt, sondern strategisch sinnvoll in einer nasalen Passage, durch die die Luft auf ihrem Weg in die Lunge strömt. Und diese simple Tatsache verlieh der Nase ihre spezifischen Formen. Am deutlichsten wird dies anhand eines Tieres, das eine Zwischenform darstellt. Wie jeder amphibische Frosch oder jede Kröte ist es mit je einer Nase für beide Welten ausgestattet und führt buchstäblich ein Doppelleben. Es ist das für die Forschung auf diesem Schauplatz exemplarische Versuchstier, der afrikanische Krallenfrosch.

Jedes gynäkologische Labor besaß einen solchen Frosch, weil er die erste verlässliche Möglichkeit für den Test einer menschlichen Schwangerschaft bot. Ein unbefruchteter weiblicher Frosch legt seine Eier binnen Stunden nach der Injektion mit Urin, der mit dem typischen Hormon einer Schwangeren angereichert ist. Doch diese weichen, stromlinienförmigen Frösche mit den seltsamen Füßen – ihre Drillingsklauen setzen sie ein, um am Grund südafrikanischer Tümpel nach Nahrung zu scharren – werden auch unter Genetikern immer populärer.

Tierphysiologen am Biologischen Institut der Universität Stuttgart haben bei Arbeiten über das Genom dieses Froschs herausgefunden, dass »Strange Foot« nicht nur seltsam aussieht, sondern über ein mindestens ebenso seltsames genetisches Repertoire verfügt, darunter über Hunderte von Genen, welche kodieren, wie die Riechsinneszellen (die so genannten »Rezeptoren«) funktionieren sollen. An sich ist das keine große Überraschung, denn Säugetiere verfügen über Tausende solcher Gene, wohingegen Fische nur sehr wenige haben, weshalb auch vorhersagbar war, dass Amphibien eine Zwischenstufe zwischen beiden darstellen. Und so ist es: Ihre olfaktorischen Gene gehören zwei völlig unterschiedlichen Familiengruppen an.[58]

Wassertiere sind wasserlöslichen Molekülen wie Aminosäuren ausgesetzt, während Luftatmer Zugang zu einer sehr viel größeren Vielfalt an flüchtigen Geruchsstoffen haben. Daher wäre zu erwarten gewesen, dass der Krallenfrosch als Amphibie, welche an das Leben im Wasser wie an Land angepasst ist, etwa über die gleiche Anzahl an entsprechenden Genen und Rezeptoren verfügen würde. Doch das stimmt nicht. Er hat wesentlich mehr Zellen von der Art, über die luftatmende Säugetiere verfügen, was vermutlich daran liegt, dass es sehr viel mehr von der Luft getragene Gerüche gibt als vom Wasser transportierte. Die große Überraschung ist jedoch, dass beide Arten von Rezeptoren in separaten Bereichen angesiedelt sind. Strange Foot hat zwei Nasen und zwei Geruchssinne: einen Satz für den Gebrauch unter Wasser und einen für das Leben an Land.

Die Nase des Froschs ist in zwei eigenständige Säcke oder Kammern unterteilt. Gleich am Eingang jeder Nasenöffnung liegt eine lappenartige Gewebeklappe, die die Funktion eines Zwischenventils hat. Unter Wasser schwingt sie in eine Lage, in der sie die Hauptkammer verschließt und die andere freilegen kann – eine Sackgasse, bestückt mit Rezeptoren, die auf wassertransportierte Gerüche reagieren. Sobald die Kröte an die Wasseroberfläche kommt und ihre Nase in die Luft reckt, schwingt diese Klappe zurück, verschließt die Wasserkammer und legt die Hauptkammer frei, in der sich Zellen aneinander reihen, die für atmosphärische Gerüche empfänglich sind. Erst wenn die Luft an ihnen vorbeigeströmt ist, versorgt sie die Lungen mit Sauerstoff.

Das Leben an Land fordert mehr vom Geruchssinn. Und wie es scheint, haben sich sogar die primitivsten Amphibien dieser Herausforderung gestellt.

Mexikanischen Kröten konnte im Zuge eines Lernprozesses in einem Labyrinth beigebracht werden, sich an ihnen unbekannte Gerüche wie Geraniol, Vanillin und Zedernholz zu erinnern.[70] Sowohl der Gefleckte Chorfrosch als auch der Streckersche Chorfrosch haben bewiesen, dass sie den Geruch des Teiches, in dem sie laichen, über Hunderte Meter Entfernung wahrnehmen können.[69] Der amerikanische Leopardenfrosch kann seinen Weg sogar dann zurück zu dem ihm vertrauten Teich finden, wenn sein Sehnerv direkt hinter dem Auge durchtrennt wurde, und zwar unabhängig davon, ob er mit dem oder gegen den Wind ausgesetzt wurde.[41] Doch wirklich unglaublich sind die Riechkünste des kalifornischen Feuerbauchmolchs.

Dieser Molch hat ein echsenartiges Aussehen, große, dunkle Augen und tomatenrote Flecken, die vor einem giftigen Sekret in seiner Haut warnen. Mit den Raubtieren seines Lebensraums im Küstengebirge hat er daher kaum Probleme, eher schon mit den örtlichen Biologen, die wegen seiner beinahe unglaublichen Navigationsfähigkeiten Jagd auf ihn machen. Man kann ihn aus seinen gewohnten Jagdgründen in den Feuchtbiotopen eines Tales herausholen und über einen Bergrücken von dreihundert Meter Höhe tragen, und er wird dennoch unbeirrbar seinen Weg zurück nach Hause finden.[193] Egal in welche Richtung man ihn verschleppt, sogar wenn man ihn in einem ihm völlig unbekannten Gebiet aussetzt, wird er sich schnell orientieren und schnurstracks wieder nach Hause wandern.

Nicht einmal wenn man dieses heimwehkranke kleine Tier erblinden lässt, kann es aufgehalten werden. Und wenn man ihm Formaldehyd in die Nase spritzt, um das Epithel zu zerstören – jene dünne Gewebestruktur, auf der die Riechsinneszellen angesiedelt sind –, so führt dies höchstens zu »einem deutlichen Verlust an Orientierungsfähigkeit«, wie ein Forscher schrieb.[67] Wie es scheint, kann man ihn nur dann am Nachhausewandern hindern, wenn man seine Riechnerven komplett durchtrennt. Solche Eingriffe zu Studienzwecken bereiten mir wirklich Kummer, aber die Tatsache, dass man sie für notwendig hielt, zeigt das Maß unserer Frustration angesichts eines Verhaltens, für das wir einfach keine Erklärung haben. Die Natur ist voller Geheimnisse. Selbst die einfachsten Kreaturen können uns in Erstaunen versetzen, wenn wir nur die richtigen Fragen stellen. Ihre Antworten sind niemals einfach, es sei denn rückblickend betrachtet.

Im Falle des wandernden Molchs gibt es aber vielleicht Hinweise auf eine Antwort. Etwas habe ich nämlich bisher im Zusammenhang mit Amphibien noch nicht erwähnt – etwas, das seinen Anfang nahm, als sich die Nasen von Fröschen und Kröten in zwei Kammern teilten, um diese Tiere ihrem Doppelleben anzupassen. Und um dieses Etwas geht es hier: Einige dieser Tiere, darunter auch besagter Molch, besitzen noch einen dritten Nasenraum, der weder unter Wasser noch an Land unmittelbar am Aufspüren von Gerüchen beteiligt ist. Und dieser Nasenraum könnte etwas mit einer ganz anderen, neuen Art von Bewusstsein zu tun haben.

Riechsinneszellen sind im großen Ganzen bei allen Wirbeltieren erstaunlich ähnlich – und bei allen gleichermaßen seltsam. Erstens sind sie einzigartig, weil sie in direktem Kontakt mit der Außenwelt stehen. Die meisten anderen Sinnesorgane verstecken sich tief eingebettet in schützendem Gewebe unter der Haut und nehmen sozusagen nur aus der Ferne wahr. Riechsinneszellen liegen hingegen völlig bloß – nackte Neuronen, ein jedes draußen im Freien, wie ein eigenständiger Einzeller, der auf Moleküle trifft und völlig allein in der Welt steht. Aber am seltsamsten ist, dass sich diese kleinen Zellen nach ein paar Wochen abgenutzt haben und neue an die Front nachrücken. Sie regenerieren sich auf eine Weise, die mit keiner anderen Nervenzelle in unserem Körper vergleichbar ist.[184]

Die Zahl der gleichzeitig aktiven Riechsinneszellen variiert von Spezies zu Spezies, je nachdem welche Bedeutung ein guter Geruchssinn für sie hat. Der Mensch verfügt zum Beispiel über sechs Millionen Zellen, Wildkaninchen über fünfzig Millionen und Schäferhunde über zweihundert Millionen.

Bei allen Spezies handelt es sich um dünne Zellen mit Fortsätzen oder Auswüchsen an beiden Enden. Einer davon erstreckt sich in den Körper, normalerweise durch ein Loch im Schädel, um Kontakt zum Gehirn aufzunehmen. Der andere ist weitaus kürzer und bleibt als eine Art Knoten mit einer Quaste aus feinen Härchen – genannt Zilien – im Außenbereich. Auch die Anzahl dieser Zilien variiert von Spezies zu Spezies. Ein Rind verfügt beispielsweise über genau siebenundzwanzig solcher mikroskopischen Zilien auf jeder Sinneszelle, die winzigen Molche über viel weniger, aber dafür besitzen sie viermal so lange.[52]

Man geht allgemein davon aus, dass diese Härchen die Aufgabe haben, Geruchsmoleküle zu binden und deren chemische Signale in elektrische umzuwandeln, welche dann an den Bulbus olfactorius im Gehirn gesandt werden. Deshalb ist interessant, dass es zusätzlich zu den typischen Sinneszellen in den Haupt- und Seitenkammern einiger amphibischen Nasen noch weitere Zellen in einer tiefer gelegenen Kammer gibt, die völlig anders aussehen. Erstens haben sie die Form von langhalsigen Flaschen und sind nicht mit Zilien, sondern mit Knoten bestückt, auf denen Büschel kurzer Borsten sitzen, die Mikrovilli genannt werden. Und zweitens verfügt das Gewebe um diese Sinneszellen über keine schleimbildenden Drüsen wie das normale Riechepithel, sodass keine Chemikalien aus der Luft eingefangen und zurückgehalten werden können.[53]

Niemand weiß genau, was die Aufgabe dieser seltsamen Zellen ist. Meiner Meinung nach verhelfen sie Luftatmern zu neuen Sinneseffekten. Das heißt, es hat sich eine Fähigkeit herausgebildet, die vermutlich mit dem Geruchssinn gekoppelt ist oder diesen sogar zum Teil ersetzen kann, zugleich aber die Möglichkeit einer anderen, mehrsinnigen Auffassungsgabe und damit einer völlig neuen Wahrnehmungsfähigkeit bietet, die erst bei den ältesten, wirklich ausschließlich landbewohnenden Wirbeltieren offensichtlich wurde – bei den Reptilien.

Manche Reptilien unterscheiden sich nur geringfügig von Amphibien, sowohl was ihren Lebensstil anbelangt als auch in Bezug auf ihre Nasenstrukturen. Meeresschildkröten zum Beispiel sind ebenso von Wasser abhängig wie Krallenfrösche und verfügen über sehr simple Atemwege, die in fast direkter Linie von den äußeren Nasenöffnungen zu einer inneren Öffnung im Schlund führen. Landschildkröten besitzen größere olfaktorische Strukturen und Krokodile eine überraschend hoch entwickelte Reihe von Kammern und Nebenhöhlen, die den üblichen Riechsinneszellen zusätzliche Fläche bieten.

Wasserschlangen, Baumechsen und Chamäleons haben im Prinzip einen konservativen Geruchssinn, aber bei den Bodenbewohnern, jenen Echsen und Schlangen also, die den Quellen der meisten Gerüche am nächsten leben, haben gewaltige Veränderungen stattgefunden. Und unter diesen Evolutionen ist die wohl dramatischste die besagte Ansammlung von geheimnisvollen Borstenzellen in einem separaten Kammerpaar.[139] Damit sind wir endlich beim Jacobson-Organ angelangt.

Ludwig Levin Jacobson, der Entdecker dieses Organs, wurde 1783 in Kopenhagen geboren. Bereits im Alter von einundzwanzig Jahren qualifizierte er sich als Chirurg und ging nach Paris, um dort bei dem großen Anatomen Baron Georges Cuvier zu studieren. Cuvier war der festen Überzeugung, dass die Gewohnheiten eines Tiers dessen Gestalt bestimmen; er verfeinerte das taxonomische System von Linné, indem er aufzeigte, wie man Organismen auf der Grundlage ihrer anatomischen Unterschiede klassifizieren kann; und er war es vermutlich auch, der Jacobsons Aufmerksamkeit auf die Arbeit von Frederick Ruysch lenkte, ein Tierpräparator aus Holland, der 1703 eine Reihe von Tieren, darunter auch eine bestimmte Schlange, anatomisch beschrieben und dabei erstmals ungewöhnliche Tüpfel im Gaumen festgestellt hatte.[161] Also begann Jacobson nach diesen Strukturen zu forschen. 1809 erkannte er sie schließlich und entdeckte so ein neues Organ. 1811 veröffentlichte er dann seine erste Studie über das Organ, das bis heute seinen Namen trägt.[84]

Bis ins späte 19. Jahrhundert wurde das Jacobson-Organ schlicht als zoologische Merkwürdigkeit betrachtet. Erst eine der charismatischsten Figuren der viktorianischen Naturwissenschaften weckte erneut das Interesse daran. Der Schotte Robert Broom, nicht nur ein ungeheuer wissbegieriger Arzt, sondern auch einer der letzten großen Individualisten und ein ständiger Mahner gegen »zu viel Medizin und zu wenig Naturgeschichte«[54], wurde schließlich zu einem der größten Paläontologen und biologischen Anthropologen der Welt und leistete Pionierarbeit für die Forschung über den Ursprung der Menschheit in Afrika. Doch seine größte Begeisterung galt den Reptilien, ihren Ursprüngen und der Bedeutung des Jacobson-Organs. Wann immer ihm seine medizinische Praxis Zeit ließ, durchforstete er Museumssammlungen und studierte Tiere in der Wildnis von Australien und Südafrika, um Material für seine Dissertation zu sammeln, die er dann unter dem Titel »On the comparative anatomy of Jacobson's Organ« an der Universität von Glasgow einreichte.

»Wie es scheint«, schrieb Broom, »ist das Jacobson-Organ dasjenige körperliche Organ, welches am wenigsten wahrscheinlich durch gewandelte Verhaltensweisen verändert werden kann. Mir gelingt die Identifikation eines Tieres oft allein schon durch die Bestimmung seiner Affinität anhand der Examination dieses einen Organs.«[16] Und genau das tat er bei jenen säugetierartigen Reptilien, die einst durch Südafrika streiften und deren Entdeckungen fast alle ihm zu verdanken sind. Bescheiden beschrieb er sie als »die wichtigsten fossilen Tiere, die je entdeckt wurden«, denn seiner Meinung nach bestand »wenig Zweifel, dass sich unter ihnen die Ahnen der Säugetiere und die entfernten Vorfahren des Menschen befinden«.[17]

Die jüngste Forschung bestätigt Brooms Mutmaßungen über das Jacobson-Organ. Ansätze davon finden sich in den Embryos aller höheren Landsäugetiere, obwohl sich das Organ bei einigen, beispielsweise bei den Baumechsen und nahezu allen Vogelarten, niemals wirklich ausgebildet hat, einfach weil es keinen Bedarf dafür gab. Bei anderen, wie den Bodenechsen und meisten Schlangen, hat es sich hingegen deutlich ausgeprägt, und zwar nicht nur in Form von Ausbuchtungen vor der Nasenhöhle, sondern als Paare blinder Kammern, die sich direkt ins Maul öffnen.[47] Wozu sollte das gut sein? Was war geschehen, dass diese Evolution nicht nur nützlich, sondern sogar notwendig schien?

Robert Broom, der fossile Knochen bereits identifizieren konnte, wenn sie noch im Boden vergraben lagen, beschrieb winzige Rillen ähnliche Schädelveränderungen bei seinen Funden in den Versteinerungen führenden Schichten der Großen Karruwüste.[78] Und diese Merkmale legten nun nahe, dass das Jacobson-Organ vor etwa zweihundert Millionen Jahren während der Trias die Bühne betrat, um, wie Broom glaubte, einem Bedürfnis Rechnung zu tragen, das am ehesten verständlich werde, wenn man sich die Echsen und Schlangen betrachte, die noch heute in ähnlichen Lebensräumen existieren.[18]

Das deutlichste Sinnesmerkmal aller existierenden Schlangen ist, dass sie über zwei Riechsysteme verfügen. Beim einen führen die äußeren Nasenöffnungen in Nasenhöhlen, wo sich, eingebettet in einem Drüsen enthaltenden Gewebe, Sinneszellen mit Zilien befinden. Das andere besteht aus zilienlosen Zellen in einem Gewebe ohne Drüsen und Schleim, eingebettet in je einer domartigen Struktur auf beiden Seiten der Nasenscheidewand. Der Zugang zu diesem zweiten System ist ausschließlich durch zwei winzige Tüpfel im Gaumen möglich, hinter welchen sich Gänge durch die Knochenplatte öffnen.

Das erste System ist der eigentliche olfaktorische Apparat, oft schlicht als Riechorgan bezeichnet, aber letztlich sind beide Begriffe nicht ganz korrekt. Denn es ist weder das einzige noch unbedingt das eigentliche am Riechprozess beteiligte Organ. Das zweite System ist das Jacobson-Organ, das aus einem weiteren chemischen Sinnessystem besteht, welches immer mehr zum Fokus aktivster Forschungstätigkeiten und vieler Debatten wird, die sich letztlich alle auf Studien beziehen, welche David Crews und seine Kollegen an der University of Texas anhand einer gewöhnlichen kleinen Schlange betrieben haben.[37]

Diese Strumpfbandnattern sind die verbreitetsten Reptilien Nordamerikas. Man findet sie in allen Höhenlagen, von Küste zu Küste, von Kanada bis Costa Rica. Es sind schlanke, graziöse Schlangen, die selten länger als sechzig Zentimeter werden und deren dunkle Körper mit nahtstichartigen hellen und roten Streifen bedeckt sind, was ihnen eine gewisse Ähnlichkeit mit jenen Strumpfbändern verleiht, die einst die Socken eines jeden Gentleman hielten. In den beiden letzten Jahrzehnten sprachen diese Schlangen allerdings wohl eher den Forschungsdrang als das Modebewusstsein der Biologen an.

Strumpfbandnattern aus kühleren Gegenden haben die Angewohnheit, sich zu Zehntausenden in unterirdischen Höhlen zu versammeln, um dort die langen Kälteperioden im Winterschlaf zu verbringen. Nachdem ihr Blut dick wie Mayonnaise wurde, harren sie bis zu sechs Monate nahezu bewegungslos aus. Doch im Mai, sobald die Außentemperatur 25° C erreicht, endet die Ruheperiode und die ineinander verschlungenen Körpermassen winden und ergießen sich aus dem Höhleneingang.

Zuerst erscheinen massenweise Männchen. Sie verharren in der Nähe des Eingangs, baden sich in der Sonne und zeigen keinerlei Interesse an Nahrungs- oder Flüssigkeitsaufnahme. Dann kommen die etwas größeren Weibchen heraus, eines nach dem anderen, nur um sofort festzustellen, dass sie hoffnungslos in der Minderzahl sind. Und prompt finden sie sich in einem Knäuel von vielleicht einhundert hoffnungsfrohen Bewerbern wieder. Fünfzehn Minuten später beginnt jedes Weibchen mit einer Ladung Spermien in den Eileitern seine Wanderschaft zu den sommerlichen Nahrungsgründen, wo es dann sein Körperfett auffüllt und im Herbst bis zu dreißig lebende kleine Strumpfbandnattern gebiert. Ende September wird es sich dann wieder mit Tausenden seiner Art im vertrauten Geruch einer Schutzbehausung zum Winterlager versammeln.[36]

Dieser geschäftige Kreislauf aus Paarung, Migration, Fressen, Verdauen, Gebären und der Rückkehr ins Winterquartier findet in einem Zeitraum von kaum mehr als drei Sommermonaten statt und stellte Zoologen vor einige Probleme. Manche davon waren schnell gelöst. Das Sperma, das jedes Weibchen im Frühjahr empfängt, ruht bis zu acht Wochen in den Eierstöcken, bis die Follikel im

Hochsommer zur Befruchtung reif sind. Auch die Fortpflanzungsorgane der Männchen regenerieren sich nach der Paarung und dehnen sich während des Sommers rapide aus. Begeben sie sich dann wieder zum Winterschlaf, sind sie angefüllt mit Spermium und somit bereits auf den kommenden Frühling vorbereitet, wenn sich die gesamte Population wieder an einem Ort versammelt und ein Paarungsversuch am erfolgversprechendsten ist. Andere Fragen über das Verhalten von Strumpfbandnattern waren nicht so leicht zu beantworten.

John Kubie und Mimi Halpern von der New Yorker State University haben zwanzig Jahre damit verbracht, eine Reihe von ausgeklügelten Experimenten zu entwickeln, um herauszufinden, wie Strumpfbandnattern Beute machen und miteinander kommunizieren.[106] Zuerst einmal stellten sie ganz allgemein fest, dass Schlangen einer Geruchsspur folgen, um ihre Opfer zu lokalisieren. Bei neugeborenen Schlangen diverser Arten konnte man beobachten, dass sie ohne jede Erfahrung und Instruktion dem Geruch der für sie üblichen Beutetiere folgten. Ihre Fähigkeit und Bereitschaft dazu scheint von den Genen kontrolliert zu werden. Sobald sie einen solchen Geruch wittern, ducken sie den Kopf auf den Boden und beginnen mit der Zunge die Spur abzutasten – immer schneller, je stärker der Reiz wird.

Kubie und Halpern wollten zunächst feststellen, ob eine Schlange in dieser Situation die Nase oder das Maul benutzt, also das Geruchsepithel oder das Jacobson-Organ. Folglich brachten sie Prärie-Strumpfbandnattern bei, der Spur eines Regenwurm-Extrakts durch ein Labyrinth zu folgen, an dessem Ende die Belohnung in Form eines echten Regenwurms wartete. Dann durchtrennten sie bei einigen ihrer Versuchstiere die Nerven, die vom Jacobson-Organ ins Hirn führen. Die Tiere irrten nur noch trübsinnig herum und versagten bei der Spurensuche völlig. Ihre

Fähigkeit, eine Spur aufzugreifen, war vollständig lahm gelegt, wohingegen Schlangen aus einer Kontrollgruppe, die einer ähnlichen chirurgischen Prozedur unterzogen worden waren, jedoch ohne eine vollständige Durchtrennung der Nervenbahnen, noch genauso gut funktionierten wie vor der Operation.[108]

Bei einem anderen Experiment beschädigten die beiden Forscher die Riechsinnesnerven in den Nasen von Strumpfbandnattern. Diesmal hatte es nicht die geringsten Auswirkungen. Die Schlangen verfolgten die Spur und erwischten ihre Beute ebenso erfolgreich wie vor dem Eingriff. Es gab auch keinerlei Anzeichen für irgendwelche negativen Auswirkungen oder Kompensationen aufgrund des Verlusts des nasalen Systems.

Ohne Nase fährt eine Strumpfbandnatter mit der Jagd auf Beute fort, als sei nichts geschehen. Es scheint also eindeutig, dass eine Schlange ihr Opfer auch dann aufspüren und finden kann, wenn sie über keinen Nasenapparat verfügt, nicht aber, wenn sie kein Jacobson-Organ mehr hat.

Die meisten Schlangen verhalten sich beim Aufspüren des Geruchs eines potentiellen Opfers explorativ, das heißt, ihre Bewegungen verlangsamen sich, sie schwenken den Kopf von einer Seite zur anderen, um sich einen Überblick zu verschaffen, und beginnen dabei ständig zu züngeln. Doch kaum wird ein Geruch aufgegriffen, verändert sich das Tempo. Die Schlange beginnt sich schneller zu bewegen, hält ihren Kopf nahe am Boden und berührt bei beinahe jedem Züngeln die Erde mit der Zunge. Es geht eine wahrnehmbare Veränderung in ihr vor, als schalte sie vom ersten Gang in den zweiten. Vielleicht kommt genau darin das Umschalten vom Vertrauen auf die Nase und den Geruchssinn zum Vertrauen auf das »Erschmecken« der Dinge zum Ausdruck.

Möglicherweise bezeichnet dieses Umschalten daher auch eine Abwendung von den volatilen, herbeigewehten

Düften zu den schwereren, nicht-flüchtigen Gerüchen, deren Wahrnehmung eines direkten Kontakts bedarf. Es ist sogar denkbar, dass sich das Jacobson-Organ spezifisch zur Erfassung von großen Molekülen und schweren Gerüchen entwickelt hat, die sein Besitzer anders nicht bewältigen kann. Diese Idee ist von weit reichender Bedeutung, denn sie besagt, dass Geruch auf zwei Ebenen wirksam wird, dass er zweier paralleler Systeme mit unterschiedlichen Funktionen bedarf, zweier Rezeptorensysteme und verschiedener Hirnregionen. Tatsache ist, dass uns für diese Dichotomie immer mehr neurologische Nachweise zur Verfügung stehen.[153]

Bei allen bisher erforschten Wirbeltieren enden Riechnerven, die von der Nase zum Gehirn laufen, gebündelt im Hauptbulbus, wohingegen die Nerven aus dem Jacobson-Organ in den Nebenbulben auslaufen. Dass die vom Jacobson-Organ einer Strumpfbandnatter gesammelten Informationen tatsächlich in die Nebenbulben gesendet werden, wurde ausreichend bewiesen, indem man Elektroden am Kopf der Tiere befestigte und in der Folge feststellen konnte, dass jedes Mal, wenn die Zunge die Geruchsspur eines Beutetiers berührte, eine elektrische Ladung in den Nebenbulben messbar war.[124]

Wenn der Hauptbulbus das »Nasenhirn« ist, dann sind die Nebenbulben – zumindest bei Schlangen – eine Art von »Gesichtshirn«, da sie Informationen sammeln, die irgendwo zwischen Geschmack und Geruch angesiedelt sind. Vom Hauptbulbus werden die Nachrichten von der Nase an das Riechzentrum im Großhirn weitergeleitet und dort verarbeitet, wohingegen Empfindungen aus dem Gesichtsbereich zu einer anderen Nervenverdickung weitergereicht werden, genannt *Nucleus sphenicus*, über den wir nur sehr wenig wissen. Er scheint jedoch analog zu jenem Teil des Säugetierhirns zu funktionieren, in dem alte Impulse anhand von jüngerer Erfahrung integriert werden.

In diesem Lichte betrachtet beginnt das Jacobson-Organ als ein uns unbewusster Partner der Nase zu erscheinen. Es steht eher mit dem Hypothalamus als dem moderneren Thalamus in Kontakt, also eher mit jenem Teil des Gehirns, den der Neurophysiologe Paul Maclean vom National Institute of Mental Health das »Reptiliengehirn« nannte, als mit dem »Säugetiergehirn«.[117] Jacobson ist sozusagen der Name des olfaktorischen Autopiloten unseres Gehirns.

Reptilien haben ein relativ simples Gehirn. Bei den meisten scheint das Jacobson-Organ für all die Informationen zu sorgen, die ein Kaltblütler braucht, um seinen tagtäglichen Geschäften nachgehen zu können. Außerdem spielt es offenbar eine lebenswichtige Rolle für eine erfolgreiche Paarung.[107] Während der Orgien im Frühling nähern sich die Schlangenmännchen einem auftauchenden Weibchen und beginnen es züngelnd zu erforschen, bevor sie ihm den Hof machen, indem sie den Unterkiefer über dessen Rücken und Seiten reiben. Irgendwas dort erregt sie, obwohl die Haut von Strumpfbandnattern keine uns bekannten Drüsen enthält. Sobald nun einem Männchen die Paarung gelingt, ziehen sich alle anderen Bewerber zurück und überlassen das Paar sich selbst. Bei Schlangen, die über kein funktionierendes Jacobson-Organ verfügen, findet nichts von alledem statt.

Ausgiebige Forschungen mit gesunden Tieren haben gezeigt, dass das Interesse der Männchen durch eine fettige Substanz angeregt wird, welche die Weibchen als Vorstufe des Eidotters produzieren. Diese Substanz sickert aus dem Blut in die Haut und wird durch die Spalten zwischen den Schuppen ausgeschieden. Diese öffnen sich beim Weibchen, wenn es im Verlauf der Werbung heftig zu atmen beginnt. Die Substanz, die das Interesse rivalisierender Bewerber erlahmen lässt, wird hingegen von den Nieren des männlichen Paarungspartners produziert und als dicker, gallertartiger Pfropf in der Kloake des Weibchens zurückgelassen. Dieser Pfropf dient aber nicht nur der mechanischen Behinderung einer weiteren Paarung, sondern lässt das befruchtete Weibchen zudem ausgesprochen unattraktiv auf andere Männchen wirken, so sehr sogar, dass Männchen, die zufällig in engeren Kontakt mit diesem Weibchen kommen, impotent werden.[71]

Mimi Halpern und John Kubie kamen zu der Schlussfolgerung, dass Strumpfbandnattern »von einem funktionierenden vomeronasalen System abhängen, nicht jedoch von einem funktionierenden olfaktorischen Hauptsystem«.[72] Tatsächlich konnte bislang kein einziges Verhalten bei einer Schlange entdeckt werden, das auf irgendeine entscheidende Weise von der Nase abhängig wäre.

Das ist eine faszinierende Erkenntnis. Kein Naturforscher hat je bezweifelt, dass Schlangen und Echsen über einen Geruchssinn verfügen. Man braucht nur zu beobachten, wie diese Tiere ihre Umgebung erkunden und dabei züngelnd den Boden vor sich abtasten oder immer schneller zu reagieren beginnen, sobald irgendwas von Interesse entdeckt wurde, um zu wissen, dass es sich hier eindeutig um einen Riechprozess handelt. Rennechsen schnellen ihre Zunge zum Beispiel siebenhundert Mal pro Stunde heraus, was einen gewaltigen Energieaufwand darstellt und folglich gewiss nicht ohne guten Grund geschieht.[173] Ein Geruch aber ist Grund genug, und die gabelförmige Zungenspitze mitsamt den zugehörigen Tüpfeln im Gaumen sind ein deutlicher Nachweis für die Existenz eines oralen Weges zu chemischen Empfindungen. Doch keiner von uns hat geahnt, dass es sich hierbei um das eigentliche Geruchsorgan handelt und dass die Nase letztlich überhaupt keine Rolle mehr spielt.

Es sieht so aus, als hätten die Vorfahren dieser Reptilien vor einer Wahl gestanden. Als sie das Wasser verließen, verfügten sie bereits über ein nasales Zweikammersystem und eine gut ausgebildete Zunge. Mit der chemischen Sensibilität scheint die Evolution dann zweigleisig gefahren zu sein. Bis zu einem gewissen Punkt wurde der nasale Weg eingeschlagen, doch zumindest für Bodenbewohner war eine höchst elastische Zunge eine attraktive Alternative. Also stahl sie sich einfach die rivalisierenden Borstenzellen aus der Nasentasche und lenkte deren Ausführungsgänge um ins Maul.

Heute gibt es eindeutig zwei olfaktorische Lösungen unter Reptilien. Wasserschildkröten blieben bei der simplen amphibischen Lösung. Landschildkröten haben etwas größere und besser entwickelte Nasen, aber zugleich auch Ansätze eines Jacobson-Organs. Und am Boden lebende Schlangen und Echsen haben sich vollständig für das Jacobson-Organ entschieden, so weit sogar, dass die Nase ganz ausgeschlossen wurde. Nur die komplexen Krokodile verfügen über beide Systeme auf vergleichbarer Entwicklungsstufe, ganz wie es einer Gruppe angemessen ist, die eine gewisse Zeit an Land verbrachte, bevor sie auch im Wasser lebte.

Die interessantesten Anpassungsleistungen zeigen sich jedoch bei Baumschlangen und -echsen. Einmal vom Boden entfernt, bietet Geruch weniger nützliche Informationen. Schwere Gerüche verschwinden ebenso vollständig wie die meisten Kontaktgerüche, und damit auch die Notwendigkeit des Jacobson-Organs. Chamäleons haben zum Beispiel kein solches Organ, und angeblich besitzen auch Vögel keines. Warum haben wir es dann?

Hircinos

Orchideen lassen sich fast ausschließlich von Insekten bestäuben, haben sich aber häufig auf nur eine Art spezialisiert, die sie mit einem spezifischen Geruch anzuziehen versuchen. Einige Schmetterlingsorchideen versuchen ihre Chancen sogar zu steigern, indem sie bei Tag den Duft von Maiglöckchen und nachts den von Rosenöl anbieten.

Aus Gründen, die nach wie vor geheimnisvoll sind, fühlen auch wir uns von vielen Orchideendüften angezogen. In Gewächshäusern bringen wir ihre Blüten dazu, länger als sechs Monate zu blühen und in der Hoffnung auszuharren, doch noch bestäubt zu werden. Aber es gibt auch Orchideen, die sich mit Fliegen zusammengetan haben und sich, um ihnen zu gefallen, mit dem Gestank von Aas und verdorbenem Fleisch umgeben.

Linné reihte solche Spezies unter die Quellen für Gerüche ein, die er »hircine« nannte, abgeleitet vom lateinischen »hircus«, Ziegenbock. Die Lebensart dieser scheinbar so wollüstigen Tiere, denen man bis heute schiere Geilheit nachsagt, verband er mit den ranzigen Ausdünstungen von Käse, Schweiß und Urin. »Die Lust der Ziege«, schrieb William Blake, »ist ein Geschenk Gottes.«

Darum wurde der bockfüßige Pan ja auch zum Symbol von Fruchtbarkeit und Transformation, zum heißblütigen Patron der unzähmbaren Natur – und zum zotteligen Quell weit verbreiteter Irrationalitäten oder von Panik.

2 · *Warmes Blut*

Warmblütler zu sein ist eine sehr kostspielige Angelegenheit. Es bedarf einer Menge an Nahrung und Energie. Eine geschäftige Spitzmaus muss beispielsweise unaufhörlich futtern, nur um am Leben zu bleiben. Aber sie wird dafür entschädigt.

Über warmes Blut zu verfügen, in der Lage zu sein, die Körpertemperatur innerhalb enger Grenzen halten zu können, machte Vögel und Säugetiere zu den zahlenmäßig stärksten und anpassungsfähigsten aller terrestrischen Wirbeltiere. Obendrein verhalf dieser Umstand den Exemplaren beider Klassen zu neuen Nasen. Denn die brauchen sie zur Klimaregelung, also um die Außenluft auf Körpertemperatur zu erwärmen, bevor sie die Lunge erreicht. Resultat ist, dass die Nasenhöhlen von Vögeln und Säugetieren in drei verschiedene Kammern eingeteilt wurden, die so gerollt und gefältelt sind, dass ihr Oberflächenbereich stark vergrößert werden konnte.

In der ersten Kammer wird einströmende Luft durch die Schleimhäute befeuchtet. In der zweiten wird die Luft durch ein Netzwerk aus Blutgefäßen erwärmt. Und wenn sie dann schließlich genügend Feuchtigkeit aufgenommen hat und auf etwa 32°C angewärmt ist, gibt sie jedes in ihr enthaltene Molekül an den tiefen Teppich von Sinneszellen ab, mit dem die dritte Kammer ausgelegt ist. Hier erst beginnt der eigentliche Riechprozess.

1827 veröffentlichte der Aquarellist John James Audubon seine Notizen über den Truthahngeier. Er beschrieb einen Versuch, mit dem er beweisen wollte, dass dieser seine Nahrung über das Sehvermögen und nicht durch Geruch findet.[6] Damit löste er eine langwierige Kontroverse über die Frage aus, ob Vögel über einen Geruchssinn verfügen oder nicht. Konsens war im großen Ganzen, dass sie keinen haben, auch wenn einige Forscher zugestanden, dass der Vogel, den die Griechen *kathartes* getauft hatten – den »Aufräumer« oder »Reiniger«, der sich des verrottenden Aases annimmt –, zumindest ansatzweise ein Geruchsvermögen besitzen müsse.[207] Doch die Debatte dauerte an.

Vögel sind gefiederte Reptilien. Wie im Laufe der Evolution aus Reptilienschuppen Federn werden konnten, ist nach wie vor ein Geheimnis. Doch bei fast allen anderen Punkten ist ihre kaltblütige Herkunft ebenso zweifelsfrei geklärt wie die Frage, wie es zur Entwicklung dieser drastischen Gewichtsreduktion kommen konnte, die es ihnen schließlich ermöglichte, sich in die Lüfte zu erheben. Und wer erst einmal seine Zähne und Pfoten geopfert hat, schien sich nahe liegenderweise auch eines Sinnes entledigen zu können, der für die neue Lebensweise kaum mehr von Bedeutung war.

Die Gewichtung der visuellen Wahrnehmung ist bei Vögeln ähnlich stark wie bei uns und scheint auf den ersten Blick ebenfalls auf Kosten des Geruchssinns zu gehen. Vögeln fehlt jede sichtbare Nase. Trotzdem erreichen uns unablässig Berichte über ihre möglicherweise sogar ausgesprochen gute Riechfähigkeit. Es wäre daher wirklich von Nutzen herauszufinden, wie und aus welchem Grund diese Evolution vonstatten ging und welche Bedeutung sie für andere Zweibeiner haben könnte, die auch den Kopf in der Luft tragen. Beispielsweise für uns.

Der Wendepunkt in der Debatte über den Geruchssinn von Vögeln kam 1968, nachdem die Neurophysiologin Betsy Bang von der Johns Hopkins University einen Bericht über ihre Entdeckung von olfaktorischen Bulben im Gehirn von 108 unterschiedlichen Vogelarten veröffentlicht hatte. Sie vermaß diese Bulben und – um eine Vorstellung von deren Größe in Relation zum restlichen Hirn zu ermöglichen – formulierte die Ergebnisse in Form eines »olfaktorischen Verhältnisses«: das Verhältnis des Durchmessers des Bulbus zum Durchmesser des hervorstechendsten Teils desselben Vogelhirns, ausgedrückt in Prozent.[10]

Die Ergebnisse sind faszinierend. Die höchsten Prozente, in welchen anzunehmenderweise die Bedeutung von Geruch für eine spezifische Vogelart zum Ausdruck kommt, erreichte ein röhrennasiger Verwandter des Albatros.[81] Der Weißflügel-Sturmvogel ist mit einem Punktwert von 37 Prozent der führende Riechkünstler unter dieser Schar – vielleicht, weil dieser in den Schneestürmen und auf den Gletschern der Antarktis jede nur erdenkliche Hilfe braucht, um überhaupt irgendeinen Krumen in diesem Tiefkühlschrank zu finden.

Gleich nach ihm kommen mit 33 und 30 Prozent zwei Vogelarten aus Gegenden, die den Polargebieten am nächsten liegen: die Buntfüßige Sturmschwalbe und der Große Sturmtaucher. Übrigens waren es auch Exemplare dieser beiden Arten gewesen, die ein paar Jahre später in der Fundy-Bai – einer Bucht des Atlantischen Ozeans im Südosten Kanadas – hinter dem Boot des Zoologen Thomas Grubb auftauchten, als dieser Experimente mit zwei Schwämmen machte, die er hinter sich herzog. Einer war mit Lebertran getränkt, der andere nur mit Meerwasser voll gesogen. Kein einziger Vogel ließ sich je zum unaromatisierten Kontrollschwamm nieder, aber sowohl Sturmvögel als auch Sturmtaucher waren ganz gierig auf die öligen Köder und folgten deren Düften in der Luft bei jedem Wetter, Tag oder Nacht.[68]

Pech für Audubon, dass den nächst höchsten Punktwert auf der Bang-Skala mit 29 Prozent der Truthahngeier erreichte. Nach einhundertsechzig Jahren wurde die Vorstellung, dass Geier nicht riechen könnten, auf dem

Barro Colodaro Island in Panama widerlegt. Der Ornithologe David Houston schlachtete Hühner und versteckte sie entweder hinter Pflanzen oder stellte sie in voller Sichtweite unter Bäumen auf. Kaum ein Geier entdeckte einen Kadaver, der nicht wenigstens schon einen tropischen Tag vor sich hin gerottet hatte. Doch nach dieser Phase konnten alle Geier die versteckten Köder ebenso finden wie die sichtbaren, allerdings zeigten sie eine deutliche Vorliebe für solche, die am wenigsten verwest waren. Houston meinte nun, dass diese Geier nicht nur vom Geruchssinn geleitet jagen, sondern auch dieselben bakteriellen Gifte in der Atmosphäre unterscheiden könnten, die auch Insekten zu Kadavern in den verschiedensten Verwesungsstadien locken.[79]

Bei Vögeln, die eine niedrige Punktzahl erreichten – deren olfaktorisches Verhältnis unter 10 Prozent lag – und nur wenig Energie für das Riechen aufzuwenden schienen, handelte es sich meist um kleine Vögel wie Spatzen und Kanarienvögel, die unbekümmert an allem herumpicken, was wie ein Korn aussieht.[10] Solche Prozentzahlen lassen zwar auf eine Menge schließen, aber es wäre voreilig, eine Spezies einzig und allein anhand ihrer Punkte bei solchen Tests abzuschreiben. Denn man kann durchaus Überraschungen erleben.

Betsy Bangs Arbeit hat Wunder gewirkt auf den Streit um die Vogelnase. 1971 führte sie ihren *coup de nez* aus, indem sie eine detaillierte Beschreibung des Nasenapparates von 151 Vogelarten aus 23 verschiedenen Ordnungen veröffentlichte.[11] Seither kann kaum noch Zweifel daran bestehen, dass die meisten Vögel über die nötige anatomische Ausstattung verfügen, um Gerüche aufspüren und ihnen nachgehen zu können. Nachfolgestudien haben außerdem bewiesen, dass sie auch über erstaunliche Unterscheidungsfähigkeiten verfügen.

Kehren Vögel zu alten Nistplätzen zurück, sind sie beispielsweise meist mit Parasiten konfrontiert, die ihren Kleinen das Leben schwer erträglich machen. Nun sind aber einige auf eine geniale Lösung gekommen: Sie kleiden ihre Nester jede Saison mit frischen Pflanzenblättern aus, von denen wir wissen, dass sie antibiotische und pestizide Eigenschaften besitzen. Gemeine Stare in Ohio haben eine Vorliebe für den Kleinen Odermenning, die ulmenblättrige Goldrute und die Schafgarbe entwickelt – und das ungeachtet der Tatsache, dass alle drei Neuweltspezies sind, Stare aber erst 1890 aus Europa in die Vereinigten Staaten importiert und dort ausgewildert wurden.[27]

Wie es scheint, hat ein Jahrhundert ausgereicht, damit diese Neueinwanderer lernten, das lokale Gesundheitsangebot für sich zu nutzen und Kenntnisse über Medizin und Heilkräuter anzusammeln, für deren Erwerb wir Jahrtausende brauchten. Der Kleine Odermenning ist zum Beispiel ein berühmtes, von den Cherokee angewandtes Mittel gegen Magengeschwüre, Halsentzündung und Würmer. Die Goldrute tut nicht nur der Nase gut, sondern heilt so ungefähr alles, was anfällt. Ihr Gattungsname leitet sich vom lateinischen *solidare* ab, was so viel bedeutet wie »ganz machen«. Und Pflanzen aus der Gattung der Schafgarbe – mit deren lateinischem Namen *Achillea millefolium* Achilles geehrt werden sollte, der angeblich als Erster ihre Heilkraft erkannt hatte – sind heutzutage eine pharmazeutische Goldmine und der Grundstoff für über hundert biologisch aktive Verbindungen.[56]

Es gibt wenige Gemeinsamkeiten dieser Pflanzen, jedenfalls was ihr Aussehen betrifft. Nichts an der Form ihrer Blätter, an ihrer Größe oder ihren Farben weist auf ihre chemischen Affinitäten hin. Aber alle produzieren flüchtige Substanzen, die nützlich sein können, um ein Nest zu desinfizieren. Und offenbar kann deren Geruch von der Nase eines Vogels wahrgenommen werden.

Larry Clark vom Monell Chemical Senses Center in Philadelphia bewies, dass Stare auf flüchtige Substanzen wie Butanol reagieren und dass ein Durchtrennen ihrer olfaktorischen Nervenbahnen direkte Auswirkungen auf diese Fähigkeit hat.[27] Und Timothy Roper von der University of Sussex fand heraus, dass man Stubenküken beibringen kann, zwischen Gerüchen wie Vanille und Mandel zu unterscheiden. Seiner Meinung nach ist ein solches Geruchsgedächtnis wichtig für Vögel, damit sie lernen können, giftige Nahrung zu erkennen und zu vermeiden.[157] Warum sollten Vögel diese Gedächtnisstütze auch weniger brauchen als wir?

Säugetiere sind »Supernasen« und verfügen über den besten Geruchssinn weit und breit. Ihre Nasenkammern sind mit wabenförmigen Sinnesarealen bestückt und erstrecken sich derart weit in den Schädel hinein, dass sie nur noch durch eine dünne Knochenplatte von ihm getrennt sind. Und mitten im Gesicht öffnen sich Nasen in all ihren wunderbar vielfältigen, angepassten Formen zur Luft, angefangen bei den flachen Muskelklappen von Walen und Delphinen bis hin zu den langen, ausdrucksvollen Rüsseln von Elefanten.[185]

Die Umwelt von Säugetieren ist erfüllt von Gerüchen, die die Tiere zu ihren bevorzugten Nahrungsquellen leiten. Säugetiere sind nicht nur mindestens so geschickt im Aufspüren und Verfolgen von Düften wie Fische oder Reptilien, sie haben ihre Riechfähigkeiten auf eine sogar noch höhere Ebene erhoben, indem sie ebenso viele Gerüche aussenden wie empfangen. Und damit haben sie dem Jacobson-Organ einen völlig neuen Sinn und Zweck gegeben. Säugetiere sind die reinsten Geruchsfabriken geworden. In ihrem Blut braut sich eine aromatische Chemie zusammen, gegen die selbst die süßesten Blütendüfte nicht ankommen. Und diese Gerüche bahnen sich durch jede nur denkbare Öffnung in der weichen Säugetierhaut einen Weg nach außen.[4] Es lohnt sich, ein paar dieser Wege zu verfolgen.

Die älteste und effektivste Möglichkeit der Geruchsverbreitung, für die es sogar einen eigenen äußeren Mechanismus gibt, ist die Urinproduktion. Dieser Weg beginnt natürlich als simple Schadstoffbeseitigung der Abfallprodukte aus den Nieren, nachdem diese das Blut gereinigt haben. Doch auf seinem Weg nach draußen nimmt der Urin noch eine erstaunliche Anzahl von Duftstoffen aus den Nierenkanälchen, den Nebennieren, der Blase und den Sekreten solcher akzessorischen männlichen Geschlechtsorgane wie den Koagulations- und Präputialdrüsen auf.

Bis der Urin also seinen Weg nach außen gefunden hat, ist er zu einem sehr individuellen Produkt geworden, zur reinsten Goldmine an Informationen. Hunderüden, Kojoten, Füchse und Wölfe haben die typische Angewohnheit, das Bein zu heben – vor allem wenn sich männliche Rivalen in der Nähe befinden – und den Urin gegen hoch aufragende Flächen wie Bäume und Felsen zu spritzen. Bei einigen Spezies hat sich die Blase zu einem ständig verfügbaren Sammelbecken vergrößert, andere unterscheiden zwischen gewöhnlichem Urinieren und bewusster Duftmarkierung.

Tiger beiderlei Geschlechts pflegen beispielsweise hockend unter sich auf den Boden zu urinieren. Männliche Tiger verfügen jedoch wie alle anderen Katzen über einen zurückgekrümmten Penis, mit dem sie einen scharfen Strahl direkt hinter sich richten können. Und das tun Tiger wesentlich häufiger, als normal zu urinieren, nämlich bis zu sechshundertmal öfter.[145] Das Produkt ist nach wie vor Urin, doch mit sehr viel mehr Aromen angereichert. Und sein Geruch ist derart streng, dass im Sanskrit der Name *Vyagra* für Tiger gewählt wurde, die substantivierte Form des Verbes »stinken« (was ein interessantes Licht auf das neueste Bestseller-Medikament wirft, das der Pharmakonzern Pfizer mit oder ohne Kenntnis der Herkunft dieses Namens unter dem Markennamen »Viagra« gegen Impotenz vertreibt).

Die einzigen Rivalen des Tigers bei dieser kunstvollen Urinverbreitung sind das Nilpferd, das den Strahl mit schnellen, fächernden Bewegungen des Schwanzes zu atomisieren pflegt, und das Schwarznashorn, das literweise Urin unter genügend Druck ausscheiden kann, um ihn fünf Meter weit zu spritzen. Auch das Nashorn leitet diesen Strahl nach hinten ab, wobei es ihn mit Vorliebe gegen Büsche richtet, die es dann mit seinem Horn in Stücke reißt und zusammen mit einer Menge besudelter Erde stampfend und schnaubend im weiteren Umkreis verteilt.

Die neben Urin deutlichste und reichhaltigste Geruchsquelle von Säugetieren ist Kot, auch er das Produkt von Schadstoffbeseitigung, diesmal jedoch aus dem Darm. Und auch er wird bei nahezu allen Spezies mit Sekreten aus rektalen und analen Drüsen angereichert. Fleischfresser stinken besonders. Ihre Spezialität sind Analtaschen, Säcke und Drüsen, die den Kot mit Duftstoffen anreichern, wenn er anderen Zwecken dienen soll, was mindestens so häufig geschieht.

Dachse errichten sich nicht nur eigens Latrinen an den Grenzen ihrer Territorien, sondern markieren auch ihre Wege, indem sie eine Drüse unter dem Schwanz gegen den Boden pressen – ein typisches Verhaltensmuster, das der holländische Ethologe Hans Kruuk passenderweise »bumpressing«, also »Hinterndrücken« nennt.[138] Schabrackenhyänen hinterlassen klebrige Markierungen auf hohen Grasbüscheln, indem sie ihr Hinterteil über die scharfen Halme schieben und etwas vollführen, das als »ungemein grazile Bewegungen des Anus« bezeichnet wurde.[138] Und der Zoologe Martyn Gorman berichtet von einem Verhalten, das er »Handstand machen« nennt und welches es diversen Arten von Mangusten ermöglicht, ihre Analdrüsen an höher gelegenen Markierungsplätzen ihrer Territorien zu reiben.[65]

Am oberen Ende des Verdauungskanals sitzen Speicheldrüsen, die zu den ungewöhnlichsten Diensten eingesetzt werden. Europäische Igel zum Beispiel produzieren gelegentlich Unmengen von schaumigem Speichel, den sie sich dann mit Hilfe ihrer langen Zunge über dem stachligen Rücken verteilen. Diese Selbstsalbung geschieht vor allem zur Paarungszeit, kann aber auch zu jeder anderen Zeit als Reaktion auf starke Gerüche wie Kreosot oder Klebstoff hervorgerufen werden.[15] Die Ursache dieses Verhaltens ist nach wie vor nicht erklärt, hat aber vermutlich ebenso mit sexueller Erregung zu tun wie das »Einemsen« von Singvögeln, wenn sie sich Ameisensäure von lebenden Ameisen ins Gefieder schmieren, oder wie das wahnwitzige Verhalten von Katzen, wenn sie in Berührung mit bestimmten aromatischen Kräutern wie Katzenminze kommen. Dieses Verhalten legen sowohl Weibchen als auch Männchen an den Tag, wobei angeblich auch ein Sekret aus dem Jacobson-Organ eine Rolle spielen soll, doch das wäre das einzig bekannte Beispiel dafür, dass dieses Organ nicht nur Informationen aufgreift, sondern auch aussendet.

Die Speicheldrüsen von Schweinen können unter bestimmten Bedingungen so starke sexuelle Erregung hervorrufen, dass ein einziger Hauch des Atems eines Ebers genügt, um eine Sau im Östrus augenblicklich in eine Duldungsstarre zu versetzen, die ihre Bereitschaft zur Paarung anzeigt.[140]

Solche programmierten Verhaltensmuster in Reaktion auf einen Geruchsreiz werden nahezu sicher durch Hirnregionen vermittelt, die ihre Informationen nicht nur vom Riechepithel, sondern auch vom dauerbeschäftigten

Jacobson-Organ erhalten. Und dabei wird keine einzige neue Geruchsquelle ignoriert.

Es wäre für jedes Tier kontraproduktiv und verwirrend, würde es aromatische Sekrete in der eigenen Nase produzieren. Doch einige verwerten in der Tat die Anhangsdrüsen der Augen. Die einzige Flüssigkeit, die eine Mongolische Rennmaus in der Wüste erübrigen kann – selbst wenn es darum geht, sexuell stimulierende Düfte auszusondern –, ist hie und da ein modifizierter Tropfen Tränenflüssigkeit. Goldhamster gehen damit schon ein klein wenig verschwenderischer um. Mit Hilfe von großen Tränendrüsen beginnen sie buchstäblich Hormone zu weinen.[191] Und die Weibchen einiger Primaten sondern Scheidenflüssigkeiten ab, die durch bakterielle Zersetzung von Sekreten entstehen und derart erregend auf die Männchen wirken, dass man ihnen sogar den Namen »Kopuline« gab.[127]

Doch das größte Organ der Welt, der Säugetierkörper selbst, produziert die Gerüche, die sich am feinsten verteilen: die gesamte wasserfeste, aber halb durchlässige Oberfläche unserer Haut, mitsamt all ihren kleinen Fett- und Schweißdrüsen. Hautdrüsen sind normalerweise mit Haaren verbunden und liegen innerhalb eines Haarbalgs. Seit jedoch bei einigen Spezies – vor allem der unsrigen – die Behaarung abnahm, begannen diese Drüsen direkt unter der Epidermis frei zu liegen.

Gerüche können von jeder Hautdrüse produziert werden, stammen jedoch meist aus vergrößerten Drüsen in bestimmten Hautbereichen. Rotwildböcken zum Beispiel erscheint während der Brunftzeit ein Drüsenfleck auf der Stirn.[3] Bei Gabelhornantilopen liegt eine Drüsenschicht zwischen den Hufen, wodurch es ihnen möglich ist, Geruchsspuren zu hinterlassen, denen andere Antilopen sogar im Dunkeln oder auf steinigem Gelände folgen können.[131]

Bei kleinen Säugetieren wie Spitzmäusen, Fledermäusen, Ratten und Rennmäusen enthalten Hautdrüsen normalerweise Talg aus ölhaltigen Säcken, die das Fell pflegen. Größere Säugetiere verfügen hingegen über Drüsen, die eine Mischung aus Talg und Schweiß enthalten. Und Säugetiere aller Größen besitzen obendrein reine Schweißdrüsen, die meist in den Winkeln von Gliedmaßen liegen, aber auch an so seltsamen Stellen wie bei der Weißbauchspitzmaus hinter den Ohren.[46]

Eine bestimmte Art von modifizierten Schweißdrüsen findet sich bei allen Säugetieren, nämlich die Milch- oder Brustdrüsen. Die Milch, mit der sie ihre Kinder säugen, wird von speziellen, vergrößerten Schweißdrüsen abgesondert, deren Geruch die Neugeborenen fast aller viertausend bekannten Säugetierarten zur ersten Mahlzeit leitet. Also müssen alle Säugetiere vom Moment ihrer Geburt an über einen voll ausgeprägten Geruchssinn verfügen.[50] Tatsächlich aber beginnen manche Säugetiere ihren Geruchssinn sogar schon in der Gebärmutter zu nutzen.

Injiziert man trächtigen Ratten eine nachweisbare flüchtige Substanz und holt die Jungen nach nur einer Stunde durch Kaiserschnitt auf die Welt, lassen sich bereits Spuren dieser Substanz in den Gehirnen der Neugeborenen nachweisen.[141] Doch sie tauchen nicht im olfaktorischen Hauptbulbus, sondern in den Nebenbulben auf, die ihre Informationen vom Jacobson-Organ erhalten. Das Organ scheint also bereits Teil eines Systems zu sein, welches es Ungeborenen ermöglicht, sich durch das Fruchtwasser an den Geruch der Mutter zu gewöhnen.

Die Patenrolle des Jacobson-Organs endet aber nicht mit der Geburt. Beispielsweise hilft es neugeborenen Wildkaninchen, die bemerkenswert wenig mütterliche Fürsorge erhalten, sich zu orientieren. Die Wildkaninchenmutter reißt sich zwar Fell aus, um ein Nest für ihre Jungen vorzubereiten, kehrt dann jedoch nur einmal täglich für einen Kurzbesuch von maximal vier Minuten zum Säugen zurück. Zu ihrer Verteidigung sei angemerkt, dass sich das Risiko, von Raubtieren im Nestbau entdeckt zu werden, mit der Dauer ihres Aufenthalts vergrößert. Aber nun brauchen die nackten Jungen, deren Augen und äußeren Gehörgänge noch versiegelt sind, natürlich Hilfe, wenn sie entwöhnt und aus dem Nest sein sollen, bevor die Mutter in weniger als einem Monat ihren nächsten Wurf bekommt.

Auf Seiten der kleinen Wildkaninchen steht bei dieser unbarmherzigen Gleichung ein fest gefügtes Verhaltensmuster, ein Instinkt, der durch einen Geruch verstärkt und vom Jacobson-Organ geregelt wird. Der Trigger ist eine flüchtige Chemikalie, die in der Kaninchenmilch vorhanden ist und auch von der Haut um die Zitzen produziert wird. Sobald sich das zurückgekehrte Weibchen über das Nest beugt, werden die Jungen von diesem Geruch angezogen, beginnen augenblicklich herumzuschnüffeln und sich »kreuz und quer über den Bauch des Muttertiers vorzuarbeiten, bis eine Zitze erreicht ist«. Es dauert nur sechzig Sekunden, bis ein Junges zum Ziel gekommen ist, und kaum zwei Minuten, bis es ein Drittel seines Körpergewichts in Form von Milch zu sich genommen hat.[80]

Diese aktive Chemikalie in der Muttermilch ist eines der wenigen bekannten Beispiele für etwas, das man bei Säugetieren Auslöser oder »Releaser« nennt – etwas, das grundsätzlich ein spezifisches Verhaltensmuster hervorruft und jedes Mal zum selben Resultat führt.

Was das Riechen anbelangt, so besteht der große Unterschied zwischen Säugetieren und anderen Wirbeltieren darin, dass Geruch zu einer höchst individuellen Angelegenheit wurde. Fische reagieren auf Geruch, Säugetiere produzieren ihn. Einzelgängerische Reptilien nutzen Gerüche als Möglichkeit, Nahrung zu finden, soziale Säugetiere verlassen sich auf Gerüche als Möglichkeit, Familienmitglieder und Freunde zu erkennen. Tatsächlich spielen klar unterscheidbare Säugetiergerüche eine derart große Rolle als Hilfsmittel für Eltern, um zwischen den eigenen und den fremden Jungen unterscheiden zu können, dass jede Konfusion hier zu fatalen Folgen führen kann.

Forscher, die in der Antarktis mit Weddell-Robben arbeiteten, entdeckten ganz zufällig, dass Robbenbabys von ihren Müttern abgelehnt werden, wenn sie in einem Sack gewogen worden waren, in dem ein anderes Robbenbaby während der Wiegeprozedur defäkiert hatte. Sofort änderten sie das Verfahren und begannen für jeden Wiegevorgang einen frischen Sack zu verwenden. Ab da kam es zu keiner mütterlichen Ablehnung mehr.[94]

Auch neugeborenen Lämmern droht dieses Schicksal. Sie leben in großen Schafherden, in denen jährlich zum selben Zeitpunkt eine Menge Jungtiere geboren werden. Jedes neugeborene Lamm verfügt mit seinem individuellen Geruch über eine Kennzeichnung, die noch sehr viel komplexer ist als bei Robbenbabys. Teils ist das genetisch bedingt, teils durch die Umwelt hervorgerufen, weshalb die Mutterschafe auch von einem komplexen Geruchsmosaik aus beiden Quellen abhängig sind. Zum Beispiel werden sie zwar Interesse an einem Zwilling zeigen, der ihnen nach der Geburt weggenommen wurde, oder an einem fremden Lamm, wenn es in einer Hülle steckt, das zuvor von einem ihrer eigenen Lämmer getragen wurde, doch am Ende werden sie beide ablehnen. Man kann die Wiedererkennungsfähigkeit eines Muttertiers auch stark verunsichern, wenn man sein Lamm mit einem synthetischen Reinigungsmittel abschrubbt. Doch das Schaf wird das Jungtier sofort wieder akzeptieren, sobald dessen natürlicher Körpergeruch erneut durchdringt.[8] Schäfer und Bauern, die oft darauf hoffen müssen, dass ein Lamm nach dem Tod der Mutter von einem anderen Schaf angenommen wird, stellt dieses Verhalten vor eine Menge Probleme.

Den Prozess, durch den ein Elternteil seine eigenen Kinder erkennen kann und umgekehrt, nennt man Prägung. Und die bedarf meist nur außerordentlich kurzer Zeit. Bei domestizierten Ziegen ist beispielsweise die erste Reaktion der Mutter, Spuren von Fruchtwasser und der Plazenta von ihrem Neugeborenen zu lecken. Dabei hält sie sich besonders lang mit den Flanken und dem Hinterleib auf. Wenn man ihr nun das Junge wegnimmt und es säubert, bevor sie eine Chance hatte, dies selbst zu tun, wird sie es entschieden ablehnen und nach ihm stoßen und beißen. Ermöglicht man ihr aber nur fünf Minuten dieses normalen Kontakts vor der Trennung, wird sie eine lebenslange Bindung zu dem Jungtier aufgebaut haben.[102]

Für das Entstehen dieser Prägung gibt es eine kritische Phase, die bei sozialen Tieren um ein Vielfaches kürzer ist als bei einzelgängerischen Spezies, die generell mehr Zeit zur Verfügung haben, um einander kennen zu lernen. Bei der geselligen Stachelmaus zum Beispiel ist dieses Zeitfenster für die Herstellung einer Bindung nur eine Stunde geöffnet. Hat eine Mutter keine Gelegenheit, ihre Jungen während dieser Stunde ausgiebig zu beschnuppern, werden ihr diese für immer fremd bleiben.[146]

Jedes Tier hat eine einzigartige Geruchssignatur. Und da diese zum Teil genetisch bedingt ist, haben Mitglieder desselben Wurfs, die ja viele Gene miteinander teilen, auch einen ähnlichen Geruch. Das Ganze funktioniert auf vergleichbare Weise wie beim »Bienenstockgeruch«, der es Arbeitsbienen ermöglicht, einander zu erkennen, oder wie beim »Koloniegeruch« der Rossameisen, welcher zwar von der Königin ausgeht, aber durch die Zufügung von genetischen und umweltbedingten Komponenten zu einer unverwechselbaren Duftmischung verschmilzt, die es den Arbeiterinnen dann ermöglicht, sich in Bruchteilen von Sekunden beim gegenseitigen Betasten mit den Fühlern am Rücken zu erkennen.[76] Wasserratten, die bei der Geburt von Geschwistern aus dem eigenen Wurf getrennt wurden, können später leichter davon überzeugt werden, einander zu akzeptieren, als Tiere, mit denen sie keine enge genetische Verwandtschaft verbindet.[149]

Solche Beobachtungen sind letztlich nicht überraschend. Geruch ist ziemlich häufig die Kraft, die vor Inzucht schützt und Populationen ermuntert, jene Art Distanz voneinander zu halten, die schließlich einmal zur Evolution von neuen Spezies führt. Bei Säugetieren aber scheinen Populationen, Rassen, Subspezies und Spezies biologische und soziale Kategorien zu sein, die häufig nicht durch genetische Inkompatibilität, sondern allein durch geruchliche Unterschiede festgelegt werden.[63]

Eine solche Unterscheidung zu treffen ist nicht einfach. Es bedarf dazu der ständigen Wachsamkeit, die bei vielen Säugetieren denn auch beinahe schon an Paranoia grenzt. Nordamerikanische Maultierhirsche unterscheiden wir von anderen Hirschen durch ihre schwarzen Schwänze, doch untereinander erkennen sie sich am Geruch, der aus Drüsen an der Kniekehle des Hinterbeins stammt und dort in schuppigen Haarbüscheln hängen bleibt, die jeweils mit Zwischenräumen ausstattet sind, in denen sich das Aroma hält. Damkitze erkennen ihre Mütter, indem sie an den Knien mehrerer Weibchen schnüffeln und dann ihre Entscheidung treffen. Die Mitglieder einer großen Gruppe von Maultierhirschen überprüfen einander mindestens einmal stündlich an diesen Beindrüsen. Sobald einer misstrauisch geworden ist und einen Fremden in der Herde vermutet, wird dieses Knieschnüffeln zur reinsten Manie: Sie beginnen einander in

Minutenabständen zu prüfen, bis der Außenseiter gefunden und vertrieben wurde.

Was dann geschieht, ist noch merkwürdiger. Die Hirsche beginnen alle gleichzeitig zu urinieren, lassen den Urin aber am Sprunggelenk entlang laufen, sodass dabei die Drüsen und Haarbüschel an den Fußwurzeln benässt werden. Dann verbreiten sie den Geruch, indem sie ihre Hinterbeine aneinander reiben – und das sieht derart affektiert aus, dass die ganze Gruppe wie ein Haufen kichernder Teenager wirkt, die geziert auf hohen Stöckeln und in viel zu engen Röcken herumtänzeln. Man mag das höchst sonderbar finden, doch auf die Herde scheint dieses Verhalten einen ungeheuer beruhigenden Effekt zu haben. Die Tiere verstärken dadurch nicht nur ihren individuellen Geruch, sondern scheinen diesen zugleich zu einem Gruppengeruch zu verschmelzen, der jedem einzelnen Tier versichert, dass es sich unter Freunden befindet.[19]

Dieses Gruppengefühl kann auch durch gegenseitiges Einreiben hergestellt werden. In den Wäldern von Australien und Neuguinea haben es sich kleine, nachtaktive Beuteltiere angewöhnt, auf der Suche nach ihrer Nahrung aus Harz und Gummiharz von Baum zu Baum zu gleiten. Pelzige Membranen zwischen den vorderen und hinteren Gliedern ermöglichen es diesen kleinen, eichhörnchenartigen Wesen, sich in fliegende Segel zu verwandeln, die mit einem einzigen Satz bis zu hundert Meter weit gleiten können. Doch bei diesem sanften Dahingleiten zwischen entfernten Baumstämmen in der Dunkelheit können Familienmitglieder leicht voneinander getrennt werden. Also haben sich diese Gleithörnchenbeutler eine geniale olfaktorische Lösung einfallen lassen.[166]

Das dominante Männchen der Gruppe reibt mit einer Drüse auf der Stirn über die Mitglieder seiner Kolonie. Die Weibchen markiert er auf der Brust, indem er sie umarmt, und diese wiederum reiben jeweils etwas von diesem Sekret über andere Gruppenmitglieder, bis die gesamte Kolonie in einen unverkennbaren Eigengeruch gehüllt ist, der offenbar auch zum allgemeinen Wohlbefinden beiträgt. Wenn ein Gruppenmitglied umherstreunt oder nicht in Verbindung mit den anderen bleibt, wird es bei seiner Rückkehr genauestens untersucht und energisch frisch markiert. Und wenn es auch nur die geringste Spur des Geruchs einer rivalisierenden Gruppe an sich trägt, fällt man über es her und tötet es.

Ein männlicher Gleithörnchenbeutler ist der reinste Vertreter in Sachen Duftstoffen. Er begnügt sich nicht damit, seine Kolonie zu markieren, sondern setzt noch vier weitere Drüsen zu territorialen Markierungszwecken ein. Mit Sekreten aus seinem Rachen und seinen Füßen reibt er Grenzmarkierungen auf strategisch platzierte Steine und Bäume, und sogar noch außerhalb dieser Grenzen macht er sich bemerkbar, indem er willkürlich aromatisierten Speichel und Fäkalien hinterlässt.

Katzenmakis verfügen fast über dasselbe Repertoire mit nur einer einzigen Drüse – einem dicken, haarlosen Flecken an der Innenseite der Handwurzel. Damit fordert dieser Primat, den frühe Forscher auf Madagaskar entdeckten und »die schöne Bestie« nannten, seine Rivalen heraus. Er umarmt sich buchstäblich selbst und reibt mit den Drüsen beider Handwurzeln über das Ende seines buschigen Ringelschwanzes. Dann stellt er sich auf alle viere, wedelt mit dem einparfümierten Schwanz über seinem Kopf und schleudert damit seinen Opponenten in einer Art »Stinkkampf«, wie es der Primatologe Alison Jolly nannte[90], seine äußerst streng riechende Bedrohungen entgegen.

Diese Brachialdrüsen leisten dem Lemuren aber ebenso gute Dienste während seiner Abwesenheit. Katzenmakis leben im Süden Madagaskars auf offenem Gelände, typischerweise in Familiengruppen auf einem festgelegten

Territorium inmitten einer Landschaft, die in zahllose solcher Domänen aufgeteilt ist. Der Besitz einer solchen Enklave ist ein lohnendes, aber auch aufreibendes Geschäft. Gewahrt werden kann sie nur, indem das dominante Männchen immer wieder mit der Handwurzel seine Markierungen an alle territorialen Begrenzungen setzt und außerdem jeden Eindringling davon überzeugen kann, dass er es ernst meint. Das Ganze ist natürlich ein Vertrauenstrick, zum einen dazu gedacht, das eigene Selbstbewusstsein zu stärken, zum anderen, das des potentiellen Feindes zu unterminieren. Erfolg versprechend ist es jedoch nur, wenn das Männchen die Grenzmarkierungen in regelmäßigen Abständen auffrischt – oder zumindest einen derart starken Geruch produzieren kann, dass beim Eindringling der Anschein erweckt wird, die Markierungen seien gerade frisch gesetzt worden.

Außerdem gibt es noch ein Element, das man als Aroma-Politik bezeichnen könnte. Jede Duftmarke trägt die Signatur eines bestimmten männlichen Lemuren und ist jedem Nachbarn aus den angrenzenden Territorien bekannt. Die Nachbarn sind nun aber ebenso von einem gewissen Maß an Geben und Nehmen abhängig wie der Markierer selbst, das heißt, sie entscheiden zu dessen Gunsten, wenn einige seiner jüngsten Markierungen nicht so frisch riechen, wie sie sollten, und im Gegenzug gewährt auch er ihnen einige Freiheiten. Erst wenn der Duft eines völlig Fremden aufgespürt wird, etwa der eines vagabundierenden Männchens mit der Absicht einer feindlichen Übernahme, erhöhen die Territorialbesitzer ihre Wachsamkeit, beginnen häufiger zu patrouillieren und beharrlicher ihre Duftmarken zu setzen.[126]

Natürlich definieren Grenzduftmarken Territorien, aber es wäre ein großer Fehler zu glauben, dass es sich dabei einfach nur um simple »Zutritt Verboten«-Schilder handle, die ausschließlich zur Kennzeichnung von Privatbesitz gedacht seien. Wesentlich häufiger dienen sie als komplexe Kommunikationsmittel, die der Information, Erziehung und Selbstdarstellung gelten. Viele Tiere begrenzen ihre Gebiete mit Duftmarken, aber es gibt kaum Nachweise, dass solche Geruchszäune einen Eindringling tatsächlich fern halten können. Vielmehr bieten sie Vertrautheit und stärken die Moral der Bewohner, indem sie ihnen versichern, dass sie auf einen »Heimvorteil« bauen können, sobald sie in einen Konflikt mit Fremden geraten.

Jean-Jacques Rousseau, der fast schon einen Hang zum Größenwahn hatte, äußerte einmal, dass der Erbauer des ersten Zauns als Begründer der Zivilisation zu gelten habe. Zwei Jahrhunderte später wissen wir mehr über animalisches Verhalten, auch, dass viele Spezies davon abhängig sind, auf irgendeine Weise ein Territorium beanspruchen, markieren und verteidigen zu können. Die meisten solcher Territorien sind deutlich zu erkennen, manche sogar aus der Luft. Doch die eigentlichen Zäune der meisten Säugetiere sind unsichtbar, weil sie ausschließlich aus Gerüchen bestehen.

Und die können außerordentlich komplex sein. Sie markieren nicht nur ein bestimmtes Gebiet, sondern definieren es auch völlig neu. Haushunde zum Beispiel urinieren gerne an Laternenpfähle. Aber nicht an *jeden*. Sie mögen zwar an jedem herumschnüffeln und daraufhin alle möglichen Verhaltensweisen an den Tag legen, etwa Knurren, Scharren oder Defäkieren. Doch die eigentliche, die entscheidende Reaktion ist die Gegenmarkierung mit einer Geruchslage frischen Urins.

Allgemein geht man von zwei funktionellen Gründen für dieses Verhalten aus: Entweder es dient dazu, mit dem obersten Geruch alle darunter liegenden zu verwischen und sich somit als letzter Besucher einen territorialen Vorteil zu verschaffen, oder es sollen sämtliche Gerüche zu einer Art von Gruppengeruch verschmolzen werden, um Kunde von der Existenz einer Gesellschaft zu geben. Doch jüngste Laborforschungen von Robert Johnson an der Cornell University lassen noch eine dritte und weitaus interessantere Möglichkeit vermuten.[89]

Goldhamster beiderlei Geschlechts setzen Duftmarken, indem sie einen Buckel machen und ihre Flanken, an denen sich gut ausgebildete Hautdrüsen befinden, gegen eine aufragende Fläche reiben. Dabei bevorzugen sie wie Hunde Stellen, an denen bereits andere ihre Duftmarken hinterlassen haben. Versuche, die ihre Erkennensfähigkeit von Geruchsmarkierungen testen sollten, haben gezeigt, dass Hamster zwar immer die unmittelbare Aufmerksamkeit auf die oberste Geruchslage lenken, sich dabei jedoch aller darunter liegenden bewusst sind und unter diesen ebenfalls individuelle Gerüche identifizieren können.

Hamster nehmen solche Markierungsstellen auf sehr komplexe Weise wahr. Auf einer Ebene dienen sie ihnen als schwarzes Brett, dem die neuesten Nachrichten über jeden auf diesem Gebiet zu entnehmen sind. Doch auf einer tieferen Ebene erfahren sie aus der Häufigkeit, Quantität und Qualität aller gesetzten Markierungen auch etwas über die jeweilige örtliche Machtstruktur. Eine solche Stelle ist also nicht nur eine Schautafel, sondern auch eine Art Punktetabelle, die eine Ahnung vermittelt, wer am wahrscheinlichsten als Sieger aus dem gerade laufenden Turnier hervorgehen wird.

Gemein ist allen chemischen Signalsystemen von Säugetieren deren Transparenz. Es handelt sich nicht um chiffrierte Systeme, sondern um völlig unverschlüsselte, jedenfalls für die Mitglieder derselben Spezies. Allerdings verbreitet sich die jeweilige Nachricht häufig auch unter anderen Spezies, und das nicht notwendigerweise immer nur über den Geruchssinn.

Die meisten Markierungen werden so hoch wie nur möglich gesetzt. Bären weisen ihre Territorien aus, indem sie Rinde von Bäumen kratzen, sich gegen das nackte Holz reiben und dabei zur vollen und wahrlich beängstigenden Größe aufrecken. Der hohe Kalziumanteil in den Exkrementen der Tüpfelhyäne lässt diese in der Sonne hell erstrahlen und macht sie damit von weithin sichtbar. Diese Hinterlassenschaft scheint also nicht nur Besitzansprüche zu verdeutlichen, sondern auch Informationen über den Besitzer zu verbreiten.

Bei kaum einer Spezies fühlen sich Eindringlinge von solchen Markierungen abgestoßen, im Gegenteil, sie werden geradezu angezogen davon und setzen alles daran, sie einmal zu beschnuppern. Fast überall in der Natur bedeutet *keine* Nachricht eine schlechte Nachricht. Jede Nachricht, sogar eine schlechte, ist besser als keine. Aber ob sie nun gut oder schlecht ist, in jedem Fall gewährt sie dem Überbringer einen deutlichen selektiven Vorteil.

Nur Säugetiere hinterlassen bewusste Duftmarken. Reptilien lassen eine unfreiwillige Geruchsspur hinter sich. Bevor Säugetiere die Bühne betraten, gab es kein Tier, das eine chemische Markierung an einer willentlich ausgewählten Stelle anbrachte oder derart ausgiebigen sozialen Gebrauch von einfachen chemischen Signalen machte.

Säugetiere haben chemische Sensibilitäten in ein wichtiges Sinnessystem verwandelt. Die Riechschleimhaut in ihren Nasen hat sich von ihrem ursprünglich auf die Decke der oberen Kammer beschränkten Platz in der Nasenhöhle ausgebreitet und erstreckt sich mittlerweile auch über den nicht-sensorischen Bereich der knöchernen Nasenmuschel, wo die einströmende Luft erwärmt und befeuchtet wird. Die Sinnesepithelien einer Antilope von durchschnittlich menschlichem Körpergewicht können einen zehnmal größeren Bereich abdecken als beim Menschen und über mindestens zehnmal so viele Sinneszellen verfügen. Unter Raubtieren besteht sogar eine noch größere Disparität. Nur Wale, die in die Ozeane zurückzukehren beschlossen haben, sind noch schlechtere Riecher als wir.

Es besteht gar kein Zweifel, dass alle anderen Säugetiere, klein oder groß, über einen empfindlicheren, aktiveren und raffinierteren Geruchssinn verfügen als wir. Doch letztlich sind diese Unterschiede graduell und einfach nur durch größere und effizientere Nasen bedingt. In einer qualitativen Hinsicht aber haben Säugetiere die Regeln und Praxis des Riechens völlig verändert, und in dieser Hinsicht sind wir womöglich nicht so stark benachteiligt.

Reptilien gaben dem Jacobson-Organ und damit dem Riechvorgang durch das Maul den Vorzug. Säugetiere bauten seit der Fortentwicklung von säugetierartigen Reptilien auf diesem reptilischen Modell auf und begannen das nasale Riechsystem auf einen zumindest vergleichbaren Standard zu heben. Unsere Riechzellen und der Bulbus olfactorius entwickelten sich fort und versorgten die Großhirnrinde mit ständig neuen Informationen aus der Umwelt. Doch da Säugetiere sozial aktiver sind und in engerem Kontakt zueinander stehen, haben sie in eine neue und verbesserte Möglichkeit des Wahrnehmens von Gerüchen und der Reaktion auf diese investiert. Und die bietet Informationen wesentlich persönlicherer Art an.

Säugetiere verfügen über das am besten ausgebildete Jacobson-Organ aller Tiere und nutzen es im Wesentlichen seines sozialen Potentials wegen, also um Informationen über andere Mitglieder ihrer Spezies zu erhalten, die sie auf keinem anderen Wege erwerben könnten. Und an diesem globalen »Geruchsweb« ist der Mensch nach wie vor wesentlich beteiligt.

Ambrosiacos

Ambrosia stehen im Zentrum des Linné'schen Denkgebäudes der Düfte und Gerüche.

Das Wort leitet sich von »Amber« – Bernstein – ab und bezeichnet etwas Attraktives, harzig Wohlriechendes. Die Griechen nannten den Stein elektron, *denn wenn man ihn reibt, werden geladene Teilchen freigesetzt, die sie als Lebenselixier und Götterspeise betrachteten. Sappho dienten sie als Heiltrank, für Homer war es die Speise der Unsterblichen. John Miltons Paradies ziert ein göttliches Wesen, aus dessen taufeuchten Locken Ambrosia perlt. In einem sind sich jedenfalls alle einig: Dieser Duft ist einfach göttlich.*

Linné war da etwas bodenständiger. In seinem Paradies verteilt Comus, der Gott der Sinneslust, ambrosische Öle »auf den Veranden und Stufen aller Sinne«. Er beschrieb diese Duftgruppe als süß und schwer, ähnlich dem Moschus. Und mit diesem Begriff ging er dann sehr großzügig um. So taufte er nicht nur ein kleines asiatisches Bisam »Moschustier«, sondern band gleich einen ganzen Strauß aromatischer Pflanzen – Gamander, Geranie, Salbei, Minze und Malve – zu einem Duftgebinde aus »Moschatum«.

Keine Blüte kann mit dem eigentlichen Moschus aus jenem golfballgroßen Beutel konkurrieren, den das asiatische Bisam unter seiner Bauchhaut trägt. Seit über fünf Jahrtausenden gilt dieser Geruch als göttliche Offenbarung. Er gehört nicht nur seit jeher zu den Ingredienzien von Parfums, sondern wurde auch bei der Grundsteinlegung von Kathedralen beigegeben, in beiden Fällen, um die Menschen mit seinem betörenden Duft in den Bann zu ziehen.

Noch heute wird Moschus mit Gold aufgewogen.

3 · *Im Duft-Web*

Anfang der dreißiger Jahre begann der deutsche Biochemiker Adolf Butenandt, noch nicht einmal dreißig Jahre alt, mit seiner Forschung über menschliche Hormone, die ihm 1939 den Nobelpreis für Chemie einbrachte. Doch weil Hitler ihn zwang, den Preis abzulehnen, wandte er sich einem anderen Forschungsgebiet zu.

Damals wusste man bereits, dass das Geschlecht von Motten durch die Form ihrer Fühler bestimmt werden kann. Die der Weibchen sind im Allgemeinen schlicht, die der Männchen meist kunstvoll mit bis zu über zwanzigtausend winzigen Härchen gefiedert. Sie dienen als Reizempfänger für ein chemisches Signal, das von einer flüchtigen Substanz aus einer Drüse am Hinterleib des Weibchens ausgesandt wird und auf die Männchen offenbar noch aus vielen Kilometern Entfernung unwiderstehlich wirkt.

Butenandt wollte nun anhand der Raupen des Seidenspinners die Essenz dieser Anziehungskraft isolieren. Das war eine gute Entscheidung, denn er brauchte eine halbe Million weiblicher Exemplare, um dieses Sekret in ausreichenden Mengen für seine Analyse zu bekommen, und Seidenraupen wurden bereits in großen Mengen in Italien und Japan gezüchtet. Doch dann dauerte es noch zwanzig Jahre des geduldigsten Extrahierens und Fraktionierens, bis er eine Substanz isoliert hatte, die in der Lage war, eine männliche Motte aus großer Entfernung anzulocken. 1959 konnte Butenandt schließlich die Entdeckung des *Bombykol* bekannt geben[21], einer Substanz, die derart stark ist, dass ein einziges Mottenweibchen in der Lage wäre, eine Milliarde Männchen anzulocken, würde es seinen gesamten Vorrat auf einmal versprühen.

Im selben Jahr entschieden die Endokrinologen Peter Karlson und Martin Luscher, dass es an der Zeit sei, zwischen Hormonen – organischen Substanzen, die innerhalb des Körpers wirksam werden – und Chemikalien wie Bombykol – die in die Umwelt entlassen werden und andere Exemplare derselben Spezies sogar aus räumlicher Distanz beeinflussen können – zu unterscheiden.[93] Aus den griechischen Verben *pherein*, »übertragen«, und *hormon*, »erregen«, setzten sie den neuen Begriff *Pheromon* für eine Substanz zusammen, die nach außen abgegeben wird und auf andere stimulierend wirkt.

Pheromone haben in der Tat eine erregende Wirkung. Diane Ackerman nennt sie »die Packesel des Begehrens«.[1] Einmal nach außen abgegeben, leben sie ein von ihrem organischen Produzenten völlig unabhängiges Leben. Die flüchtigen unter ihnen bewegen sich frei durch die Lüfte und tragen ihre Botschaften, die gewaltige Auswirkungen haben können, in die Ferne. Die stabilen lassen sich auf Steinen und Bäumen nieder und harren dort lange genug aus, um ihren Einfluss später auszuüben. Beide Arten aber vollbringen die reinsten organischen Wunder – bei Säugetieren oft mit Hilfe eines Mediums namens Jacobson-Organ.

Bei keinem Säugetier ist die Öffnung zum Jacobson-Organ sichtbar, vergleichbar etwa mit geblähten Nüstern, sondern meist irgendwo am Rande des Luftstromweges versteckt. Auch der Riechsinnesbereich in der Nase ist isoliert und muss erst durch aktives Schnüffeln aktiviert werden, beispielsweise indem der Kopf nach vorne gestreckt und ein schneller Atemzug gemacht wird, der die Luft tief in die innersten Winkel der Nasenhöhle zieht. Doch das Jacobson-Organ verfügt über eigene Verstärker.

Der deutlichste davon ist mit einem unmissverständlichen Gesichtsausdruck gepaart: die Oberlippe wird hochgezogen und es entsteht jene typische Grimasse, die wir bei einem unangenehmen Geruch ziehen. Auch Hirsche und Pferde tun das, vor allem die Männchen, wenn sie den Urin eines Weibchens im Östrus riechen. Bei ihnen nennt man diesen Ausdruck »flehmen«. Da dabei so auffällig der Kopf zurückgeworfen wird, interpretierte man es als eine visuelle Reaktion, doch in Wirklichkeit wird dieses Verhalten durch Pheromone ausgelöst.[49] Durch Kontraktion der Muskeln, die die Lippen anheben, wird Druck auf den Nasen-Gaumengang zwischen Nase und Maul oder Mund ausgeübt und die Gänge des Jacobson-Organs werden freigelegt.[73] Bei genauen Studien von flehmenden Ziegenböcken wurde festgestellt, dass diese durch ein typisches Hin- und Herschütteln des Kopfes dabei auch noch Speichel über die untere Öffnung des zum Jacobson-Organ führenden Kanals fließen lassen.[109]

Flehmen ist unter Huftieren weit verbreitet, taucht jedoch überraschenderweise auch bei ganz anderen Arten auf. Zum Beispiel bei den Fledermäusen. Sie haben sich derart gut an die Dunkelheit angepasst, dass ihr Gehör schließlich zur eigentlichen Informationsquelle wurde. Da ihre Flugtauglichkeit wie bei Vögeln dazu geführt hat, dass sie sich außerhalb der Reichweiten fast aller informativen Umweltgerüche bewegen, haben sie die Nase fast vollständig zu einem Sonarsystem umstrukturiert. Und damit haben sie den Geruchssinn und im Prinzip auch die Notwendigkeit für die Existenz eines Jacobson-Organs abgeschafft – mit einer einzigen Ausnahme.

Der Gemeine Vampir ernährt sich ausschließlich von Säugetierblut, an das er aber nur herankommt, wenn es ihm gelingt, sich an sein schlafendes Opfer anzuschleichen. Seine Schnauze ist ungewöhnlich groß für eine Fledermaus, was nicht zuletzt an den vielen rasiermesserscharfen Zähnen liegt, die sie beherbergen muss und die so sanft in die Haut von Pferden oder Menschen eindringen können, dass der Biss kaum spürbar ist. Entscheidend für die Fledermaus aber ist, dass sie sich unbemerkt an ihr Opfer anschleichen kann. Junge Fledermäuse erwerben die dafür nötigen Fähigkeiten, indem sie den Erwachsenen, die ihre Opfer zuerst mit einem feinen Urinnebel markieren, beim Beutezug folgen.[165] Beim gemeinsamen Anflug ziehen dann alle die Oberlippe hoch und folgen der intensiv nach Blut und Urin riechenden Spur, indem sie die Pheromone auf das Jacobson-Organ, das bei ihnen größer ist als bei jedem anderen Exemplar ihrer Art, einwirken lassen.[32]

Überraschenderweise flehmen auch Elefanten, die die größte Nase aller Landbewohner besitzen. Da diese Tiere an sich zu groß sind, um von der wichtigsten Geruchszone profitieren zu können, schwingen sie ihre langen Rüssel mit den Nasenöffnungen einfach auf den Boden hinunter, wo es Gerüche in Hülle und Fülle gibt. Asiatische Elefantenbullen reagieren auf den Geruch von weiblichem Urin, indem sie die Rüsselspitze in die Flüssigkeit eintauchen und sie anschließend direkt an den Gaumen pressen. Dabei ziehen sie die Lippe in einer beim gewöhnlichen Fress- und Trinkvorgang ganz unüblichen Art hoch. Und genau dort am Gaumen – eine seltsame Wiederholung des alten reptilischen Musters – öffnet sich das Jacobson-Organ mit zwei deutlich sichtbaren, etwa zwei Zentimeter voneinander entfernten Tüpfeln.[154]

Sowohl Elefanten als auch der Gemeine Vampir verfügen über gut entwickelte, muskuläre Zungen. Und ähnlich wie die meisten Rinderarten sind auch sie in der Lage, die harte Gaumenplatte mit der Zunge zusammenzudrücken und die Flüssigkeiten aus dem Maul durch den Nasen-Gaumengang direkt in das Jacobson-Organ zu leiten. Bei den meisten Säugetierschädeln braucht man nur direkt hinter den Schneidezähnen am Oberkiefer zu suchen, um den Knochenkanal zu finden, in dem dieser Gang angesiedelt ist – groß ausgebildet bei Kühen und

Tigern, verschwindend klein bei Robben und uns Menschen.

Fast alle anderen Säugetiere verlassen sich hingegen auf eine angeborene, automatisierte Version dieses »Pumpvorgangs«. In den Nasen von Goldhamstern, Katzen und Meerschweinchen liegen dünnwandige Blutgefäße entlang der Höhlung des Jacobson-Organs. Ziehen sich diese plötzlich zusammen, entsteht ein leichtes Vakuum, wodurch Nasenflüssigkeit in das Organ eingesaugt wird; füllen sie sich mit Blut und dehnen sich aus, werden Flüssigkeiten hinausgepresst. Damit bilden sie eine winzige »vomeronasale Zweiwegepumpe«, die dafür sorgt, dass das Organ die Stimulation bekommt, die es braucht.[125]

Säugetiere scheinen also meist schon über eine Vorkehrung zum Empfang von pheromonellen Signalen zu verfügen. Und es ist wirklich ein Glück, dass uns dieses »Sie haben Post«-System zur Verfügung steht, denn die Luft ist voller biologischer E-mails und wir sind alle von Natur aus User im Duft-Web.

Sex ist bei Säugetieren immer mit Aromen verbunden und ein sehr intimer Vorgang, der nur auf den ersten Blick simpel erscheint. Wilde wie domestizierte Eber haben einen moschusartigen Atem. Steroide in ihrem Speichel verbinden sich, um ein Pheromon mit voraussagbarem Effekt zu produzieren. Jede empfängnisbereite Sau, die diesen Atem wahrnimmt, bleibt wie erstarrt stehen, die Ohren aufgestellt, den Rücken durchgedrückt und den Steiß in die Luft gereckt. Diese Duldungsstarre nennt man, abgeleitet aus dem Griechischen, »Lordose« (Vorkrümmung). Und die kann sogar durch ein in der Landwirtschaft gebräuchliches Aerosol hervorgerufen werden – das heißt, richtig gehandhabt, funktioniert die Sache perfekt, womit bewiesen ist, dass sogar unter Säugetieren bestimmte Verhaltensweisen durch ein chemisches Signal ausgelöst werden können.

Manchmal allerdings kreuzen sich solche Signale. Seit Jahrhunderten benützen Trüffelsucher in den Laubwäldern Frankreichs Schweine zum Auffinden des kostbaren Pilzes, der bis zu einem Meter unterirdisch an den Wurzeln von Eichen wächst. Traditionell sichert man sich dafür die Dienste eines weiblichen Rüsselschweins, vielleicht, weil es leichter zu handhaben ist als ein Eber. 1982 entdeckten deutsche Forscher, dass der moschusartige Geruch einer reifen Trüffel durch Steroide hervorgerufen wird – und zwar nicht durch irgendwelche Steroide, sondern durch eine Kombination, die identisch ist mit jener, welche Eber in ihren Speicheldrüsen produzieren und aufbewahren. Die besten und teuersten schwarzen Trüffel aus dem Perigord enthalten, wie man herausfand, doppelt so viele Schweinepheromone wie das Blutplasma selbst des lüsternsten Ebers.[121] Und genau dieser Geruch wirkt so attraktiv auf die Sau, dass sie augenblicklich in Duldungsstarre verfällt und sich dabei wie ein Hühnerhund dem Punkt zuwendet, von dem der stärkste Geruch ausgeht. Das mag ja prima sein für die Trüffelsucher – aber was hat die Trüffel davon?

Vielleicht gibt ein anderes landwirtschaftliches Phänomen eine Antwort darauf. Vor einem halben Jahrhundert stellten Farmer in Westaustralien alarmiert fest, dass die Fruchtbarkeit unter ihren Schafen plötzlich rapide abnahm. Zwischen 1941 und 1944 sank die Zahl der neugeborenen Lämmer jährlich um 70 Prozent. Da gerade Krieg herrschte, hatte niemand so recht Zeit, herauszufinden, was da vor sich ging. Doch der Verdacht fiel schnell auf ein neues Futtermittel, den Erd-Klee – im Englischen »clover« genannt, weshalb bald schon von der »clover disease« die Rede war. Auch spätere Ausbrüche plötzlicher Unfruchtbarkeit bei Schafen, Rindern und

Wildkaninchen wurden mit Futterpflanzen in Verbindung gebracht. Meist handelte es sich um Mitglieder der Familie der Hülsengewächse, wie Klee oder Luzerne. Im Verlauf der letzten zwanzig Jahre wurden die verantwortlichen Chemikalien identifiziert und festgestellt, dass sie alle über Pflanzenfarbstoffe namens Flavonoide verfügen.[171]

Bei Säugetieren ist ein von den Eierstöcken produziertes Hormon für das Wachstum der weiblichen Fortpflanzungsorgane und der Milchdrüsen sowie für die Koordination des Paarungsverhaltens verantwortlich. Es ist ein zu den Östrogenen zählendes Steroidhormon namens Östradiol. Jüngsten Forschungen zufolge ist dessen biochemische Struktur nahezu identisch mit den Flavonoiden im Klee. Wie konnte es zu einer solchen Entwicklung kommen?

Es gibt nur eine Sache, die Klee und Schaf verbindet: Sie stehen in einer Pflanzen-Pflanzenfresser-Beziehung zueinander. Der eine frisst den anderen, und der andere macht, was er kann, um zu verhindern, dass er völlig aufgefressen wird. Der Klee produziert ein Östrogen, eine Chemikalie, die ein entscheidendes Säugetierhormon nachahmt und wie eine Verhütungspille wirkt: Sie reduziert das Abweiden, indem sie die Zahl der Weidetiere reduziert.

Dass eine Pflanze so etwas fertig bringt, ist weniger erstaunlich als unheimlich, denn das bedeutet, dass es in der Tat eine universelle Fähigkeit gibt, sogar die komplexesten Chemikalien zu produzieren. Wenn Klee ein Östrogen herstellen kann, auf das Schafe reagieren, und wenn Trüffel Pheromone hervorbringen, die die Aufmerksamkeit zufällig vorbeitrabender Schweine auf sich ziehen, dann scheint es wirklich keine Grenzen zu geben. Die traditionellen Schranken zwischen Tieren und Pflanzen, oder zwischen Räubern und Opfern, fallen schlicht weg in einer Welt, in der selbst die potentesten Elixiere wie Kanapees auf einer Cocktailparty herumgereicht werden. Und die Tatsache, dass einige dieser Schlüsselchemikalien flüchtig sind, lässt nun buchstäblich alles in die Lüfte aufsteigen.

Pheromone sind überall. Sie sind in die Atmosphäre eingewoben wie unsichtbare Fäden in einen großen Luftteppich und damit zu jener universellen Chemie verknüpft, welche seit altersher die Vorstellung eines von allen geteilten Sinnessystems nährt.

Die meisten Pheromone bestehen aus nur acht oder zehn Kohlenstoffatomen, die sich mit anderen Elementen in einer beschränkten Zahl von Möglichkeiten verbinden. Doch die möglichen Permutationen innerhalb dieser Anordnung sind immer noch zahlreich genug, um ganz präzise Instruktionen erteilen zu können. Sie teilen uns beispielweise mit, wie Lewis Thomas es formulierte, »wann und wo wir uns versammeln und wann wieder zerstreuen sollen, wie wir uns dem anderen Geschlecht gegenüber verhalten und wie wir feststellen sollen, *ob* es sich um das andere Geschlecht handelt, wie wir die Mitglieder einer Gesellschaft in einer ihrer Dominanz angemessenen Rangordnung organisieren oder die genauen Grenzen eines Territoriums markieren sollen und wie man über jeden Zweifel erhaben beweisen kann, man selbst zu sein«.[192]

Die Simplizität von Pheromonen ist jedoch nicht nur ihr stärkster, sondern auch ihr schwächster Punkt. Sie können von beinahe jedem Lebewesen produziert werden und darum auch reichlich Verwirrung stiften. Und nun haben wir auch noch erfahren, dass Schweine nicht die Einzigen sind, die hinters Licht geführt werden können. Michael Kirk-Smith und seine Kollegen von der Buckingham-Universität haben herausgefunden, dass das Trüffel-

Steroid nicht nur Schweine-Pheromone nachahmt, sondern auch mit einem vom Menschen produzierten Steroid übereinstimmt, welches durch die Schweißdrüsen in den Achselhöhlen des Mannes abgegeben wird.

Der Duft von Trüffeln wird als »nussig und moschusartig« bezeichnet. Tatsächlich könnte dieser Geruch nichts weiter als ein Marker sein, also etwas Olfaktorisches, nur dazu gedacht, unser Gedächtnis aufzufrischen und uns zu erinnern, wie gut wir uns gefühlt haben, als wir ihn das letzte Mal gerochen haben. Im englischen Birmingham haben Probanden, die man diesem Trüffel-Steroid aussetzte, den Fotografien von Personen des anderen Geschlechts beharrlich höhere Attraktivitätspunkte gegeben als es Kontrollpersonen taten, die nichts weiter als gefilterte Luft atmeten.[98] Jetzt wissen wir endlich, warum Trüffel so teuer sind!

Pheromone sind in der Tat »Packesel«: Allzweckchemikalien, die sich schnell auf die unterschiedlichsten Bedürfnisse einstellen lassen und äußerst nützlich sind, um Individuen über oft große Distanzen hinweg zusammenzuführen. Aber sie bieten nicht immer ein exklusives und sicheres Kommunikationssystem. Die Leitungen sind offen und damit auch nicht vor Lauschangriffen geschützt.

In den Wäldern Kolumbiens lassen sich Bolas-Spinnen von Bäumen hängen und lauern in der Dunkelheit, bewaffnet mit einem klebrigen Ball, der am Ende eines einzigen Fadens hängt. Dabei senden sie ein flüchtiges chemisches Signal in Form eines Pheromons aus, das exakt den sexuellen Lockstoff der weiblichen Baumwollmotte imitiert. Jedes Mottenmännchen, das diesem Ruf folgt, läuft Gefahr, an den Haken genommen und eingewickelt zu werden. Die einzige Möglichkeit, solche Nachahmungsaktionen zu verhindern, ist Geheimhaltung. Der Originallockstoff darf durchaus generisch, weit streubar und spezifisch darauf ausgerichtet sein, von der Nase erfasst zu werden. Doch der nächste Schritt muss anders sein, privater.

Um ein Männchen anzuziehen, legt ein Goldhamsterweibchen mit einem Vaginalsekret, das ein wenig nach Brokkoli riecht und über zweihundert flüchtige Komponenten enthält, eine Geruchsspur aus. Alan Singer vom Monell Chemical Senses Center in Philadelphia hat eine dieser Komponenten isoliert, eine stark riechende Substanz namens Dimethyldisulfid, und herausgefunden, dass nur wenige Moleküle davon ausreichen, um einen zufällig vorbeikommenden Hamster anzulocken. Wie die Motte folgt auch er daraufhin schnüffelnd der Spur der Senderin. Doch dann ändern sich die Spielregeln.[174]

Das Hamsterpaar trifft sich Kopf an Kopf, und das Männchen schafft es irgendwie, vielleicht durch den Geruch aus einer Backendrüse, dass das Weibchen augenblicklich in Lordose verfällt. Anschließend läuft das Männchen um das Weibchen herum, beschnuppert und leckt dessen Hinterteil und greift dabei den offenbar aphrodisierenden Geruch eines Proteins auf. Und dieser Geruch ist *nicht* flüchtig, sondern wird direkt in das Jacobson-Organ kanalisiert und dort analysiert. Nur wenn das Männchen über dieses Organ verfügt, besteigt es daraufhin das Weibchen und beginnt zu kopulieren. Besitzt es dieses Organ nicht, oder wurde es der Möglichkeit beraubt, damit Gerüche aufzuspüren, verliert es augenblicklich das Interesse.

Hier beginnt nun jenes alternative System eine Rolle zu spielen, welches immer dann zum Einsatz kommt, wenn Geruchsquellen zu groß oder zu stabil sind, um in die Atmosphäre entlassen werden zu können. Es macht dem Geruchssinn ganze Proteinmoleküle zugänglich und ermöglicht es somit einer völlig neuen Bandbreite an Substanzen, soziale Signale zu verbreiten – Substanzen, die nur durch den direkten Kontakt zwischen zwei Individuen übertragen werden können. Man stelle sich einmal vor, welcher Tumult durch ein Aphrodisiakum entstünde, das einfach in die Luft entlassen und bei jedem männlichen Hamster in der Umgebung Paarungsverhalten auslösen würde. Nur durch die spezifische Art dieser Substanzen wird gewährleistet, dass Paarung ausschließlich zwischen den beiden Individuen stattfindet, die sie beabsichtigen.

Es gibt drei grundlegende Möglichkeiten, wie ein Geruch Fortpflanzungsverhalten beeinflussen kann.

Der erste Effekt ist ein *Initiator*: Ein Pheromon sendet ein Signal aus, das einem Individuum etwas über das Geschlecht und die Fortpflanzungsbereitschaft eines anderen mitteilt. Der Atem eines Ebers sorgt aus nächster Nähe für diese Information; eine rollige Katze oder läufige Hündin vermittelt sie aus größerer Entfernung.

Der zweite Effekt ist ein *Primer*: Ein von einem Individuum produzierter Geruch setzt eine Folge von langzeitlichen physiologischen Veränderungen bei anderen Individuen in Gang. Der Geruch eines männlichen Hamsters kann zum Beispiel den Östruszyklus aller Weibchen im Umfeld verkürzen oder synchronisieren.

Der dritte Effekt ist ein *Terminator*: Hier handelt es sich um eine Variation des Primer-Effekts, die beispielsweise bei Mäusen dazu führen kann, dass eine Schwangerschaft durch die Anwesenheit eines fremden Männchens abgebrochen wird.

Tatsächlich werden alle drei Effekte durch das Jacobson-Organ vermittelt, das heißt, es ist eindeutig in allen Fällen involviert.

Fast die gesamte experimentelle Forschung über das Jacobson-Organ bei Säugetieren wurde anhand von Kleinnagern durchgeführt. Sie begann 1975 mit einer kurzen, aber einflussreichen Studie, die Bradley Powers und Sarah Winans von der University von Michigan im Zuge ihrer Arbeit mit Hamstern veröffentlichten.[150] Dabei verglichen sie das Paarungsverhalten von männlichen Goldhamstern, die entweder ihres Geruchssinns oder ihres Jacobson-Organs oder beider beraubt wurden. Hamster ohne normalen Geruchssinn zeigten das übliche Paarungsverhalten, solche ohne Jacobson-Organ schienen hingegen schwer gehandicapt zu sein, und all diejenigen, die über gar keinen der beiden Geruchssinne mehr verfügten, paarten sich überhaupt nicht. Bei einer jüngeren Studie mit Schermäusen, deren Jacobson-Organe entfernt wurden, zeigte sich, dass diese nicht einmal mehr den Unterschied zwischen Männchen und Weibchen feststellen konnten.[104]

Bei den meisten Nagetieren kam überdies auch der »Coolidge-Effekt« zum Tragen, benannt nach dem dreißigsten Präsidenten der Vereinigten Staaten, der 1928, nach einem Besuch auf einer Regierungsfarm, auch in die Anekdotensammlung der Biologie einging. Der Präsident und die First Lady wurden getrennt durch den Farmbetrieb geführt. Als man Mrs. Coolidge den preisgekrönten Hahn zeigte und ihr bedeutete, dass dieser sich mehrmals am Tag zu paaren pflegte, antwortete sie: »Das müssen Sie unbedingt dem Präsidenten erzählen.« Als dem Präsidenten dann von den überragenden Leistungen des Hahns berichtet wurde, wollte er als Erstes wissen, ob sich dieser denn immer mit derselben Henne paare. Und als man ihm erklärte, dass sich der Hahn jedes Mal eine andere Henne suche, nickte der Präsident bedächtig und erwiderte: »Das müssen Sie unbedingt Mrs. Coolidge erzählen.« Auch sexuell vollauf befriedigte Hamstermännchen können beim Anblick eines neuen Weibchens jederzeit wieder erregt werden, aber nicht, wenn man sie ihres Jacobson-Organs beraubt hat.

Auch im Sexualleben von Schweinen geht nichts ohne

Geruch. Die Anziehungskraft zwischen einem Eber und einer östrischen Sau ist pure Chemie. Sie verringert sich nicht einmal dann, wenn man das eine Tier aus der Sichtweite des anderen entfernt, ja nicht einmal, wenn man es betäubt. Doch ohne Bulbus olfactorius im Gehirn und allein auf ihre Seh- und Hörfähigkeiten beschränkt, können beide nicht zwischen Eber und Sau unterscheiden.[172]

Abgesehen von dieser Geschlechtsidentifizierung ist die wichtigste Information, die solche Fortpflanzungspheromone bieten, der sexuelle Zustand des Absenders. Die Vaginalsekrete einer Äffin kurz vor dem Eisprung wirken auf die Männchen ganz offensichtlich besonders anziehend, doch messbare Veränderungen in der relativen Konzentration von diversen Fettsäuren sind im Verlauf des gesamten Zyklus feststellbar. Und sehr wahrscheinlich sind sich alle Männchen einer Gruppe dieses Verlaufs bewusst und werden davon beeinflusst.[127]

Vermutlich tragen sie für diesen Verlauf sogar selber einen Teil der Verantwortung. Bei diversen Nagetieren genügt allein schon die Anwesenheit eines erwachsenen Männchens, um bei den Weibchen den Östrus auszulösen.[194] Der Trigger ist ein flüchtiges, leicht streubares Pheromon im Urin des Männchens. Südamerikanische Geschwänzte Aguti, langbeinige Verwandte des Meerschweinchens, versichern sich ihres eigenen Einflusses sogar, indem sie das Weibchen während der Werbung mit Urin bespritzen. Es gibt nicht den geringsten Hinweis, dass das Weibchen dadurch in irgendeiner Weise ermuntert oder erregt werden kann. Im Gegenteil, wann immer ich dieses Verhalten beobachtete, schien das Weibchen davon eher verwirrt zu sein. Doch sobald es sich den Urin abzulecken beginnt, wird dessen Geruch vom Jacobson-Organ des Weibchens aufgegriffen und scheint dann im Kickstart einen Östrus auszulösen. Obendrein schickt dieser Geruch ein überdeutliches Signal an alle rivalisierenden Männchen: Er wirkt auf sie wie ein aromatisches Leuchtfeuer, welches signalisiert, dass dieses Weibchen bereits im »Besitz« eines anderen ist und sich aller Wahrscheinlichkeit nach auch schon gepaart hat.

Viele männliche Tiere versuchen auf Nummer Sicher zu gehen, dass ihre Gegenwart gerochen wird, indem sie Urin sogar über den eigenen Körper verteilen. Ziegen urinieren willentlich über den Bauch, Rentiere besprühen ihre Hinterbeine, Kamele spritzen auf ihre Schwänze und verteilen damit den Urin über ihre Flanken. Und viele Antilopen urinieren auf den Boden und wälzen sich dann darin. Die Wirkung dieser Grundchemikalien ist speziesspezifisch. Der Urin einer anderen Ziegen-, Hirsch-, Kamel- oder Antilopenart bewirkt gar nichts.

Abgesehen von der Östrus auslösenden Funktion haben Pheromone aber noch drei weitere Effekte auf die Fortpflanzung, jeder davon nach seinem Entdecker benannt:

Der *Lee-Boot-Effekt* wurde von holländischen Forschern entdeckt, die nachwiesen, dass sich der Zyklus von weiblichen Mäusen, die vollständig von Männchen fern gehalten werden, zu verlängern beginnt. Das legt nahe, dass der normale Hormonzyklus in irgendeiner Weise von der Gegenwart eines männlichen Pheromon-Koordinators abhängig ist.[195]

Der *Whitten-Effekt*, entdeckt im Jackson Laboratory von Maine, schließt an diese Erkenntnis mit der Entdeckung an, dass Menstruationszyklen in einem ausschließlich weiblichen Umfeld vollständig zusammenbrechen und die Mäuse eine Art Pseudoschwangerschaft durchleben, welche nur durch die Wiedereinbürgerung eines Männchens rückgängig gemacht werden kann.[208]

Der *Vandenbergh-Effekt* wurde an der North Carolina State University entdeckt und rundet diese Trilogie des Einflusses von männlichen Hormonen mit dem Nachweis ab, dass allein schon die Anwesenheit eines erwachsenen Männchens in einer Mäusekolonie genügt, um die vorpubertäre Geschlechtsentwicklung von Weibchen zu beschleunigen.[194]

Man sollte jedoch nicht vergessen, dass es sich hier ausschließlich um Labor-Effekte handelt. Es ist höchst unwahrscheinlich, dass irgendeine Nagetierpopulation irgendwo auf der Welt jemals völlig ohne männliche Gesellschaft bleiben würde. Diese Ergebnisse beweisen also nichts anderes, als dass Pheromone im Urin von männlichen Nagetieren in vielerlei Hinsicht eine aktive Rolle bei der Koordination ihrer Fortpflanzung spielen.

Größere Säugetiere erhalten ihre Informationen über die Zeugungsbereitschaft anderer Individuen aus anderen Quellen. Asiatische Elefantenbullen zum Beispiel verfügen über eine Schläfendrüse hinter dem Auge, die während der Brunstzeit ein Sekret namens »Musth« – auch »Brunst-Wut« genannt – produziert. Die Produktion setzt erst im Alter von über zwanzig Jahren ein, doch sobald sie beginnt, schmiert der Bulle mit seiner Rüsselspitze sich und seine Umgebung mit diesem Sekret ein. Elefantenkühe finden diesen Geruch offenbar unwiderstehlich und benützen nun ihrerseits die Rüsselspitze, um ihn direkt an die Öffnungen des Jacobson-Organs in ihrem Maul zu transferieren. Sobald sich die Effekte der Musth-Pheromone in einer Herde verbreiten, beginnen sie den Östrus der erwachsenen Weibchen zu koordinieren.

Die moschusartigen Ausdünstungen einiger Säugetiere sind sogar für unsere Nasen wahrnehmbar. Sehr wahrscheinlich enthalten sie ein spezifisch individuelles Ingrediens, denn Tatsache ist, dass die Ausdünstungen eines Fremden eine Schwangerschaft verhindern, die Einnistung des Fötus im Uterus und dessen Wachstum beeinflussen oder manchmal sogar zum Abort führen können. Bei

Präriewühlmäusen führt die koloniale Einbürgerung eines fremden Männchens in 80 Prozent aller Fälle zu einer Fehlgeburt bei Mäuseweibchen im frühen Schwangerschaftsstadium. In späteren Stadien der Trächtigkeit fällt der Prozentsatz zwar auf 30 zurück, doch der Umfang eines Wurfes wird davon nach wie vor beeinträchtigt.[180] Nichts weist darauf hin, dass ein solcher terminaler Reiz unmittelbar vom Geruch eines Männchens ausginge. Es ist allein dessen »Fremdheit«, die zu diesen Effekten führt. Denn derselbe Fremde kann und wird sich schon bald nach diesen Schwangerschaftsabbrüchen mit den ansässigen Weibchen paaren – und vermutlich ist genau das die Idee des Ganzen.

Allgemein gesprochen funktionieren diese Geruchseffekte nur deshalb so gut, weil Weibchen eine niedrigere Schwelle für die Aufnahme von Düften mit derart katalytischer Wirkung haben als Männchen, das heißt, sie können diese nasal oder über das Jacobson-Organ in bereits sehr viel geringeren Dosierungen erfassen. Die Hälfte aller Männer dieser Welt sind nicht im Stande, Moschus wahrzunehmen – normalerweise sind das dieselben Männer, die auch zu viel Rasierwasser benutzen –, während Frauen in der Lage sind, Moschus sogar dann zu riechen, wenn es eins zu einer Milliarde verdünnt wurde. Die Sensibilität von Frauen gegenüber männlichen Hormonen erreicht genau zum Zeitpunkt des Eisprungs ihren Höhepunkt. Während der Menstruation verändert sich das wieder und manche Frauen werden dann ebenso unempfänglich (anosmisch) für diesen speziellen Geruch wie die meisten Männer.

Sigmund Freud hatte schnell eine Erklärung für die unterentwickelte Geruchswahrnehmungsfähigkeit von Mann wie Frau parat, nämlich die Distanz unserer Nase zum Boden. Diese Erläuterung ist nicht ganz von der Hand zu weisen, nur muss man berücksichtigen, dass

Freud sich mit dem Geruchssinn zu einer Zeit befasste, als geruchlose Pheromone noch nicht entdeckt worden waren.

Bis heute wurden nur wenige Pheromone von Säugetieren isoliert und analysiert. So gesehen wissen wir mehr über den Seidenspinner als über uns selbst. Meistens benutzen wir das Wort »Pheromon« daher als abstrakten Begriff, als eine Art biochemisches Mantra, mit dem sich die Kluft zwischen Unwissenheit und Erkenntnis überbrücken lässt. Im Prinzip ist daran nichts falsch, sofern wir immer wieder einmal innehalten und uns erinnern, dass »Pheromon« nicht unbedingt ein einzelnes, aktives Agens sein muss, sondern auch für eine Kombination unterschiedlicher Chemikalien oder für eine Mischung aus Chemie und Verhalten stehen kann.

Beispielsweise dann, wenn ein Riechsignal unmittelbar sexuelle Erregung auslöst, so wie es bei Schweinen der Fall zu sein scheint, sobald der Atem des Ebers eine spezifische Reaktion bei der Sau ausgelöst hat. Doch solch festgelegte Verhaltensmuster können auch gefährlich, ja sogar tödlich sein, wenn es nicht gleichzeitig einen Mechanismus gibt, der auch andere Umstände berücksichtigt. Eine Sau, die in Lordose-Haltung erstarrt, ist sehr angreifbar, wenn sie von einer Gruppe rivalisierender Eber umstellt oder von einem Tiger beobachtet wird.

Die pheromonelle Botschaft wird vom Jacobson-Organ der Sau zu den Nebenbulben im Vorderhirn geleitet und von dort aus direkt zum limbischen System, wo sexuelles Verhalten ausgelöst wird. Glücklicherweise besitzen die meisten Säugetiere noch ein rivalisierendes Geruchssystem. Von der Nase aufgegriffene Botschaften werden zum Hauptbulbus geschickt und von dort aus weiter an die Großhirnrinde, bevor sie schließlich im limbischen Bereich landen. Dieser indirekte Weg ist lebenswichtig, denn nur er ermöglicht jene Reaktionsmodifikation, die entscheidet, ob sich die Sau in einem gefährdeten oder ungefährdeten Zustand befindet. Und er garantiert auch für die Sicherheit der männlichen Exemplare fast aller Säugetiere, da diese leicht zu völlig irrationalem Verhalten neigen, sobald sie sich einem attraktiven weiblichen Wesen gegenüber sehen. Diese neuralen Verzögerungen bieten beiden Geschlechtern wenigstens die Möglichkeit, einen zweiten und vielleicht vernünftigeren Gedanken zu fassen.

Wenn wir in solchen Fällen von »pheromoneller Aktivität« sprechen, dann meinen wir also ein äußerst subtiles, integriertes Muster der Reizwahrnehmung und -verarbeitung, das beide Riechsysteme einbezieht. Doch an diesem Prozess ist nicht nur dieses eine Muster beteiligt. Bei den »Primerpheromone« genannten Signalen sind auch endokrine Drüsen wie die Hypophyse involviert. Sie produzieren Hormone zur Regulierung der Stoffwechselfunktionen und lösen eine Reihe von Verhaltensweisen aus, die der Fortpflanzung dienen. Diese komplizierte Biochemie wird von Hirnregionen überwacht, die für die Prägung nützlicher Geruchsinformationen verantwortlich sind, beispielsweise für solche, die es einer Mutter ermöglichen, ihre Kinder am Geruch zu erkennen, oder die es allen weiblichen Wesen erlauben, sich an den Geruch des Partners zu erinnern.

Am deutlichsten wird die wahre Bedeutung des Jacobson-Organs, wenn man einem Tier dessen Gebrauch zeitweilig unmöglich macht oder das Organ sogar vollständig entfernt.

Charles Wysocki und seine Kollegen vom Monell Chemical Sense Center haben ein Verfahren zur Entfernung des Jacobson-Organs bei Kleinsäugetieren entwickelt.[215] Bei dieser so genannten Philadelphia-Technik wird mit Hilfe eines Zahnbohrers ein Loch durch den Gaumen direkt in den Ausläufer des Organs in der Nasenscheidewand gebohrt, um es dann vollständig auszuschaben. Dabei muss man äußerst genau vorgehen und alle Zellen von beiden Seiten des Septums abschaben, denn sie regenerieren sich. Deshalb können offenbar auch viele Individuen ihre Sensibilität selbst dann wieder herstellen, wenn nur noch zehn Prozent des ursprünglichen Gewebes vorhanden sind. Fehlt das Jacobson-Organ völlig, wurde hingegen Folgendes beobachtet:

– Bei männlichen Mäusen steigt der Testosteronspiegel während der Begegnung mit einem Weibchen nicht mehr an, und sie geben keinen jener Ultraschall-Laute mehr von sich, mit dem sie sich üblicherweise eines Paarungspartners versichern;
– männliche Meerschweinchen unterlassen die charakteristischen, werbenden Auf- und Abbewegungen des Kopfes, die normalerweise auf das Erschnüffeln von weiblichem Urin folgen;
– männliche Präriewühlmäuse markieren ihr Territorium nicht mehr mit Urin und beginnen sich weit weniger aggressiv gegenüber männlichen Rivalen zu verhalten;
– weibliche Hausmäuse verlieren die Fähigkeit, die Pubertät ihrer Nestpartner hinauszuzögern;
– weibliche Präriewühlmäuse können nicht mehr in Lordose verfallen und daher auch nicht mehr kopulieren;
– und weibliche Meerschweinchen, die sich bereits gepaart haben, erkennen ihre Jungen nicht mehr und machen keinerlei Anstalten, sie zurückzuholen, wenn sie sich vom Nest entfernt haben.

Zwar stehen jedem dieser Tiere nach wie vor die Riechsignale aus der Nase zur Verfügung, doch zweifellos reichen diese ohne Hilfe des Jacobson-Organs für den normalen Reproduktionsprozess nicht aus. Nur dieses Organ bietet einen bevorzugten und direkten Weg in jene Hirnregionen, die für sexuelles Verhalten zuständig sind.

Die entscheidende Rolle der Nase scheint das Analysieren von Gerüchen ohne festgelegte Bedeutung zu sein. Das Jacobson-Organ ist hingegen darauf spezialisiert, Gerüche zu erkennen, die spezifische Informationen über Geschlecht, Fortpflanzungsbereitschaft und Dominanzstatus bereithalten. Die Tatsache, dass dieses Organ so abgelegen in der Nasenscheidewand versteckt liegt, könnte darauf zurückzuführen sein, dass unbeabsichtigte Reize und ein entsprechend unangemessenes Verhalten vermieden werden sollen. Das erweckt geradezu den Eindruck, als müssten wir Säugetiere manchmal vor unserem eigenen Jacobson-Organ beschützt werden.

Deutlich wird auch, dass die beiden Riechsysteme von Säugetieren strukturell zwar parallel funktionieren, sich aber funktionell oft ergänzen. Sie kooperieren und verhalten sich in Folge eines synästhetischen Effekts wie ein singulärer Geruchssinn. Vielleicht lässt sich damit auch die außerordentliche Empfindsamkeit von Hunden erklären.

Mit Ausnahme jener Rassen, deren Schnauzen so abgeflacht wurden, dass sie chronische Atemprobleme haben, können Hunde besonders gut riechen. Im Gegensatz zu uns leben sie in einer Welt phantastisch vielschichtiger Gerüche. Hunde mit dem ausgeprägtesten Geruchssinn haben lange Schnauzen voller Spiralknöchelchen, durch die ihre Fähigkeiten gegenüber unserem nur briefmarkengroßen Riechareal ungefähr um das Fünfzigfache gesteigert wurden.

Schäferhunde im Allgemeinen besitzen 200 Millionen Rezeptoren, Deutsche Schäferhunde 250 Millionen, Labradors 280 Millionen und Beagles 300 Millionen, jeweils mit mikroskopisch kleinen Riechfäden besetzt, die den aktiven Oberflächenbereich einer jeden Zelle um ein Vielfaches vergrößern. Jedes dieser Tiere verfügt über einen tausend- oder sogar millionenfach empfindlicheren Geruchssinn als wir. Die Meister der Riechfähigkeit und ihren Fähigkeiten nach eine Klasse für sich sind jedoch die stammbaumgezüchteten Bluthunde.

Man kann nicht gerade behaupten, dass Bluthunde besonders hübsch sind. Sie sabbern. Ihre Haut ist um einiges zu groß und hängt ihnen wie Lappen von Hals und Kopf. Selbst ihre Augenlider sacken unter ihrem Gewicht herab. Ihre Ohren sind lang und ledrig und haben eine Spanne von bis zu achtzig Zentimetern, was aber weniger einem guten Gehör dient, als der Fähigkeit, mit dem typischen Kopfschütteln Gerüche heranzufegen. Das Maul ist kaum zu sehen, so versteckt liegt es hinter den sabbernden Lefzen.

Dieses ganze Geschlabbere und all diese Hautrunzeln dienen einem einzigen Zweck: Jahrhunderte lange Züchtungen haben diese Merkmale verstärkt, um diesen Hund immer besser zu befähigen, bodennahe Gerüche und Düfte in der Luft aufzunehmen und ihnen nachzuspüren. Es gibt Unterlagen über einen Bluthund in Bennington, Vermont, der noch eine acht Tage alte Spur finden konnte. Er folgte ihr in einen Lebensmittelladen und ein Bankgebäude, weiter über die Erde, hoch an Büschen und Mauern und quer über belebte Straßen, bis sie schließlich an einer Bank vor der örtlichen Busstation endete. Der gesuchte Mann bestätigte später, dass er kurz dort gesessen hatte, bevor er einen Bus nach Kalifornien bestieg.[31]

Für Bluthunde sind wir nackten Affen leichte Beute. Tag für Tag stoßen wir Vierzigmillionen Hautpartikel ab, ein jedes von einer vielfältigen Bakterienflora mit ganz eigenem Geruch belebt. Damit verbreiten wir einen Nebel aus unsichtbaren, aber höchst gehaltvollen Schuppen und hinterlassen eine Geruchsspur, die auf einen Bluthund wie eine Leuchtreklame wirkt. Sogar an einem ruhigen Tag können wir mehrere Liter Schweiß produzieren, und zwar mit so unverkennbarem Geruch, dass die meisten Hunde in der Lage sind, einen Kiesel in einem Flussbett zu finden und dem Menschen zurückzubringen, der ihn geworfen hatte. Bei einem Labortest konnte ein Hund einen gläsernen Objektträger in einer Box ausfindig machen, der sechs Wochen zuvor kurz von den Fingerspitzen eines Menschen berührt worden war.

Weshalb Hunde zu solch außerordentlichen Leistungen fähig sind, könnte damit zu tun haben, dass das Jacobson-Organ bei ihnen groß und mit spezifischen Sinneszellen ausgestattet ist, die ähnlich den Zellen in der Nase nicht mit Borsten, sondern mit Hunderten von Zilien bestückt sind. Etwas Entsprechendes wurde in keinem Jacobson-Organ einer anderen Tiergruppe gefunden. Möglicherweise verfügen auch Wölfe, Schakale, Kojoten und andere wilde Kaniden über diese seltsamen Zellen, doch deren Organe wurden bislang noch nicht unter dem Elektronenmikroskop untersucht.[2]

Wie es aussieht, haben diese missmutig dreinblickenden Bluthunde den perfekten Spürsinn für Gerüche entwickelt: Eine große Nase voller Sinneszellen, die dazu gedacht sind, flüchtige Spuren wahrzunehmen, ist mit einem Jacobson-Organ gekoppelt, das mit einem für die Aufnahme von größeren Partikeln spezialisierten Gewebe ausgestattet ist. Und genau diese effektive Kombination beider parallel arbeitenden Riechsysteme ermöglicht es dem Bluthund, alles und jeden zu erschnüffeln.

Die Riechschleimhaut eines Bluthundes entspricht in ihrer Größe in etwa dieser Buchseite. Doch selbst diese ausgedehnte Fläche kann durchfeuchtet werden. Riechzellen blenden einen Geruch, sobald sie sich an ihn gewöhnt haben, einfach aus. Daher kommt es, dass ein Geruch beim Betreten eines Raumes überwältigend, kurz darauf aber kaum mehr wahrnehmbar sein kann. Wir gewöhnen uns an ihn. Und eben weil vertraute Gerüche keine Neuigkeiten sind, die unsere Aufmerksamkeit fordern, können sie verhängnisvoll sein.

Ein Bluthund, den ein Geruch zu langweilen beginnt, wäre nutzlos. Er muss dem Geruch, für den er sich einmal entschieden hat, so lange folgen, bis er seine Beute gefunden hat. Damit er das tun kann, muss er seinem natürlichen Hang, einen vertraut gewordenen Geruch nach einer gewissen Weile auszuschalten, etwas entgegensetzen. Er muss sich weit über das übliche Maß hinaus auf einen einzigen Reiz konzentrieren können. Und um vermutlich genau das zu erreichen, haben Bluthunde ein Jacobson-Organ entwickelt, das so ausgeprägt ist, dass es alle üblichen Funktionen der Nase übernehmen und sich mit dieser abwechseln kann. Damit hat jedes der beiden Riechsysteme die Möglichkeit, eine Verschnaufpause einzulegen und für eine Weile den aktuellen Geruch auszuschalten, ohne dass die Jagd auch nur einen Moment lang unterbrochen werden muss.

Die Beagle-Brigaden an den internationalen Flughäfen der Vereinigten Staaten, deren Hunden beigebracht wird, sich an den Geruch verbotener Einfuhrprodukte zu erinnern und diese zu erschnüffeln, überlassen nichts dem Zufall. Sie garantieren eine neunzigprozentige Erfolgsrate beim Aufspüren von Drogen, einfach weil sie ihre Hunde zwanzig Minuten pro Arbeitsstunde pausieren lassen.[130] Der Mensch funktioniert anders. Einer unserer besten Tricks ist, dass wir gelernt haben, das bewusste Erkennen eines Geruchs zu unterdrücken. Wir schalten unser Geruchsbewusstsein einfach ab, wann immer es uns passt, um in der Lage zu sein, unsere Aufmerksamkeit anderen Dingen zuwenden zu können. Und damit tun wir etwas, wozu die meisten anderen Spezies nicht fähig sind. Die unmittelbare Folge dieses Talents ist, dass wir auf Kosten unseres Geruchssinns unsere Intelligenz auf anderen Gebieten steigern konnten. Und möglicherweise fehlen uns inzwischen sogar die notwendigen Gene, um unsere einstige olfaktorische Geschicklichkeit wieder zu erlangen. Aber noch steht uns überall dort, wo Gerüche nach wie vor eine erstaunliche und unerwartet mächtige Rolle in unserem Leben spielen, eine andere Ausrüstung zur Verfügung, die mehr als ausreichend ist, um uns wieder in das Geruch-Web einklinken zu können.

Teil Zwei

Der duftende Affe

»Gerüche«, sagte Rudyard Kipling, »greifen viel mehr ans Herz als ein Anblick oder Geräusche.« So ist es. Was man sieht und hört, verblasst schnell, doch sobald Geruch ins Spiel kommt, scheint es nur noch das Langzeitgedächtnis zu geben. Jeder von uns besitzt denselben Riechapparat und dieselbe Art von Sinneszellen, und doch erinnern wir uns an einen Geruch auf ganz unterschiedliche Weise.

Menschen aus anderen Kulturen haben unser traditionelles Konstrukt der fünf Sinne nicht unbedingt übernommen.[28] Die nigerianischen Haussa ordnen Sinne in nur zwei Kategorien ein, in den Sehsinn auf der einen und den ganzen Rest zusammengewürfelt auf der anderen Seite. In manchen buddhistischen Systemen wird der Geist als sechster Sinn eingestuft. Und nicht einmal im Abendland herrscht wirklich Einigkeit über die Anzahl unserer Sinne. Platon fügte der Liste noch andere Sinne hinzu, etwa für Wärme, Kälte, Lust, Unbehagen, Begehren und Furcht. Philon von Alexandrien fand es unumgänglich, auch noch einen religiösen Sinn einzureihen, den er Gottesliebe nannte. Und das frühe europäische Mittelalter betrachtete auch das Sprachvermögen als einen lebenswichtigen, von Gott geschenkten Sinn.

Es gab auch niemals eine Übereinkunft bezüglich einer Rangordnung aller Sinne. Aristoteles stellte den Sehsinn obenan und ließ alle anderen in der Reihenfolge der Position ihrer Organe im menschlichen Körper folgen. Diogenes der »Kyniker«, der auf seiner Suche nach einem aufrechten Menschen bei Tageslicht mit einer Laterne herumzulaufen pflegte, gab hingegen dem Geruchssinn den Vorzug. Und Plinius der Ältere erdachte sich sogar eine eigene Menschenrasse, deren Gesicht ausschließlich aus Nase bestand, wodurch sie in der Lage sein sollte, sich allein mit dem Geruchssinn durchs Leben zu finden.

Diese Debatte hielt bis zur Aufklärung an, als dann alle Sinne dem Intellekt untergeordnet wurden und Descartes die Behauptung aufstellte, er sei, weil er denke. Schließlich aber legte der englische Philosoph John Locke, der für geistige Haarspaltereien wenig übrig hatte, den Grundstein für die moderne wissenschaftliche Perzeptionsforschung, indem er darauf insistierte, dass alle Ideen den Geist durch Sinneserfahrungen erreichten. Aber irgendwo zwischen Empfindungsvermögen und Empfindung ist der mächtige Einfluss von Kultur angesiedelt.

Auf den Andamanen wird Zeit durch die Aufeinanderfolge von Gerüchen gemessen. Die Jahreszeiten werden nach den Düften von Blumen benannt, die zur jeweiligen Zeit blühen – man lebt nach einem Geruchskalender. Ein äthiopisches Hirtenvolk kennt kalendarische Gerüche in Form des ständigen Wechsels zwischen dem süßen Duft vom frischen Gras der Regenzeit und dem ätzenden Rauch vom brennenden Trockenholz der Dürrezeit, in Form eines Wechsels zwischen den guten und schlechten Gerüchen von Leben und Tod, von Werden und Vergehen. Für beide Völker definieren Gerüche Zeitenlauf und Lebensraum. Die Grenzen ihrer Heimat werden von der vertrauten Geruchslandschaft gesetzt.

Im tropischen Regenwald, wo die Sicht begrenzt und der Geruch daher von noch größerer Bedeutung ist, entstehen eigene Signaturen ganzer Geruchzonen. Da unter dem Baumdach kein oder kaum Wind weht, bleibt ein Geruch so lange in der Luft hängen, dass man oft weiter riechen als sehen kann. Vor dem Hintergrund des modrigen Hauchs von verrottender Vegetation wird alles – etwa der Geruch eines Lagerfeuers oder eines wilden Säugetiers – deutlich wahrnehmbar und zur nützlichen Information.

Die Desana im kolumbianischen Amazonas sind sich solcher Gerüche derart bewusst, dass sie sich selber den Namen *Wira* gaben: »Das Volk, das riecht.« Und das kann es in der Tat. Die Desana sind Jäger und scheinen den moschusartigen Geruch der Jagdbeute, von der sie sich ernähren, selber angenommen zu haben. Auch ihre Nachbarn, die Tapuya, tragen als Fischer den deutlichen Nachweis ihres Gewerbes als Eigengeruch. Und die in der Nähe lebenden Tukano, die Landwirtschaft betreiben, sollen nach Wurzeln und frischer Erde riechen.

Die Suya-Indianer aus dem brasilianischen Mato Grosso haben Gerüche noch feiner zu unterscheiden gelernt. Sogar innerhalb ihrer eigenen Gemeinschaft nehmen sie starke Unterschiede wahr. Ein erwachsener Mann zum Beispiel riecht »mild«, alte Männer und Frauen »stechend« und junge Frauen »stark«. Diese Klassifikation unterscheidet sich gar nicht so sehr von der, die uns Linné angeboten hat. Er teilte seine sieben Geruchstypen in drei sehr ähnliche Kategorien ein, nämlich in angenehme, absolut unangenehme und solche Gerüche, die zwischen diesen beiden Gruppen angesiedelt sind und sich jeweils in die eine oder andere Richtung entwickeln können. Der Unterschied ist nur, dass die Suya eine rein soziale Kategorisierung vornehmen und Gerüche nutzen, um deren Träger in eine Rangordnung einzugliedern.

In gewissem Sinne sind jedoch alle Geruchsklassifikationen künstlich. Begriffe wie »angenehm« und »stark« sind mit so viel sozialem, kulturellem und historischem Ballast befrachtet, dass sie außerhalb des Kontextes, in dem sie verwendet werden, keinerlei Bedeutung haben. Und nirgendwo wird eine Person, die nicht der eigenen Gruppe angehört, als so gut riechend empfunden wie ein Gruppenmitglied. Unter Geruchforschern ist es längst zur Plattitüde geworden, dass sich Testpersonen grundsätzlich so verhalten, als würden sie selbst nicht nach Mensch riechen, da sie den Menschen an sich als stinkend empfinden. Und in dieser Hinsicht wird wohl niemals eine weltweite Verständigung herzustellen sein.

Insbesondere europäischen Sprachen mangelt es an einem Vokabular für Gerüche. Obwohl wir Tausende, ja vielleicht sogar Hunderttausende von Gerüchen unterscheiden können, basieren unsere Beschreibungen allesamt auf einer sehr beschränkten begrifflichen Auswahl, die wir uns vom Geschmackssinn geborgt haben. Im Englischen wird sogar dasselbe Wort – »smell« – verwendet, um nicht nur den Geruch selbst zu bezeichnen, sondern *auch* den Prozess, ihn zu riechen, *sowie* den viel bedauerten Umstand, dass ihn der Mensch selber verbreitet.

Allerdings sind nichteuropäische Sprachen meist auch nicht viel besser. Die brasilianischen Borro unterscheiden nicht einmal zwischen Geruch und Geschmack. Ihre Nachbarn, die die alte indianische Sprache Quechua sprechen, treffen hingegen sehr feine Unterschiede, indem sie zum Beispiel das Wort für »riechen« auf den eigentlichen Akt des Einatmens eines Geruchs begrenzen und sieben weitere Wörter benutzen, um diesen Akt nach spezifischen Geruchsklassen zu unterscheiden: für etwas das gut, schlecht, genießbar oder »fischig« riecht, das man in Gegenwart anderer Menschen riecht, das man selber ausdünstet, um es andere riechen zu lassen, oder das man durch andere zu riechen gezwungen ist.

Eine ähnliche Empfindsamkeit kommt auch in dem weit verbreiteten Glauben zum Ausdruck, dass es einen Zusammenhang zwischen Geruch und individueller Identität gibt, ähnlich unserer Vorstellung von »Eigengeruch«. Das sanfte Volk der Temiar auf der Halbinsel Malakka setzt den Geruch einer Person mit deren Lebenskraft gleich und ist darum äußerst bemüht, nicht in die Geruchsaura eines anderen Menschen einzudringen. Eine Störung der »Geruchsseele« gilt als Krankheitsauslöser. Darum wird jeder, der einer anderen Person zu nahe tritt oder aus irgendwelchen Gründen in deren Geruchsraum eindringen muss, in einer Art gleichzeitiger Beschwörung und Segnung dreimal ausrufen: »Geruch, Geruch, Geruch«.

Wenn es etwas gibt, das uns Menschen überall in unserer Reaktion auf Gerüche eint, dann ist das unsere Ambivalenz ihnen gegenüber. Der Biologe Michael Stoddart nannte das die zoologische Vexierfrage:

»Für mich ist das seltsamste Merkmal unseres Geruchssinns, dass wir die süßen Düfte eines Sommergartens oder das Bouquet eines guten Weines zu genießen pflegen, die natürlichen Düfte unserer Gefährten aber nicht.«[187]

Das stimmt. Wir sind reichlich mit geruchsproduzierenden Drüsen ausgestattet, finden aber die von ihnen produzierten Gerüche peinlich und unerträglich. Wie es scheint, soll der Mensch nicht wie ein Mensch riechen. Also stellen wir alles Mögliche an, um das Menschliche an uns auszuschalten oder zu tarnen und betrachten die Forderung, dass der Mensch nach Mensch riechen sollte, als subversiv. Offenbar ist jeder, der allzu deutlich nach sich selbst riecht, eine Gefahr für die Gesellschaft.

Dieser Widerwille zieht sich auch durch unsere Sprachen und verwandelt nahezu jeden Bezug auf den Geruch eines anderen Menschen in eine Verbalattacke. Eine Person, die wir ablehnen, ist ein »Scheißkerl« oder »Stinktier« und ohnehin eine Beleidigung unseres guten Geschmacks. Seine einzige Hoffnung auf spätere Anerkennung liegt in der totalen Beseitigung all seiner eigenen und dem eiligen Erwerb von lauter fremden Gerüchen. Die größte Ironie dabei ist, dass wir auf dieser Flucht vor uns selbst unsere eigene sexuelle Identität mit den sekundären Sexualgerüchen anderer Spezies ummanteln. Wir haben ganz eindeutig ein Problem mit unserem Geruchssinn – und wir sollten herausfinden, weshalb das so ist.

Tetros

Linné war sich dieser olfaktorischen Verwirrung des Menschen durchaus bewusst. So schuf er eine Geruchskategorie, die er zwischen Begehren und Abscheu ansiedelte und »tetrosisch« nannte, abgeleitet vom lateinischen Begriff für alles, was von den Sinnen als schwer erträglich oder gar widerwärtig empfunden werden kann. »Schwere Säfte« lautete der Euphemismus jener Zeit dafür.

Bei seiner Erörterung der Frage, welche Gerüche dieser Kategorie einzuordnen sind, schwingt deutliches soziales Missfallen mit, was dann zu höchst seltsamen Bündnissen führte. Da finden wir zum Beispiel Tomaten und Kartoffeln in einem Beet mit Opiummohn, Belladonna, Liebesapfel und Bitterklee. Aber vielleicht ist das ja durchaus angemessen bei einer Klassifikation, deren Bandbreite von »verdorben« über »schändlich« bis hin zu »obszön« reicht.

Tetri mögen vielleicht penetrant riechen, aber sie verkaufen sich ausgesprochen gut. Der Teufel hatte schon immer ein paar der besten Sachen auf Lager.

Tatsächlich aber verbirgt sich hinter dieser Gruppierung etwas Großartiges. An oberster Stelle stehen Baum und Samen des von Linné »Juglans« getauften Walnussgewächses – eine Zusammenziehung der Wörter »Jupiternuss« und »glans«, Eichel. Die Symbolik in Bezug auf die Form ist nicht zu übersehen. Aber ebenso eindeutig ist, dass der faulige Geruch dieser Kapsel von einer Chemikalie namens Juglon herrührt, die antiseptisch, herbizid und ein sehr wirksames Mittel gegen bestimmte Tumore ist. Man sollte nie etwas nur anhand seines Geruchs beurteilen.

4 · *Eigengerüche*

Wir mögen zwar nackte Affen sein, aber wir haben mehr Hautdrüsen als jeder haarige Affe oder überhaupt irgendein anderes Säugetier. Auf den zwei Quadratmetern unserer Haut – die Größe eines Betttuchs – befinden sich drei Millionen Schweißdrüsen, die über acht Liter Flüssigkeit am Tag absondern können. Ein Großteil wird als Kühlmittel verdunstet, um die Körperoberfläche vor Überhitzung zu schützen. Doch es muss auch noch andere Gründe dafür geben, denn Tatsache ist, dass die salzhaltige Lösung des Schweißes unzählige Aminosäuren enthält.

Schweißdrüsen sind einfache, schlauchförmige Strukturen. Die größte Ansammlung, viermal höher als an jeder anderen Körperstelle, befindet sich auf den inneren Handflächen und den Fußsohlen – genau dort, wo sie sein müssen, wenn wir Zeichen auf unserer unmittelbaren Umwelt hinterlassen wollen. Die zweitgrößte Ansammlung verteilt sich über die Stirn, was an sich eine ziemlich merkwürdige Stelle für Schweißabsonderung ist, es sei denn es ginge hier weniger um Kühlung als darum, jemandem von Angesicht zu Angesicht etwas Wichtiges zu vermitteln. Und das muss schon etwas Signifikantes sein, wenn wir dafür in Kauf nehmen, dass uns salziger Schweiß in die Augen rinnt. Oder sollten buschige Augenbrauen die natürliche Version eines Schweißbandes sein?

Bisher hat noch niemand ein aktives Pheromon im menschlichen Schweiß isoliert, doch 1977 fand man bei einer Studie heraus, dass Probanden am Geruch von frisch gewaschenen Händen problemlos unterscheiden konnten, ob er von einer Männer- oder Frauenhand stammt, obwohl doch auf der Hand nur Schweißdrüsen vorhanden sind. Zwei Männer oder zwei Frauen voneinander zu unterscheiden schien offenbar schwieriger zu sein. Einige Probanden waren sogar in der Lage, identische Zwillinge auseinander zu halten, sofern diese mindestens drei Tage lang unterschiedliche Speisen zu sich genommen hatten.[201]

Der Geruch von Knoblauch oder Spargel findet sich schnell auf der Hautoberfläche wieder, aber es gibt gewiss auch emotional bedingte chemische Verbindungen im Schweiß. Sofern sich diese in geschlossenen Räumen wie Schuhen oder Handschuhen entwickeln können, reichen sie vermutlich aus, um jeden Fuß- oder Handfetischisten ins pheromonelle Paradies zu entrücken. Und da wir unter dem Eindruck von Angst oder Leidenschaft, wenn sich unser gesamter Stoffwechsel beschleunigt, noch mehr ins Schwitzen geraten, ist Schweiß mit Sicherheit auch ein Vehikel für Signale, die von anderen Drüsenarten ausgesendet werden.

Abgesehen von diesen Schweißproduzenten verfügen wir jenseits von Händen und Füßen noch über zwei andere Arten von Hautdrüsen. Zum Beispiel über Talgdrüsen. Sie produzieren ein dickes, klares, öliges Sekret, das reich an freien Fettsäuren ist, welche für den Großteil unserer individuellen Geruchssignatur verantwortlich sind. Manche sind freiliegend und öffnen sich direkt zur Hautoberfläche, etwa an den Lippen, Augenlidern und Brustwarzen. Die meisten sind jedoch mit Haarfollikeln verbunden, sogar dort, wo die Behaarung selbst inzwischen nahezu verschwunden ist. Die ursprüngliche Funktion dieser Drüsen war die Einfettung des Fells, um es wasserfest zu machen und so vor Durchnässung zu schützen. Auf der Kopfhaut nehmen sie diese Aufgabe auch nach wie vor wahr, doch die Mehrheit dieser Talgdrüsen dient heutzutage einzig zur Produktion von sozialen und sexuellen Gerüchen.

Die größten von ihnen befinden sich dort, wo wir das feinste und seidigste Haar haben: auf der Stirn, seitlich der Nase, über der Brustmitte und um den Anus verteilt, wo Behaarung kaum noch sichtbar ist, aber die produktivsten Talgdrüsen ihre Sekrete absondern. Die Tatsache, dass die meisten erst in der Pubertät funktionsfähig werden, legt nahe, dass sie Botschaften von vorrangig sexueller Bedeutung verbreiten. Männer verfügen grundsätzlich über größere Talgdrüsen, und bei beiden Geschlechtern führt eine Verstopfung der Drüsenausführungsgänge zu Akne. Im Allgemeinen sind Talgdrüsen nicht zu spezifischen Geruchsorganen gruppiert.

Die apokrinen Drüsen – die Duftdrüsen der Säuger – sind jedoch so angeordnet. Auch diese verzweigten Strukturen, groß genug, um sie mit bloßem Auge zu erkennen, laufen in den Haarfollikeln aus. Sie liegen dicht an dicht auf der Kopfhaut und im Bereich von Schamhaar und Nabel, doch am stärksten konzentrieren sie sich in den menschlichen Achselhöhlen.

Kaum etwas im Tierreich lässt sich mit dem Geruchspotential der menschlichen Achsel vergleichen, ausgenommen vielleicht der Beutel des Moschustiers und die Analdrüsen der Zibetkatze. Die Achsel ist der Hauptproduzent unseres Körpergeruchs und ein Organ, das vorzüglich seinen Zweck erfüllt. Dort liegen apokrine Drüsen zuhauf, zwei bis drei pro Follikel auf einer Fläche von der Größe eines Tennisballs. Sie ummanteln die langen Achselhaare mit ihren Ölen, die sich leicht in der Wärme lösen und sich mit Hilfe der Schweißdrüsen verteilen, die diesen gesamten Bereich feucht und bakteriell aktiv halten.

Das Sekret der apokrinen Drüsen unterscheidet sich von dem der Talgdrüsen. Es ist ein klebriges Öl, das jede Farbe zwischen milchigem Weiß und Blutrot annehmen kann, je nach Ernährung und möglicherweise auch nach Herkunft. Als Japaner im 19. Jahrhundert erstmals europäischen Handelsreisenden begegneten, gaben sie ihnen den Namen *bata-kusai*, »Butterstinker«. Europäisch- und afrikanischstämmige Völker besitzen die größten Achseln oder die meisten Duft- und Schweißdrüsen, und die sind oft so dicht mit Drüsen besetzt, dass die Unterhaut wie ein Schwamm aussieht. Asiatische Völker haben kleinere Achselhöhlen und meist überhaupt keine Achseldrüsen. 90 Prozent der japanischen Bevölkerung sondert unter den Armen keinerlei wahrnehmbaren Geruch ab. Junge Männer, die das Pech haben, zur stinkenden Minderheit zu gehören, können aus diesem Grund sogar vom Dienst in der Armee ausgeschlossen werden.

Die Sekrete der apokrinen Drüsen selbst sind geruchlos. Der moschusartige Achselgeruch ist allein das Werk bakterieller Zersetzung, durch welche Fettöle und Hormone in Pheromone verwandelt werden. Männer verströmen einen stärkeren Geruch als Frauen, obwohl diese über dieselbe bakterielle Flora auf der Haut verfügen. Bei Frauen wechselt der Achselgeruch dafür drastisch im Laufe der zyklischen Hormonveränderungen. All das hat mit Verschiebungen in der chemischen Grundstruktur zu tun, und es überrascht, dass Deodorant-Hersteller ihre Produktionen noch nicht entsprechend angepasst haben und eine Art »Kalenderkosmetik« anbieten, nach dem Motto: »Einen Duft für jeden Tag des Monats sollten Sie sich wert sein!« Aber sie werden schon noch darauf kommen, so wie sie ja bereits eine Reihe von Produkten anbieten, die speziell auf die unterschiedlichen nationalen Märkte ausgerichtet sind und den jeweiligen Präferenzen Rechnung tragen. Allein in Zentralafrika gibt es eine Vielzahl von Beschreibungen für Achselgerüche, übersetzbar etwa mit »sauer, käsig, nussig, lauchig, ranzig, scharf, oder moschusartig« –, und nicht alle dieser Eigenschaften gelten als unangenehm.

Die Tatsache, dass solche Beschreibungen oft eher nach Geschmack als Geruch klingen, ist nur ein weiterer Beweis für die Beschränktheit unserer Geruchsvokabularien. Nur eine einzige Bezeichnung für Achselgeruch hat nahezu überall Gültigkeit, nämlich dass er dem allgemeinen Verständnis nach sehr sexy sein kann. Der französische Romancier Joris-Karl Huysmans schilderte eine seiner Heldinnen mit den passenden Worten: »Der Duft ihrer Achseln entfesselt schnell das Tier im Mann.«[82]

Es ist kein Zufall, dass ausgerechnet die Duftdrüsen in den Achselhöhlen eine so große Rolle bei der Begegnung von Menschen spielen. Sie liegen näher an der menschlichen Nase als alle anderen apokrinen Zentren und können je nach Wunsch an- oder abgestellt werden, einfach indem man den Arm hebt oder senkt. Fast jede unserer Gesten verbreitet Gerüche, die dann je nach Lebenslage als anziehend oder abstoßend empfunden werden. Dass bei vielen unserer Begrüßungs- und Unterwerfungsgesten beide Arme ausgestreckt werden, ist kein Zufall. Es gibt einem Fremden oder Feind die bestmögliche Gelegenheit, unsere wirklichen Absichten einzuschätzen: »Wenn du mir nicht glaubst, dann riech doch mal!«

Es gibt Geschichten über Bauernburschen, die den ganzen Tag mit einem unter den Arm geklemmten Taschentuch auf dem Feld arbeiten, um abends Eindruck zu machen: Sie stecken sich das mit Duftsignalen voll gesogene Tüchlein einfach in die Brusttasche, direkt unter die Nase der Tanzpartnerin. Im ländlichen Österreich soll es noch heute Mädchen geben, die sich beim Tanzen eine Apfelscheibe unter die Achsel klemmen, um sie am Ende des Abends dem Mann ihrer Wahl zu überreichen. Und von Heinrich III. von Frankreich ist überliefert, dass er sich 1572 im Louvre das Gesicht an einem schweißgetränkten Hemd abgewischt habe, welches von der schönen jungen Marie von Cleves zwischen zwei Tänzen achtlos im Ankleideraum liegen gelassen wurde: »Von diesem Augenblick an war er ihr in rasender Leidenschaft verfallen.«[187]

Natürlich hatte sich Marie nicht die Achseln rasiert. Sie gehörte keiner Kultur wie der unseren an, die der Forschung die Feststellung ermöglicht, dass »24 Stunden nach gründlicher Reinigung mit Kernseife nur eine von zehn rasierten Achseln als geruchvoll bezeichnet werden konnte, im Gegensatz zu neun von zehn unrasierten Achseln«.[168] Zu Maries Zeiten machten sich selbst Prinzessinnen die Tatsache zu Nutze, dass Achselbehaarung einen großen Oberflächenbereich anbietet, auf dem sich Bakterien vermehren können, und dass man nur die Arme zu heben braucht, um mit der Verbreitung dieses Geruchs jeden in seinen Bann zu ziehen. Immerhin werden Arme zu vielen Gelegenheiten angehoben, ob nun beim Tanz mit einem größeren Mann, bei der Umarmung von Liebenden, oder wenn sich die Frau an die Schulter des Mannes schmiegt.

Unsere Kultur erwartet, dass wir unser Missfallen gegenüber Achselgeruch zum Ausdruck bringen und ihn mit dem Einsatz von Deodorants bekämpfen. Darum gibt es zwar weder gedichtete noch gesungene Hymnen auf die Achselhöhle, aber dafür jede Menge romantischen Flehens, die Angebetete möge den Kopf gegen eine starke Schulter lehnen oder dort Schutz suchen. Früher waren wir weit weniger zimperlich. »Ich werde morgen Abend in Paris ankommen«, schrieb Napoleon an Josephine. »Wasche dich nicht!« Heute könnte man das in die Worte übersetzen: »Verhindere nicht diesen wunderbaren Inkubationsprozess, der es mikrokokkalen Bakterien in Anwesenheit von Sauerstoff ermöglicht, frische apokrine Sekrete in ein Starterpheromon mit einer moschusartigen chemischen Konfiguration zu verwandeln.«

Bei Napoleon klang das natürlich besser. Übrigens hatte vielleicht auch er ein paar Geheimnisse. Wir wissen, dass er sich vor Schlachten mit Eau de Cologne zu begießen pflegte. Aber damit konnte nicht einmal er verhindern, dass sich geruchlose Steroide in seinen Achseln mit Hilfe von Zeit und Bakterien in riechende Steroide verwandelten, die fast identisch mit den Starterpheromonen des »Eber-Atems« sind. Kein Wunder also, dass man Achselhöhlen in Frankreich »Gewürzkästlein« nennt und der von ihnen ausgehende Duft bis heute eine starke animalische Anziehungskraft besitzt, die sich unserer bewussten Kontrolle offenbar völlig entzieht – was nicht zuletzt daran liegt, dass der Weg dieses Dufts vom Achselorgan direkt ins Jacobson-Organ führt.

Die auf der menschlichen Haut verteilten apokrinen Drüsen sind die Hauptursache für das, was wir Körpergeruch nennen: jenes gefürchteten »Miefs«, über den sich Menschen in überfüllten Zügen oder Umkleidekabinen so echauffieren. Doch genau dieser Geruch bietet unter Umständen lebenswichtige Informationen. Englische Probanden, die zugestimmt hatten, sich 24 Stunden lang nicht zu waschen, keine Deodorants zu benützen und das T-Shirt nicht zu wechseln, konnten das eigene Hemd anschließend ausnahmslos durch dessen Geruch identifizieren, auch wenn es mit anderen Hemden zusammen lag. Und die meisten waren auch in der Lage, das Geschlecht der Träger der anderen Shirts korrekt zu bestimmen.[159]

Richard Doty überprüfte diese Studie mit einer Reihe von exakt kontrollierten Tests an der University of Pennsylvania. Man sammelte den Achselgeruch von Männern und Frauen, indem man sie 18 Stunden lang Gazepolster unter den Armen tragen ließ. Dann wurden diese in »Schnüffelflaschen« verwahrt und anschließend Männern wie Frauen präsentiert, die sie nach dem jeweiligen Grad ihres angenehmen oder unangenehmen Geruchs einordnen sollten. Die Tester waren sich nicht nur darin einig, aus welchen Flaschen die stärksten Gerüche kamen, sondern ordneten diese auch jeweils Männern zu. Nicht geklärt werden konnte, ob sie nun angenehm oder unangenehm rochen.[43]

Denn genau an diesem Punkt beginnen soziale, sexuelle und kulturelle Ambivalenzen eine Rolle zu spielen.

Am Londoner University College wurden Studenten gebeten, Anwärter auf einen College-Job zu bewerten. Einige sollten während dieser Vorstellungsgespräche OP-Masken tragen, die leicht mit dem männlichen Hormon Androsteron imprägniert worden waren, andere bekamen unpräparierte Masken. Erklärt wurde allen, dass sie diese Masken daran hindern sollten, vom Gesichtsausdruck der anderen beeinflusst zu werden. Die Ergebnisse waren interessant: Weibliche Juroren, die Masken mit einem Hauch des moschusartigen Androgen trugen, verteilten höhere Punktzahlen an männliche Bewerber.[34] Tom Clark vom Guy's Hospital in London bestätigte diesen Test, nachdem er Androsteron in mehreren Telefonzellen einer belebten Bahnstation versprüht und festgestellt hatte, dass Frauen länger in diesen Zellen verweilten als vor deren Präparation.[44]

An der Birmingham University wurde ein ähnlicher Versuch mit einem verwandten männlichen Hormon namens Androstenon unternommen. Man sprühte es auf einen Stuhl im Wartezimmer eines Zahnarztes und zeichnete in den folgenden Tagen die Muster der Patientenbewegungen auf. Obwohl dieses Androgen keinen wahrnehmbaren Geruch hat, besetzten unter gleich vielen Patienten beiderlei Geschlechts weit mehr Frauen als Männer den Stuhl und diese schienen obendrein bereitwilliger ihre Wartezeit abzusitzen als Patientinnen, die auf anderen Stühlen saßen.[99]

Wie es aussieht, bieten uns diese Hormone ungeachtet der Tatsache, dass sie nicht bewusst wahrgenommen werden können, und unabhängig von der jeweiligen kulturellen Zugehörigkeit Informationen über andere Personen an. 1981 wurde eine große Kreuzstudie mit deutschen, italienischen und japanischen Probanden vorgenommen. Alle trugen sieben Nächte lang ein bestimmtes Baumwollhemd und benützten in dieser Zeit weder Parfums noch Deodorants. Anschließend bekam jeder Proband zehn Hemden vorgelegt und sollte herausfinden, welches von ihm selbst und welches vom jeweiligen Sexualpartner getragen wurde. Dann sollten sie auch die restlichen acht Hemden nach dem Geschlecht der Träger einordnen und alle zehn anhand einer Geruchskala bewerten.

Die meisten hatten keinerlei Schwierigkeiten, ihren oder den Geruch des Partners zu erkennen. Viele waren auch in der Lage, die Gerüche der verbliebenen Hemden relativ korrekt nach dem Geschlecht der Träger zu sortieren, wobei Frauen aus allen drei Kulturen mehr Treffer landeten als Männer. Teilnehmer aller Kulturen fanden männliche Gerüche stärker und weniger angenehm als weibliche. Doch in einem Punkt unterschieden sich Japanerinnen deutlich von ihren europäischen Gegenparts – sie fanden sogar den Geruch des eigenen Partners unangenehm.[164] Und darin spiegelt sich deutlich das Tabu einer Kultur, in der kaum ein Mensch über Drüsen in den Achselhöhlen verfügt und alle Menschen häufig baden. Doch insgesamt gesehen besteht eine bemerkenswerte Übereinstimmung über alle nationalen und kulturellen Grenzen hinweg, wenn es um die Zuordnung von Gerüchen zu einem Geschlecht oder um die Empfindung geht, dass Freunde besser riechen als Fremde.

Tatsächlich verfügen wir über genügend Nachweise, dass Achselgeruch eine große Rolle spielt bei der Frage, ob man sich einen Fremden zum Freund erwählt. Im Hartfield Polytechnic College in Großbritannien wurden Erstsemester in ein Projekt eingebunden, das von ihnen forderte, über Nacht ein spezielles Halsband zu tragen, von denen einige mit dem moschusartigen Androsteron imprägniert worden waren. Am nächsten Tag mussten alle Probanden ihre sozialen Interaktionen während der Zeit beschreiben, in der sie das Testobjekt getragen hatten. Wer ein Kontrollhalsband mit inaktiven Substanzen getragen hatte, konnte keinerlei Veränderungen gegenüber dem üblichen Verhalten registrieren. Aber alle Studentinnen, die über Nacht dem aktiven Ingrediens von männlichen Achselsekreten ausgesetzt gewesen waren, stellten am nächsten Morgen eine wesentlich stärkere Reaktion auf Männer fest als sonst, das heißt, sie zeigten im Allgemeinen größere Bereitschaft zur Kontaktaufnahme mit fremden Männern und taten dies mit mehr Erfolg als üblich.[35]

Es scheint, als könne Androsteron eine »Annäherungsreaktion« bei Frauen auslösen. Anhand solcher Nachweise muss man es also als ein Releasing-Pheromon für das Reproduktionsverhalten unserer Spezies einstufen. Damit steht es natürlich noch nicht auf gleicher Stufe mit dem »Eber-Atem«, ebenso wenig wie damit gesagt sein soll, dass unser Verhalten so leicht manipulierbar wäre wie das von Schweinen. Doch es impliziert in der Tat, dass die Achselsekrete einer Person das Verhalten anderer Personen beeinflussen können.

In diesem Lichte sollten wir uns auch noch einmal solche Erfindungen wie die viktorianischen »Love Seats« betrachten, jene kleinen, S-förmigen Sofas, die es einem jungen Paar ermöglichten, nahe beieinander zu sitzen und miteinander zu reden, ohne Gefahr zu laufen, einander zu berühren, da sie sich ja praktisch nur gegenüber saßen. Der wirkliche Grund für den durchschlagenden Erfolg dieses Sofas wird deutlich, wenn man sich klar macht, dass es sich hier um ein im pheromonellen Sinne äußerst gewitztes Möbelstück handelte: Es ermöglichte dem Bewerber, seine Achselhöhle nur Zentimeter von den Nasenflügeln der Umworbenen entfernt zu platzieren, ohne dabei in irgendeiner Weise gegen die geltenden Moralregeln zu verstoßen.

Wenig überraschend ist, dass Frauen für individuelle Gerüche empfänglicher sind und auch über ein schnelleres Wiedererkennungsvermögen verfügen als Männer. Denn das müssen sie. Richard Porter und Jennifer Cernoch von der Vanderbilt University in Tennessee haben jahrelang menschliche Geruchssignaturen erforscht. Im Zusammenhang mit der Mutter-Kind-Beziehung ließen sie beispielsweise zwanzig Neugeborene 24 Stunden lang dasselbe Hemdchen tragen und legten diese dann einzeln in Pappschachteln mit einem kleinen Loch im Deckel verpackt den Müttern vor. Jede Mutter sollte anhand des Geruchs erraten, in welcher Schachtel das Hemdchen ihres Kindes lag. Sechzehn von zwanzig Müttern gelang das auf Anhieb mit »absoluter Sicherheit«, ungeachtet von Rasse, Alter, Geschlecht des Neugeborenen oder von vorangegangenen mütterlichen Erfahrungen der Frauen.

Die an diesem Experiment beteiligten Säuglinge waren normal auf die Welt gekommen, wurden gestillt und hatten bereits bis zu sechs Tagen Kontakt mit ihren Müttern gehabt. Ein zweiter Test beschränkte sich auf Babys, die durch Kaiserschnitt auf die Welt geholt worden waren, mit der Flasche gefüttert wurden und durchschnittlich erst zwei Stunden direkten Kontakt mit ihren Müttern gehabt hatten. Das Ergebnis war kaum weniger beeindruckend: dreizehn von zwanzig Müttern trafen auf Anhieb die richtige Wahl.[147]

Es gibt nur zwei Möglichkeiten, die eine solche Wiedererkennung ermöglichen. Zum einen die genetische Ähnlichkeit der Gerüche, das heißt, die Mutter erkennt ihren eigenen Geruch in dem des Kindes wieder. Zum anderen die eindeutige Prägung zwischen Mutter und Kind über Geruch, auf ähnliche Weise wie Wildkaninchen und Schafe die Bande zu ihren Jungen knüpfen. Beide Varianten sind von einem direkten, schnellen und unbewussten Kontakt zum limbischen System der Mutter abhängig, was wiederum eine Beteiligung des Jacobson-Organs nahe legt.

Ich vermute, dass hier tatsächlich beide Prozesse eine Rolle spielen. In den ersten Lebenstagen eines Säuglings, solange er noch unregelmäßig schreit und deshalb im Dunkeln oder in einer kaum beleuchteten, einfachen Behausung schlecht zu finden wäre, kann er sich nur durch Eigengeruch bemerkbar machen. Und nur die natürliche Mutter des Kindes hat die Möglichkeit und den notwendigen genetischen Vorteil, eine solch schnelle Verbindung herzustellen, denn nur ihr ist bereits eine Hälfte dieses Geruchs vertraut. Doch natürlich wird ihr auch ein wenig geholfen, denn eine Mutter-Kind-Beziehung ist ja keine Einbahnstraße.

Neugeborene Katzen erkennen den Geruch von Muttermilch und bald darauf auch den einer Zitze. Zwei Tage alte Säuglinge machen sogar im Schlaf ein nuckelndes Geräusch, sobald sie den Geruch der mütterlichen Brust wahrnehmen. Wird dem Säugling ein von der Mutter getragenes Brusttuch in die Wiege gelegt, wendet er sich diesem schnell zu, ignoriert aber jedes saubere oder von einer anderen stillenden Mutter getragene Tuch. Das pheromonelle System scheint also bereits sehr früh zu funktionieren, genauso wie bei Kaninchen. Und es scheint sich auch sehr schnell vom Geruch der Brust auf den anderer Körperteile auszudehnen.

Jennifer Cernoch und Richard Porter testeten zwei Wochen alte Säuglinge, indem sie ihnen eine Wahl gaben zwischen einem Stück Gaze, das von der eigenen Mutter getragen worden war, und einem, das eine andere Mutter getragen hatte. Die Babys zeigten eindeutiges Interesse am Geruch der eigenen Mutter und zogen diesen dem Duft jeder anderen stillenden oder nicht stillenden Frau vor, jedoch nur dann, wenn sie bereits gestillt worden waren.

Flaschenkinder verpassen nicht nur die Erfahrung des Gestilltwerdens, sondern verbringen auch viel weniger Zeit an der nackten Haut der Mutter und zeigen daher meist wenig Interesse an ihren Gerüchen.[25]

Dieses Defizit kann weit reichende Folgen haben. Jede direkte Reaktion eines Säuglings, etwa ein Lächeln, das allein der Mutter gilt, oder die eintretende Beruhigung in ihrer Anwesenheit, führt zu einer reziproken und gleichermaßen positiven Reaktion bei der Mutter. Was mit simpler Geruchserkennung begann, baut sich schnell zu einer komplexen sozialen Beziehung auf, die wiederum auf jeder Ebene durch Geruch gefördert wird.

Aber was auch zwischen Mutter und Kind stattfinden mag, sie werden immer ähnlich riechen. In Nashville wurde ein Test mit Müttern und ihren jeweils fünfjährigen Kindern durchgeführt. Jeder Person wurde ein identisches T-Shirt gegeben, das drei Nächte lang getragen werden sollte. Am vierten Tag wurden alle Hemden eingesammelt und in luftdichten Behältern verschlossen, dann wurde fremden Testpersonen eines nach dem anderen vorgelegt, mit der Aufgabe, die Hemden nach Familienpaaren zusammenzustellen, wobei jeweils eine Wahl zwischen dem Hemd einer beteiligten Mutter oder eines beteiligten Kindes und dreier anderen bestand. Die Chance, richtig zu liegen, war also eins zu vier oder 25 Prozent. Der Durchschnittswert bei dieser langen Testreihe lag jedoch über 50 Prozent, womit bewiesen war, dass sogar Fremde in der Lage sind, Familienbeziehungen allein durch Geruch zu identifizieren.[148]

Familien riechen ähnlich, und damit verfügen wir alle über einen Standard, an dem wir den Geruch anderer bewerten. Fremde riechen nicht wie wir. Die Tatsache, dass unsere Familienähnlichkeit genetisch und nicht durch die Umwelt bedingt ist, wird anhand einer anderen Variante des Nashville-Tests deutlich, bei dem die Probanden Ehepaare waren: Ungeachtet der Tatsache, dass sie sich gleich ernährten und denselben Lebensstil hatten, konnten fremde Testpersonen nicht die Hemden eines Ehe- aber ansonsten nicht verwandten Paares identifizieren.

Unsere Körperchemie ist im Wesentlichen genetisch bestimmt. In dieser Hinsicht unterscheiden wir uns nicht von Hausmäusen oder Honigbienen. Und deshalb gebührt das letzte Wort über familiäre Gerüche hier auch dem amerikanischen Dichter Edward Estlin Cummings:

> »All good kumrads you can tell
> by their altruistic smell.«[38]

Die Anthropologie des 19. Jahrhunderts war geradezu besessen von Verwandtschaftsstudien und peinlich genauen Aufzeichnungen über die komplexen, durch Heirat und Abstammung entstandenen Beziehungen von Stammesvölkern. Die Genetik des 20. Jahrhunderts vereinfachte das Studium von Blutsverwandtschaft, indem sie es in einen Zweig der Mathematik verwandelte: Ein Kind teilt die Hälfte seiner Gene mit einem Geschwister oder einem Elternteil, ein Viertel mit einem Cousin oder einem Großelternteil und immer so weiter. Einige ausgeklügelte Verwandtschaftssysteme von Stammesvölkern waren nun allerdings bereits so verfeinert, dass sie moderne DNA-Tests praktisch vorwegnahmen. Ihre Definition von Verwandtschaftsgraden bezog sogar all jene Affinitäten ein, die zwischen Menschen auftreten können, welche nicht denselben Stammbaum haben, aber zusammen leben und arbeiten, und das taten sie, soweit ich weiß, schon lange bevor Gregor Mendel seinen mathematischen Zauber mit Erbsenpflanzen betrieb und uns die Regeln der Vererbung bewusst machte. Diese Stammesvölker verfügten bereits über ein gesichertes Wissen um verwandtschaftliche Verhältnisse, weil sie die Unterschiede riechen konnten.

Auch die meisten von uns können das. Zahllose Studien bewiesen, dass Mütter ihre eigenen Kinder am Geruch auseinander halten können. Alle Kinder teilen eine Hälfte ihrer Gene mit jedem Elternteil, sind aber nicht genetisch identisch. Jeder ist ein genetisches und olfaktorisches Individuum, abgesehen natürlich von eineiigen Zwillingen. Eine Studie aus dem Jahr 1955 zeigte jedoch, dass Hunde sogar eineiige Zwillinge am Geruch auseinander halten können, sofern man ihnen zum genauen Vergleich gleichzeitig den Geruch beider präsentiert.[92] Sie sind, wie vermutlich auch wir, zu etwas in der Lage, das die Genetik nicht kann: Wir verfügen über einen äußerst subtilen Sinn, der es zum Beispiel ermöglicht, dass wir uns einem längst verloren geglaubten Cousin zweiten Grades zugehörig fühlen, auch wenn uns alles an ihm fremd erscheinen mag. Der Schlüssel ist sein Geruch.

Unsere neuesten Erkenntnisse über genetische Vorteile und die Art und Weise, auf die Verhalten durch Verwandtschaft modifiziert werden kann, beweisen, dass wir die meisten Berechnungen im Hinblick auf unsere Bindungsstärke unbewusst anstellen. Wir wissen etwas und tun etwas, weil es sich richtig anfühlt, nicht weil wir uns einer Blutsverwandtschaft bewusst sind. Und aus genau diesem Grund pflegen wir einige Dinge auch zu vermeiden.

Einer der offensichtlichsten selektiven Vorteile, die das Erkennen von verwandtschaftlichen Verhältnissen bietet, ist die Vermeidung von Inzucht. Wie bei vielen Spezies scheint auch bei unserer ein natürliches Tabu gegen Inzest zu bestehen. Je enger die genetische Verwandtschaft, umso stärker wird das Tabu. Bei männliche Hausmäusen basiert ihre Zurückhaltung allein auf Geruch. Sie ziehen es deutlich vor, sich mit nicht verwandten Weibchen zu paaren, deren Geruch ihnen die Information eines gewissen genetischen Abstands vermittelt. Vermutlich nutzen auch wir solche olfaktorischen Hinweise.

Eng miteinander verwandte Männer und Frauen im selben Haushalt unterliegen denselben pheromonellen Signalen wie Fremde. Doch irgendwas hindert sie, auf dieselbe Weise darauf zu reagieren wie Fremde. Woraus dieser moralische Blocker genau besteht, ist nach wie vor ein Geheimnis. Aber in Israel wurden Studien über gemeinsam in einem Kibbuz aufgewachsene Personen gemacht, die uns vielleicht weiterhelfen können. Eine dieser Studien schließt mit den Worten, es gäbe »keine Eheschließungen zwischen Personen, die während der ersten sechs Lebensjahre ununterbrochen gemeinsam aufwuchsen«, ungeachtet der Tatsache, ob sie blutsverwandt waren oder nicht.[169]

Das Zusammenleben in jungen Jahren verbindet Menschen auf spezifische, unsexuelle Art und Weise. Zusammenleben in späteren Jahren hat nicht denselben Effekt. Es gibt keinerlei Nachweise, dass die sexuellen Aktivitäten von College-Studenten, die während des Studiums gemeinsam in Studentenwohnheimen leben, oder von Partnern, die einen gemeinsamen Haushalt führen, nur deshalb abnehmen würden, weil sie sich so vertraut werden. Der »Kibbuz-Effekt« legt vielmehr nahe, dass Inzest-Tabus Maturationsphänomene sind, die mit der Pubertät zum Tragen kommen. Offensichtlich haben wir ein Gen, das uns von dieser Zeit an darauf programmiert, die sexuelle Anziehungskraft von Personen, mit denen wir aufwuchsen, zu ignorieren, da diese als Personen vermutet werden, die am engsten mit uns verwandt sind. Und weil solche Anziehungskräfte zumindest teilweise etwas mit Geruch zu tun haben, ist es auch wahrscheinlich, dass dieser Blocker etwas mit Geruch zu tun hat.

Sexuelles Verhalten wird vom limbischen System gesteuert, deshalb liegt nahe, dass auch jeder Modifikator dort angesiedelt ist. Irgendwas ganz Einfaches warnt uns: »Stopp! Ignoriere diesen Geruch. Denn er ist mit einem anderen, sehr vertrauten Geruch gekoppelt, welcher bedeutet, dass diese Botschaft nicht an dich gerichtet ist.« In solchen Momenten ist es wohl ein Glück für jeden, dass das Jacobson-Organ das einzige an dieser Angelegenheit beteiligte Organ ist.

Angeregt durch den Vandenbergh-Effekt – demzufolge männliche Mäuse einen hormonellen Effekt auf Weibchen haben –, setzten George Preti und Winifred Cutler vom Monell Chemical Sense Center in Philadelphia Frauen mit unregelmäßigen Menstruationszyklen dem Geruch von männlichem Achselschweiß aus.[151] Alle beteiligten Frauen hatten Zyklen von weniger als 24 oder mehr als 32 Tagen. Doch nachdem ihnen mehrmals pro Woche ein Extrakt aus männlichen Hormonen unter die Nase gerieben wurde, pendelte sich der Zyklus aller Frauen ungefähr auf den durchschnittlichen 28-Tage-Rhythmus ein. Wie bei Nagetieren oder Elefanten verschwindet auch beim Menschen diese Regelmäßigkeit, sobald jeglicher männliche Einfluss fehlt.

Darüber hinaus liegen uns Nachweise vor, dass männliche Pheromone beim Menschen Einfluss auf das Alter haben, in dem die Menstruation bei Mädchen einsetzt. Bei unserer Spezies kann die Menarche irgendwann im Alter zwischen neun und neunzehn Jahren beginnen, abhängig von sowohl genetischen als auch umweltbedingten Faktoren. Mangelernährung, Krankheiten und sogar intensive sportliche Aktivitäten können den Beginn der Pubertät verzögern. In den letzten beiden Jahrhunderten begann aber noch ein weiterer Faktor den Menstruationsbeginn um bis zu drei Monate pro Jahrzehnt beziehungsweise beinahe drei Jahre pro Jahrhundert vorzuverlegen:[20] Bei vielen Säugetieren wird die Pubertät der Weibchen durch die Anwesenheit von erwachsenen Weibchen verzögert und durch die Anwesenheit von erwachsenen Männchen beschleunigt. Dasselbe scheint auch auf uns zuzutreffen. Denn seit Beginn der industriellen Revolution, seitdem mehr Frauen außer Haus arbeiteten und mehr Männer mehr Zeit bei immer kleineren Familien verbrachten, hat sich das pheromonelle Klima in unseren Behausungen verändert.

Auffällig ist außerdem, dass der normale Zyklus bei unserer Spezies nahezu identisch mit der Mondphase ist. Eine solche »Mondsüchtigkeit« bei biologischen Rhythmen ist nichts Ungewöhnliches, und natürlich bedeutet das nicht, dass alle Frauen dieser Welt am selben Tag zu menstruieren beginnen. Aber sie könnten es.

Die Forschung auf diesem Gebiet begann Ende der sechziger Jahre mit Martha McClintock. Während ihres Studiums am Wellesley College in Massachusetts war ihr aufgefallen, dass die Menstruation bei den Frauen in ihrem Studentenwohnheim häufig am selben Tag einsetzte, und sie fragte sich, ob in einer solchen Koordination möglicherweise ein Überlebenswert zum Ausdruck kommt. Also begann sie den Studentinnen dieses reinen Frauen-Colleges zwei simple Fragen zu stellen: »Wann war deine letzte Menstruation?« und: »Wer sind deine beiden besten Freundinnen?« Das Ergebnis überraschte alle und fand großes Echo in der Fachwelt. Man nannte es bald den »McClintock-Effekt«: »Frauen, die viel Zeit miteinander verbringen«, schlussfolgerte sie, »neigen dazu, gleichzeitig zu menstruieren.« Aber keiner wusste warum.[118]

Beinahe ein Jahrzehnt verging, bevor sich wieder jemand mit diesem Thema auseinander setzte. 1980 wurden dieselben entscheidenden Fragen auf dem Campus einer anderen Universität gestellt, diesmal in einem gemischten College in Großbritannien. Das Resultat war dasselbe: enge Freundinnen tendieren zum zeitgleichen Einsatz von Periode und Ovulation.[66]

Das nächste Glied wurde der Beweiskette noch im selben Jahr in Kalifornien eingefügt. Michael Russell und seine Kollegen vom Sonoma State Hospital begannen sich mit der Möglichkeit zu befassen, dass eine Frau aus einer Frauengruppe mit identischen Menstruationsdaten ein so genannter »driver« sein könnte, der alle anderen synchronisiert. Also rieben sie sechzehn Frauen vier Monate lang dreimal wöchentlich den Achselextrakt einer Frau mit einem sehr regelmäßigen 28-Tage-Zyklus unter die Nase. Am Ende dieses Zeitraums menstruierte die gesamte Testgruppe im Zyklus von plus-minus drei Tagen angelehnt an den Zyklus der Extraktspenderin. Die Spenderin hatte dieselbe Funktion übernommen wie der männliche Koordinator beim Lee-Boot-Effekt, der bei Mäusen entdeckt worden war.[160]

Offenbar kann der Geruch einer Person den Menstruationszyklus anderer Personen beeinflussen. Es gibt also guten Grund für die Annahme, dass hormonelle Aktivitäten beim Menschen unter olfaktorischer Kontrolle stehen können. Doch etwas, das so stark nach Folklore und Altweibergeschichten klingt, wird von der Wissenschaft nur schwer akzeptiert. Was der McClintock-Effekt brauchte, war der klare Nachweis eines biologischen Vorteils, etwas, womit erklärt werden konnte, weshalb synchronisierte Zyklen von Nutzen sind und einen Überlebenswert für Menschen haben. Bei Nagetieren lässt es sich damit erklären, dass alle Weibchen einer Kolonie durch ein einziges dominantes Männchen geschwängert werden können und die Geburten dann alle auf die Jahreszeit fallen, in der das meiste Futter zur Verfügung steht. Beim Menschen ist der Nutzen weit weniger offensichtlich, vor allem in der Kultur, in der McClintock ihre Entdeckung machte.

In der westlichen Welt arbeiten heutzutage mehr Frauen außer Haus in männlicher Gesellschaft und verbringen mehr Männer längere Zeit zu Hause, die Familien sind kleiner und es gibt weniger Orte, an denen Frauen ausschließlich in Gesellschaft von anderen Frauen Zeit verbringen. Natürlich gibt es in einigen Ländern noch Polygamie, etwa in zweihundert Gesellschaften, wo Ehefrauen nach wie vor zusammen in separaten Quartieren leben.[61] Doch ein Faktor blieb in Ost wie West, in entwickelten Staaten wie in Entwicklungsländern konstant.

Auf der ganzen Welt neigen Mädchen in der Adoleszenz dazu, Grüppchen zu bilden, in denen es zu einer Menge enger Kontakte und Tête-à-Têtes kommt: Jacobson-zu-Jacobson-Aktivitäten, welche beste Voraussetzungen für eine pheromonelle Kommunikation schaffen. Da diese Mädchen nun alle ungefähr im Alter der Menarche sind und noch ganz unberechenbare und unregelmäßige erste Menstruationserfahrungen machen, wobei es auch häufig noch zu keinem richtigen Eisprung kommt, könnten sie enorm von einem Einfluss profitieren, der ihre noch ungezügelten Physiologien regulieren und disziplinieren würde.[97] Addiert man zu dieser Überlegung noch die jüngste Entdeckung eines männlichen Zyklus – welcher bei Männern zu einem regelmäßigen Anstieg und Abfall der Körpertemperatur und zur Produktion von essentiellen Steroiden führt –, dann hat man alles, was man braucht, um den McClintock-Effekt als etwas Universelles und Nützliches zu begreifen.[48]

Damit erscheinen auch die Bindungsaktivitäten von Männern, etwa bei sportliche Unternehmungen, in einem ganz anderen Licht. Offenbar dienen sie als wichtige physiologische Koordinatoren und sind nicht nur kumpelhafte Vergnügungen. Bei all dem Gedränge und Gerempel auf und neben den Sportplätzen werden jede Menge Pheromone ausgetauscht. Die Männer verpassen sich nicht nur blaue Flecken, sondern verhelfen sich auch zu hormoneller Maturität und psychischem Wohlbehagen.[142]

Im Laufe des letzten Jahrzehnts wurde die pheromonelle Kommunikation von Menschen immer ausgiebiger erforscht. Aron und Leonard Weller von der Bar-Ilan-Universität in Israel haben zum Beispiel nachgewiesen, wie potent die von ihnen so genannte »gemeinsame Dyade« von zusammenlebenden Müttern und Töchtern ist, indem sie aufzeigten, dass diese zu weitgehend synchronisierten Menstruationszyklen führt, ein solcher Zusammenhang aber schneller zwischen Frauen entsteht, die bereits eine gemeinsame Geschichte oder gemeinsame Chemie haben.[205] Auch Arbeitsplatzsituationen haben sie unter diesen Aspekten beleuchtet, etwa die von Soldatinnen in der israelischen Armee, und auch dort wurden sie fündig. Allerdings konnten sie diese Synchronisation nur bei Frauen entdecken, die abgesehen von einer Zusammenarbeit auch enge Freundinnen waren.[206]

Es ist natürlich nicht überraschend, dass pheromonelle Kontakte durch enge soziale Interaktionen verstärkt werden. Das Jacobson-Organ ist immerhin eine ziemlich persönliche Angelegenheit. Doch der eigentliche Durchbruch bei dieser Forschung, der Martha McClintock nach beinahe dreißig Jahren wissenschaftlichen Außenseitertums nun endlich ein gewisses Maß an Akzeptanz bescherte, kam mit einem Aufsatz, der 1998 in *Nature* veröffentlicht wurde.[182]

Mit dieser kurzen, elegant formulierten Publikation wurden alle kritischen Fragen beantwortet, die sich mit McClintocks früher Arbeit stellten. Es ist die Beschreibung einer peniblen Studie, bei der zwanzig Frauen vier Monate lang tagtäglich eine in einigen Fällen unbehandelte, in einigen mit irrelevanten Gerüchen behandelte und in einigen mit den geruchlosen Achselsekreten anderer Frauen imprägnierte Gaze unter die Nase gerieben wurde. Das Entscheidende bei diesen Tests war der Zeitpunkt, an dem die menschlichen Sekrete entnommen worden waren. Diejenigen, die von menstruierenden Frauen stammten, *verkürzten* den bis dahin regelmäßigen Zyklus der Probandinnen bis zu 14 Tagen, wohingegen Sekrete von Frauen, bei denen gerade ein Eisprung stattgefunden hatte, die Menstruationszyklen der Probandinnen bis zu 12 Tage *verlängerten*.

Offenbar sind hier zwei komplementäre chemische Signale beteiligt. Das eine beschleunigte die Ovulation, das andere verzögerte sie. Und zwischen diesen beiden pendelt sich der Menstruationszyklus auf die natürliche lunare Periode von etwa 28 Tagen ein, was beweist, dass die flüchtigen Sekrete der apokrinen Drüsen aus dem Achselbereich einer Person den Biorhythmus einer anderen regulieren können und in der Tat regulieren. Und damit erklärt sich auch, wie eine Teenagergruppe mit jeweils ganz irregulären Menstruationsmustern zu einem Arrangement kommen kann, das alle auf zeitlich gleiche Linie trimmt. Die beiden komplementären Pheromone wirken jeweils in die Gegenrichtung und erreichen somit die magische Mitte auf einer Linie, auf der alle denselben fundamentalen Rhythmen dieser Erde angeglichen werden. Alles, was die Mädchen brauchen, um das System in Einklang oder zu einem menstruellen Quorum zu bringen, ist die Beteiligung von genügend Pheromonen.

Damit verfügen wir über starke Argumente für die Existenz von menschlichen Pheromonen. Um nun auch noch die letzten Zweifler zu überzeugen, muss nur noch bewiesen werden, dass geruchlose Substanzen von der Riechschleimhaut oder vom Jacobson-Organ aufgegriffen und weitergegeben werden können.

Bislang habe ich mich in meiner Darstellung auf die legendäre Achsel beschränkt, doch sie ist natürlich bei weitem nicht der einzige Quell menschlichen Geruchs. Beispielsweise neigen wir auch dazu, »schlechten Atem« zu haben. Richard Doty und seine Kollegen vom Smell and Taste Research Center in Philadelphia begannen ihre Forschung mit der Annahme, dass Atemgeruch keinem der beiden Geschlechter automatisch einen Vorteil verschaffen könne, im Gegensatz zum Achselgeruch, der ja bei Männern von vornherein eine stärkere Wirkung ausübt, da diese über mehr apokrine Drüsen verfügen und außerdem nur selten ihre Achselhaare rasieren. Ihre Probanden rekrutierten sie unter Studenten der Zahnmedizin mit ausgesprochen gesunden Zähnen, die während der Testzeit alle dieselbe Nahrung zu sich nahmen und weder Zahnpasta noch Mundwasser benutzten. Die Juroren saßen hinter einer Wand und bewerteten den jeweiligen, durch ein Glasröhrchen geleiteten und in einem Probetrichter aufgefangenen Atem. Ihre Aufgabe war, das Geschlecht des Atmers zu bestimmen und den Atem nach dem Grad seines angenehmen oder unangenehmen Geruchs zu bewerten.[44]

Die meisten Juroren waren tatsächlich in der Lage, das Geschlecht des Atmers richtig zu bestimmen, wobei die weiblichen Tester wieder besser abschnitten als die männlichen. Und alle waren sich einig, dass der Geruch von männlichen Probanden intensiver und weniger angenehm war. Es hat zwar niemand einen Querverweis auf den »Eber-Atem« gemacht, aber Tatsache ist, dass auch der männliche Speichel Androstenon enthält, welches an sich geruchlos ist, aber dennoch von Frauen leichter wahrgenommen wird und auf Männer eher abstoßend wirkt. Wir wissen außerdem, dass der Geruchssinn bei Frauen zum Zeitpunkt des Eisprungs, wenn der Östrogenspiegel am höchsten ist, empfindlicher ist und dass ihre Sensibilität für sexualitätssteuernde Pheromone zu diesem Zeitpunkt besonders hoch ist.[64] All das ergibt Sinn und legt nahe, dass die Dinge eben doch anders sind, als wir dachten – »A sigh is *not* just a sigh«! Und darum sollten wir auch lieber nicht davon ausgehen, dass ein Kuss nur ein Kuss ist.

Evolutionär betrachtet begann Mund-zu-Mund-Kontakt als Säuglingspflege, indem manchmal bereits vorgekaute oder halb verdaute Nahrung nach Vogelart von einem Elternteil an das Junge weitergegeben wird. Afrikanische Wildhunde beiderlei Geschlechts pflegen zum Beispiel die Nahrung für ihre Jungen vorzukauen. Bei vielen Spezies wandelte sich diese Geste dann zu einem Werbeverhalten, etwa indem ein Paar gegenseitig den Bereich um Maul oder Schnauze erforscht. Der Kuss von Schimpansen ist eher keusch, doch ihre Cousins, die Bonobos, haben daraus ganz offenkundig etwas sehr Erotisches gemacht. »Bonobos pflegen wie Menschen Arm in Arm zu laufen, sich gegenseitig Hände und Füße zu küssen und sich innig zu umarmen, während sie lange Zungenküsse austauschen.«[55]

Bei Bonobos ist dieses Verhalten – nicht anders als bei uns – am häufigsten zu Beginn einer Bindung zu beobachten, wenn jeder Aspekt von Intimität erforscht sein will, bevor man sich entscheidet, diese wirklich einzugehen. Der Kuss ist eine Möglichkeit, nicht nur das Jacobson-Organ und das limbische System ins Spiel zu bringen, sondern auch die etwas bedächtigere Großhirnrinde. Man könnte sagen: der Kuss übernimmt, wo ein Seufzer nichts mehr bringt. Er ist eine hervorragende, intime und vergnügliche Möglichkeit, jene Art von chemischen Signalen auszutauschen, die zu schwer sind, um flüchtig zu sein, aber eine lebenswichtige Rolle für die Koordination von Reproduktionsverhalten spielen. Glücklicherweise funktionieren solche fundamentalen Dinge nach wie vor.

Der Kuss auf den Mund ist noch immer eine sehr persönliche Form des Austausches. Für andere Arten von Begegnungen wurde er stark modifiziert und auf andere Körperbereiche umgeleitet, etwa in Form des Wangenkusses oder des »Luftkusses«, bei dem der olfaktorische Kontakt minimiert und das Jacobson-Organ gänzlich ausgeschlossen werden. Und wo immer der Kuss als Ausdruck menschlichen Unterwerfungsverhaltens adaptiert wurde, gilt die Regel: je niedriger der Rang des Küssers, umso niedriger wird der Kuss angesetzt. Katholische Bischöfe küssen ihren Papst auf die Knie, unbedeutendere Sterbliche müssen sich damit begnügen, ein verziertes Kreuz auf seinem Schuh zu küssen, während von allen Heiden und Büßern – in vielen Traditionen – erwartet wird, dass sie sich bis zur Erde herabbeugen und »den Staub küssen«. Letztlich läuft das Ganze auf nichts anderes heraus, als die Pheromone an der richtigen Stelle zu platzieren.

Wenn man den Illustrierten Glauben schenken darf, dann legen Frauen mehr Wert auf das Küssen als Männer. Angesichts ihrer größeren Sensibilität für Gerüche und ihrer vergleichsweise geringeren Anzahl an Hormonen im Speichel ist es in der Tat wahrscheinlich, dass Frauen mehr bei einem Kuss empfinden als Männer. Doch wo es um andere Körperteile geht, dreht sich der Spieß um.

Alle männlichen Primaten, die je in freier Wildbahn beobachtet wurden, werden in bestimmten Stadien des östrischen Zyklus stark vom weiblichen Genitalbereich angezogen. Männliche Makaken, Mangaben und Paviane pflegen Weibchen in regelmäßigen Abständen zu erforschen, indem sie die Vagina mit dem Finger berühren und diesen anschließend beschnuppern. Sobald die Zeit des Eisprungs näher rückt, beginnen sie – wie es ab diesem Stadium auch Krallenäffchen, Wolläffchen und alle anderen Affen tun – direkt die Vagina zu beschnüffeln und zu lecken. Und zum Zeitpunkt des Eisprungs, wenn die Weibchen nicht nur empfängnisbereit, sondern ebenfalls höchst sensibel für Gerüche geworden sind, beginnt dann ein allgemeines gegenseitiges Erforschen der Genitalien.[187] Der Mensch verhält sich da nicht anders.

Am Monell Chemical Sense Center in Philadelphia wurden tägliche Vaginalabstriche von Spenderinnen auf sterilen Tampons gesammelt und in Glasbehältern verschlossen. Anschließend wurden Proben aus jedem zyklischen Stadium in zufälliger Reihenfolge männlichen und weiblichen Testpersonen vorgelegt, die sie dann nach Intensität und Wohlgefallen des Geruchs bewerten sollten. Die Ergebnisse waren aufschlussreich: Alle Testpersonen fanden den Geruch von Sekreten, die kurz vor dem Menstruationsbeginn entnommen wurden, am stärksten und unangenehmsten und waren sich einig, dass sich die während des Eisprungs produzierten Sekrete deutlich im Geruch unterschieden.[42]

Menschliche Vaginalsekrete sind höchst komplex. Sie bestehen aus über dreißig Verbindungen, zumeist Fettsäuren, einige davon geruchaktiv, andere geruchlos, aber alle dem bakteriellen Zerfall unterlegen. Insgesamt gesehen, vor allem aber was die Abfolge ihrer stark veränderten Kombinationen während des Zyklus betrifft, vermitteln diese Sekrete genügend Informationen, um jedem, der über eine gute Nase und ausreichend Neugier verfügt, die Möglichkeit zu geben, den Zeitpunkt des Eisprungs vorherzusagen und sich entsprechend zu verhalten. Affen tun das ganz zweifellos. Mit dem Menschen ist die Forschung noch befasst, doch es gibt bereits Nachweise, dass Geschlechtsverkehr bei unserer Spezies kurz vor der Ovulation häufiger als zu jeder anderen Zeit stattfindet, ganz unabhängig davon, ob der Mann über den Zyklus seiner Partnerin nun Bescheid weiß oder nicht.[45]

Zudem wurde nachgewiesen, dass die Initiative von Frauen fast immer nur während der starken Hormonausschüttung zum Zeitpunkt des Eisprungs ausgeht. Es wäre auch überraschend, wenn man hier zu einem anderen Schluss gekommen wäre, denn immerhin ist das genetische Ziel von Kopulation die Zeugung. Und ebenso überraschend wäre, würden Männer nicht positiv auf einen Geruch reagieren, der zeitlich mit der Ovulation und einer Gelegenheit zum Sex zusammentrifft, einmal ganz davon abgesehen, ob dieser Geruch als angenehm empfunden wird oder nicht.

Was Sex anbelangt, können wir uns auf unsere Nase verlassen. Aber es ist höchst unwahrscheinlich, dass nur ein einziges Pheromon dafür verantwortlich ist. Nur wird die Suche nach einem ultimativen Aphrodisiakum, nach *dem* sexuellen Anreiz bei unserer Spezies, sozusagen nach dem menschlichen Bombykol, angesichts der Komplexität des Menstruationszyklus und der Vielzahl von involvierten Substanzen wohl erfolglos bleiben.

Sweet Nellie Fowler, eine gefeierte Kurtisane im viktorianischen England, machte ein Vermögen mit dem Verkauf von Taschentüchern, die sie mit ins Bett genommen hatte. Leider ist nicht überliefert, an welcher Körperstelle sie diese an sich zu tragen pflegte.[178] Dieses Geheimnis zu wahren war nur eine ihrer Allüren. Tatsache aber ist, dass unsere Neugier nach wie vor dem Geheimnisvollen gilt, auch bei unseren Gerüchen. Und das selbst in einem Zeitalter, in dem die Menschen fast alle Körperteile bis zur Unkenntlichkeit ihrer eigenen Gerüche deodorieren und enthaaren.

Sportler, die sich im Training oder vor einem großen Wettbewerb befinden, werden oft angehalten, sexuelle Enthaltsamkeit zu üben. Doch es gibt kaum Nachweise, die nahe legen würden, dass der Geschlechtsverkehr irgendeine unmittelbare Auswirkung auf das athletische Können hätte, außer vielleicht, dass er den Beteiligten den Schlaf raubt. Allerdings gibt es durchaus ein paar Berufe, die unter sexueller Aktivität leiden können. Weinkoster, Teemischer und Parfumeure kennen nur allzu gut den »honeymoon rhinitis« genannten Zustand, eine derart heftige Nasenkongestion, dass Riechen und daher auch Schmecken nahezu unmöglich werden. Opernsänger sollen angeblich aus denselben Gründen achtsam sein.

Wir wissen, dass sich die Temperatur der Nasenschleimhaut unmittelbar nach dem Geschlechtsakt als direkte Folge einer rapiden Erweiterung der dort angesiedelten Venen um 1,5°C erhöht. Niemand weiß, warum das so ist, doch dieser Anstieg ist fester Bestandteil eines Reaktionensyndroms des sympathischen Nervensystems während des Orgasmus.[51] Sex steigt einem offensichtlich nicht zu Kopf, sondern in die Nase. Bei manchen Menschen setzt eine Nasenblutung ein, andere niesen und viele haben nach dieser temporären Hypersensibilität für Gerüche eine richtig gehend verstopfte Nase. Der römische Arzt Celsus empfahl Männern beim ersten Anzeichen eines Schnupfens oder Katarrhs, sich von Wärme und Frauen fern zu halten.

Diese naso-genitale Verbindung scheint uns schon immer bewusst gewesen zu sein. Virgil berichtete von Ehebrechern, deren Strafe aus der Amputation der Nase bestand – vielleicht gar nicht so unangemessen angesichts der Bedeutung, die der Geruchssinn für jene Form der sexuellen Stimulanz hat, die mit dem explosiven Wachstum der Hormone während der Pubertät einsetzt. So gesehen ist der Geruchssinn in der Tat ein sekundäres Geschlechtsmerkmal und die Nase eines unserer wichtigsten Geschlechtsorgane – vielleicht sogar so wichtig, dass sie auf einer kritischen Stufe unserer Evolution in ihren Fähigkeiten eingeschränkt werden musste.

Michael Stoddart von der University of Tasmania ist einer der wenigen, die sich mit der Rolle des Geruchssinns in unserer Frühgeschichte auseinander gesetzt haben.[186] Unsere entfernten Vorfahren lebten in kleinen Familiengruppen, wie es viele Primaten bis heute tun, bis irgendwann im Miozän, vor etwa zehn Millionen Jahren, gewaltige Veränderungen stattfanden. Wir begannen uns immer mehr aufzurichten und das Gewicht stärker auf die

Füße zu verlagern, wurden mobiler und raubtierhafter, verloren immer mehr Fell und beschlossen, in größeren Gruppen zu leben.

Ein Ergebnis davon war, dass Männer mehr Verantwortung für die Ernährung der Familie übernahmen und sich mit anderen Männern zusammenschlossen, um nach den besten Nahrungsquellen mit den höchsten Kalorienwerten zu suchen. Bei den Frauen begann sich angesichts des schmerzlichen Problems, Kinder mit zunehmend größeren Köpfen gebären zu müssen, die Zeit der Schwangerschaft zu verkürzen. Doch dafür sahen sie sich nun längeren Phasen des Gebundenseins und der Abhängigkeit ausgesetzt. All diese Veränderungen führten dazu, dass größeres Gewicht auf die Paarbindung gelegt werden musste und zu diesem Zweck auch Sex eine Rolle in unserem Leben zu spielen begann, die über die der simplen Fortpflanzung hinaus ging. Also begannen sich die Geschlechter immer stärker voneinander zu unterscheiden. Männer wurden in jeder Hinsicht größer, bis sie schließlich die am besten entwickelten Genitalien aller Primaten besaßen. Frauen wurden über längere Perioden empfängnisbereit und begannen ihre Maturität zur Schau zu stellen, indem sie bereits vor einer Milchproduktion Brüste entwickelten. Und schließlich begannen beide Geschlechter stärker zu riechen als jemals irgendein anderer Primat.

Es lag eine Menge Sex in der Luft. Er stieg jedem in die Nase und beherrschte alle Gedanken. Natürlich hing Leben davon ab, aber es gab ein Problem. Damit sich Männer in Gruppen zu Beutezügen auf die Jagd begeben konnten, wuchsen Gemeinschaften auf über fünfzig Individuen an. Einige erwachsene Männer mussten also, oder wollten, bei den Frauen und Kindern bleiben. Und das setzte die Paarbindung erneut unter einen unerwartet großen Druck.

Menschen sind die einzigen Säugetiere, die sich zu Paaren zusammenschließen und in großen Gruppen leben. Das ist ganz und gar nicht natürlich, weshalb Michael Stoddart auch glaubt, dass sich die Evolution dieses Problems annahm, indem sie eine Möglichkeit fand, sexuelle Intimität auf hoher Ebene zu einer privateren Angelegenheit zu machen, damit nicht mehr so große Aufmerksamkeit bei rivalisierenden Männern erregt werden konnte. Und dafür boten sich seiner Meinung nach zwei Lösungen an – zum einen, dass der Zeitpunkt des Eisprungs stärker verschleiert wurde, und zum anderen, dass sich unsere Einstellung zu Körpergerüchen veränderte.[186]

Diese Vorstellung hat schon was. Jedenfalls wäre damit unsere noch immer starke Ambivalenz gegenüber unseren eigenen Gerüchen erklärt, unser Bestehen darauf, dass der Mensch keinesfalls nach Mensch riechen dürfe, und unser Hang, uns die Gerüche anderer Spezies zu borgen. In der Tat sind wir Männer derart ignorant gegenüber den natürlichen zyklischen Gerüchen unserer Frauen geworden, dass wir sie geradezu abstoßend peinlich finden und sie zu einem unserer beharrlichsten Tabus machten.

Die Wahrheit aber ist, dass wir nach wie vor ausgesprochen geruchsvolle Affen sind. Achseln und Vagina des Menschen sondern starke, moschusartige Gerüche ab und obendrein besitzen wir auch noch immer den nötigen olfaktorischen Apparat, um diese riechen zu können. Wenn es denn einen Schalter gegeben hat, der im Miozän den Spieß umdrehte und einen Teil unserer Empfindsamkeit einfach abschaltete, so kann dies ganz eindeutig nur ein mentaler Schalter gewesen sein – etwas, das in den jüngeren Teilen des Großhirns stattfand.

Auch heute noch schwappt die ganze alte Bandbreite an olfaktorischen Signalen über uns hinweg, doch offensichtlich reagieren wir nicht mehr im selben Maße auf sie. Wir haben gewissermaßen eine reptilische Lösung des

Problems gefunden, indem wir die Sensibilität der Nase heruntersetzten und uns in einen Zustand der partiellen olfaktorischen Ignoranz begaben. Doch wie die Reptilien haben auch wir nach wie vor Zugang zu einem zweiten System, das weiter existieren durfte, weil es von privaterer Natur ist. Wir besitzen ein kleines, aber offensichtlich sehr funktionsfähiges Jacobson-Organ, das eng mit einer anderen, erdverbundeneren Reihe von Botschaften kooperiert – und das nun sehr subversiv zu werden beginnt.

Die meisten vom Jacobson-Organ stimulierten Aktionen finden auf unbewusster Ebene statt. Ihre Auswirkungen werden primär von den emotionalen Zentren des Gehirns aufgegriffen und dann durch die Hypophyse und die Keimdrüsen nach außen weitergegeben. Das Organ besitzt die Fähigkeit, Nervenblockaden zu umgehen und die Art von Feedback herzustellen, die einst Unterdrücktes ins Bewusstsein zurückholt. Außerdem hat es die hinterlistige Angewohnheit, uns zu erinnern, dass die alten Strikturen, jene Gedankenspiele aus dem Miozän, heutzutage nicht mehr unbedingt nötig sind. Mit seiner Hilfe haben wir vielleicht noch immer eine Chance, uns neu zu orientieren und unser Leben zu bereichern, indem wir uns der Welt dieser erregenden Gerüche da draußen bewusster werden. Sie warten nur darauf, wieder entdeckt zu werden.

Nauseosos

Das ist er: der ultimative Gestank und Begriff für alles, was absolut Ekel erregend, widerwärtig, Übelkeit erzeugend und dazu angetan ist, einem schlichtweg die Füße wegzuziehen.

Linné bezog sich hier auf das lateinische, ursprünglich nur auf Seekrankheit angewandte Wort nausea, das aber bald schon alles einbeschloss, was einen Übelkeit erregenden Beigeschmack hat. Als früher Förderer der Homöopathie vergaß er auch nicht, darauf zu verweisen, dass die hoch giftige Stinkende Nieswurz, in winzige Dosen verabreicht, ein gutes Mittel gegen Schmerzen und Krämpfe ist.

Im Altertum glaubte man, dass alle Übelkeit erregenden Dinge »tierische Säfte« hätten, die zur Behandlung gegen »Erregungszustände« empfohlen wurden. Der leicht erregbare, preisgekrönte Dichter John Dryden verlor allerdings all seine Positionen und seine gesamten Pensionsansprüche, weil er so unklug gewesen war, die Machthaber Englands ständig als »nauseating« zu bezeichnen.

Vergleiche von wahrlich Übelkeit erregenden Dingen rangierten vom »Gestank einer alten Grabstätte« bis hin zu »verdorbenem Fisch«, doch die wohl passendste Quelle dafür ist eine Pflanze namens Asafötida, auch Teufelsdreck genannt, die auf den sandigen Ebenen Afghanistans wächst und ein faulig riechendes Schleimharz absondert.

Der botanische Inbegriff von Nauseosi sind Stapelias, südafrikanische Aasblumen, deren fauliger Gestank Fliegen anzieht und diese beim Anblick ihrer Blüten vom Aussehen verschimmelten Fleisches derart in Verzückung geraten lassen, dass sie sogar ihre Eier dort ablegen. Eine Spezies stellt diese Ekel erregende Illusion sogar her, indem sie sich mit winzigsten Härchen umgibt, die der ganzen Pflanze den Anschein verleihen, als sei sie von Unmengen kleiner Fliegen umschwärmt.

Es würde einem nicht im Traum einfallen, diese Aasblume zu essen. Aber das ist ja vermutlich auch der Sinn des Ganzen.

5 · *Ekel erregende Gerüche*

Die todbringendste Sache der Welt ist weder Krieg noch Hunger noch Krebs. Es ist und war schon immer ein uralter Auslöser namens »schlechte Luft«: *Malaria*. Abwasserbeseitigung und Wasserkläranlagen haben zwar einiges dazu beigetragen, unsere Paranoia angesichts von Seuchen, die durch die Luft übertragen werden können, zu mildern. Doch nach wie vor empfinden wir alles als bedrohlich, was nach Verwesung stinkt. Und das rührt vermutlich genau daher, dass so mancher Gestank tatsächlich von Tod und tödlichen Krankheiten verursacht wird.

Typhus riecht nach frischem Sauerteig, Tuberkulose nach schalem abgestandenen Bier. Wer Gelbfieber begegnet, wird an seine Einkäufe beim Metzger erinnert, und manche Diabetiker haben einen Atem, der so scharf riecht wie Aceton. Wer unter der seltenen, erblichen Stoffwechselkrankheit Phenylketonurie leidet, die zu Hirnstörungen führt, hinterlässt einen deutlich mausartigen Geruch. Und sogar Schizophrenie ist von einem charakteristischen Schweißgeruch begleitet. Es ist also durchaus noch immer sinnvoll, wenn Diagnostiker die Nase benutzen, während sie auf die Ergebnisse von Labortests warten.

Die Nase weiß oft auch dann Bescheid, wenn sich der Duft selbst gar nicht beschreiben lässt. Tod hat einen ganz eigenen Geruch. Jeder Polizist und Pathologe kennt diesen leicht süßlichen, fäkalischen Hauch, den niemand vergisst oder mit etwas anderem verwechseln würde, der ihn einmal gerochen hat. Sogar ohne Verletzungen oder Inkontinenz beginnt der menschliche Körper noch im warmen Zustand binnen Minuten diesen Geruch zu verbreiten.[40]

Verantwortlich dafür sind Indole oder Skatole, lösliche

Chemikalien, die beim Zerfall von Proteinen entstehen, die sich in tierischen Gedärmen befinden. Doch sie kommen auch im Jasminöl vor und werden bei der Zubereitung vieler Parfums benutzt. Es gibt keinen logischen Grund, weshalb Zerfall schlecht riechen muss, weshalb Tod von Gestank und nicht von Wohlgerüchen umgeben ist. Aber es könnte einen guten biologischen Grund dafür geben.

Der Tod ist etwas ganz Normales, er begegnet uns allen eines Tages. Doch die Information, dass er irgendwo in der Nähe eingetreten ist, so nahe, dass man ihn riechen kann, könnte lebenswichtig sein. Also kündigt er sich mit einer unverkennbaren Warnung an, die auch dann, wenn nichts zu sehen oder hören ist, bei Tag oder Nacht und jedem Wetter vernehmlich sein muss. Und nichts ist dafür besser geeignet als ein widerwärtiger, durchdringender Gestank, dem man nicht ausweichen kann.

Allerdings gibt es Hunderttausende von Organismen, die den Geruch von Zerfall und Verwesung gar nicht unangenehm finden. Bakterien, Pilze, Mistkäfer, Aasgeier und Hyänen werden ganz offensichtlich von allem Verwesenden angezogen. Für sie ist das völlig normal. Doch sogar Leichenschänder und Aasfresser haben ihre Grenzen. Jeder goutiert nur ein ganz bestimmtes Stadium des Kadavers. Der Tod ist ein Bankett, dessen Gäste bei jedem Gang wechseln, ein Fest, bei dem jeder Gast weiß, wann er seinen Platz zu räumen hat – nämlich immer dann, wenn die Chemie nicht mehr nach seinem Geschmack ist.

Und es *ist* eine Frage des Geschmacks, bis wann ein Geruch als angenehm und ab wann er als unangenehm empfunden wird. Ein Teil dieses Empfindens wird vom Gehirn vorgegeben: Wir lernen, Geschmack an Gorgonzola zu finden, obwohl er stinkt. Ein anderer Teil hat etwas mit Chronologie zu tun: Wir beginnen uns mehr für moschusartige Gerüche und würzige Aromen zu interessieren, wenn wir die Pubertät hinter uns haben. Doch ein Teil ist reine Biologie: Der Geruch von verwesendem Fleisch erregt Übelkeit, weil er uns buchstäblich den Magen umdreht. Er macht uns krank, weil er uns tatsächlich krank macht.

Genauso funktioniert Aversion. Wir lernen, eine Verbindung zwischen einer Konsequenz und einem Reiz herzustellen. Wenn etwas unangenehme Folgen hat, dann beginnen wir, die dazu führenden Schritte als ebenso unangenehm zu betrachten. Und die meisten von uns lernen ganz von allein, solchen Folgen aus dem Weg zu gehen: Wir riechen an der Milch aus dem Kühlschrank, bevor wir sie trinken; wir wittern in der Luft nach Anzeichen von Gefahr und verhalten uns entsprechend.

In Texas hat man einmal während des Bestreuens der Futtertröge für Weißwedelhirsche in nächster Nähe frisches menschliches Blut und ein andermal menschlichen Urin verteilt. Der Geruch des Urin machte die Hirsche zwar erst einmal neugierig, doch bald darauf begannen sie sich unbeeindruckt über ihr Futter herzumachen. Auf das Blut reagierten sie jedoch alarmiert. Sobald ihnen der Geruch in die Nase stieg, machten sie einen Satz zurück und begannen in sicherer Entfernung mit den Hufen zu stampfen. Trotz vermutlich großen Hungers wagte sich keiner auf dieses Gebiet.[136]

Diese Hirsche werden in Texas zwar von Menschen gejagt, dennoch haben sie sich daran gewöhnt, nach Einbruch der Dunkelheit in der Nähe der Behausungen ihrer Raubtiere von diesen gefüttert zu werden. Der Geruch des Menschen wurde mittlerweile etwas ganz Alltägliches für sie. Aber nicht der von Blut. Frisches Blut, ganz egal von wem es stammt, ist nichts Alltägliches – es ist der Geruch von Gefahr, die ernst zu nehmen ist und für die es vermutlich sogar eine genetisch programmierte Alarmglocke gibt. Die meisten Säugetiere haben keine grundsätzliche, angeborene Furcht vor Fleischfressern. Der Geruch eines Mauswiesels kann eine Kurzschwanzwühlmaus in Alarm versetzen, während sie der Geruch eines Jaguars nicht im Geringsten beeindruckt.[183]

Jeder, der einmal gesehen hat, wie wohl genährte Löwen unangefochten durch die Herden im Ngorongoro-Krater streifen, weiß, dass es eine seltsame Übereinkunft zwischen Raubtieren und ihren angestammten Beutetieren gibt. Die Beziehung ist aufs Feinste austariert. Die gesamte ökologische Stabilität hängt davon ab, dass einerseits Pflanzenfresser nie so viel Geschicklichkeit erwerben, um einem Raubtier grundsätzlich entkommen zu können, und andererseits Fleischfresser nie so erfolgreich sind, um ihre Beute grundsätzlich fangen zu können.

Fleischfresser sind alles in allem stinkende Tiere. Ihre Gerüche müssen den Beutetieren sehr vertraut sein, und oft verraten sie den Jäger ja auch. Andererseits aber leisten die Gerüche von Katzen diesen derart gute soziale und sexuelle Dienste, dass sie es offenbar wert waren, beibehalten zu werden. Gazelle und Gnu haben einfach zu erkennen gelernt, wann der Körpergeruch eines Raubtiers keine Gefahr signalisiert und wann es angebracht ist, Großalarm auszurufen. Denn einige Spezies beginnen erst dann stark zu riechen, wenn sie aufs Höchste gespannt sind.

Ich erinnere mich noch gut, wie ich als Kind in Afrika mitgenommen wurde, um die Wanderung einer Herde von Springböcken zu beobachten. Diese Gazellen mit ihren kurzen, gebogenen Hörnern haben die Steppen am Rande der Kalahari einst in so großen Gruppen durchstreift, dass man sie tagelang an sich vorbeiziehen sehen konnte. Es war, als sei die ganze Wüste in Bewegung geraten, während sich dieser Strom aus warmen Körpern durch die Ebenen ergoss, sich vor irgendeiner Felsformation teilte und dahinter wieder zusammenschloss.

Nur hie und da wurde die nahtlose Form dieses riesigen Organismus durch ein einzelnes Tier gestört, das sich aus dem Gebilde hervorhob, zwei Meter senkrecht in die Luft sprang, mit seinen Hinterbeinen ausschlug und dabei ein schneeweißes Haarbüschel auf dem Steiß aufleuchten ließ wie ein Blinklicht. Diese Darbietung nennt man *pronken*, was in Afrikaans »angeben« heißt. Doch es handelt sich dabei weniger um den Ausdruck von Übermut oder die Prahlerei eines Muskelprotzes. Vielmehr erregt das Tier mit dieser Vorstellung Aufmerksamkeit, sogar auf die Gefahr hin, von Raubtieren gerissen zu werden. Denn das Ganze dient einem viel wichtigeren Zweck: Mit dem Aufstellen dieses langen Haarkranzes auf dem Steiß wird eine Hautfalte gespreizt, die ein wenig an die von Beuteltieren erinnert, nur dass sich am unteren Ende dieses erektilen Büschels eine Reihe von Talgdrüsen befindet, welche einen flüchtigen Geruch produzieren, der jedem Tier in der Gruppe vertraut ist und bei allen gesteigerte Wachsamkeit und Fluchtbereitschaft auslöst.

Ernest Thompson Seton, der Ende des 19. Jahrhunderts in der Steppe von Manitoba jagte, beschrieb einen ähnlichen Vorgang, der bei der Gabelhornantilope im Schreckmoment ausgelöst wird:

»Alle Haare des Steißbüschels schossen mit einem Mal hoch, sodass das Büschel in der Sonne aufblitzte. Jede der weidenden Antilopen sah diesen Blitz, wiederholte diesen Vorgang augenblicklich selber, hob den Kopf und starrte dann unverwandt in die signalisierte Blickrichtung. Zugleich bemerkte ich mit dem Wind einen seltsam moschusartigen Geruch heranwehen, der gewiss von der Antilope stammte – und zweifellos eine zusätzliche Warnung war.«[167]

Seton berichtete, dass er diesen Geruch aus fast dreißig

Meter Entfernung riechen konnte und man daher sicher davon ausgehen dürfe, dass ihn eine Antilope bei richtigem Wind meilenweit riechen könne.

Säugetiere haben natürlich einen starken Eigengeruch. Die meisten seiner olfaktorischen Bestandteile konzentrieren sich im Zentrum der individuellen Geruchsaura, deren Umfang je nach Art und Stimmung unterschiedlich ist. Stress vergrößert diesen Umfang dramatisch und alarmiert somit andere Tiere derselben Art, die sich in der Nähe aufhalten. Und viele Nagetiere verstärken diese Aura in Schreckmomenten mit einem Zusatzprodukt, das deutsche Forscher »Angstgeruch« tauften.[134]

Derartige Gerüche scheinen mehr als nur eine Notfallreaktion zu sein, denn sie halten sich besonders lange in der Luft. Erschrockene Hausmäuse hinterlassen so deutliche Spuren ihrer Angst in der Umwelt, dass ihre Fluchtwege noch bis zu acht Stunden später von anderen Mäusen gemieden werden. Die eigentlichen Sender dieser Botschaft scheinen die Palmardrüsen auf der nackten Fußhaut zu sein. Jedem, der unter Stress schon einmal unter unangenehm feuchten Händen gelitten hat, wird das bekannt vorkommen.

Die Physiologie von Mensch und Maus ist im Prinzip sehr ähnlich. Alarm löst die Produktion von Adrenalin aus, dem Hormon, das auf Aktion vorbereitet – Herzschlagrate, Blutdruck und Blutzuckerspiegel werden erhöht, alle Muskeln und Hirn versorgenden Blutgefäße weiten sich, die Gefäße auf der Hautoberfläche verengen sich, die Pupillen werden erweitert und die Haare stehen zu Berge. Diese ganze Prozedur dient dazu, einen Organismus auf Kampf oder Flucht vorzubereiten, ihn in Alarmbereitschaft zu versetzen und so beeindruckend groß wirken zu lassen, dass ihm scheinbar alles zuzutrauen ist. Die Tatsache, dass er auch zu schwitzen beginnt, rückt dabei fast in den Hintergrund. Doch dieser Fakt ist wichtig.

Was wir hier sehen, ist Evolution in Reinkultur. Nur wenige Verhaltensanpassungen kommen aus dem Nichts, fast immer beruhen sie auf einer existenten Anatomie oder Biochemie. Die Elritze zum Beispiel verfügt über Hautzellen, welche eine Chemikalie produzieren, die Verletzungen schneller abheilen lässt. Dieser Fisch besaß solche Zellen jedoch schon lange bevor er nach einer Verletzung erstmals mit dem Ausstoß dieser Chemikalie andere Elritzen dazu veranlasste, einen angstreaktionstypischen, dicht gedrängten Schwarm zu bilden. Die Sequenz ist deutlich: Zuerst gab es die Chemikalie, dann entwickelten sich spezielle Zellen (Rezeptoren), die in der Lage sind, diese Chemikalie zu erfassen, und schließlich erschuf die Evolution eine angemessene Reaktion, die simple Chemie in ein nützliches Signal verwandelte.[200]

Kaulquappen der Gemeinen Kröte, die normalerweise in geordneten Schwärmen und parallelen Reihen schwimmen, brechen in Verwirrung aus, sobald sie den Extrakt einer zerquetschten Kaulquappe erfassen, welcher die Chemikalie Bufotoxin enthält. Diese Alarmreaktion ist rein olfaktorischer Art. Kaulquappen, deren Riechnerv durchtrennt wurde, zeigen nicht einmal dann eine Reaktion, wenn sich der restliche Schwarm in heller Aufregung befindet und in tieferes Gewässer zu entfernen beginnt.[143]

Auch ausgewachsene Kröten produzieren dieses Gift, doch sie brauchen nicht erst verletzt oder tot zu sein, um es an die Umwelt abzugeben. Sie produzieren und verwahren es in geschwollenen Ohrspeicheldrüsen direkt hinter den Augen. Bei ihnen entwickelte sich dieser ursprüngliche Hautbalsam zu einem wichtigen chemischen Verteidigungssystem, das stark genug ist, um einen angreifenden Hund zu lähmen oder gar zu töten. Das Sekret kann andere Kröten warnen, obwohl es durch die Luft übertragen wird und sogar wenn deren Riechnerv operativ zerstört wurde. Aber das gelingt nur, weil Kröten mittlerweile über ein rivalisierendes Geruchsempfängersystem verfügen – über das Jacobson-Organ, wie wir auch. Und das bedeutet, dass auch wir auf manch überraschende Weise für Informationen empfänglich sein könnten.

Wiesel, Zibetkatzen und Mangusten verfügen über große Analdrüsen, die sie willentlich kontrollieren können und mit deren öligen Sekreten sie ihre Territorien markieren. Auch Neuweltskunks setzen diese Drüsen ein, allerdings bei einer etwas theatralischeren Aktion. Sie reißen ihr Hinterteil herum und halten es einem potentiellen Räuber direkt entgegen, dann heben sie den Schwanz und begeben sich in eine Lage, die man »Feuerposition« nennt.[65] Das ist die erste und einzige Warnung. Was dann folgt, ist einfach entsetzlich.

Ein stinkender Schwall schädlicher Flüssigkeit wird heraus- und außerordentlich zielsicher nach oben gepresst, sodass er noch aus einer Entfernung von sechs Metern direkt im Gesicht und Auge des Angreifers landet. Das Sekret ist derart fötid, dass es die Haut verbrennt, den Geruchssinn für Tage lahm legt und niemals wieder vollständig aus einem Kleidungsstück entfernt werden kann. Einmal »geskunkt«, ist man für den Rest seines Lebens wachsam. Es ist das perfekte Abwehrmittel und macht Skunks zu höchst selbstbewussten kleinen Tieren. Doch es gibt ein Säugetier, das noch einen Schritt weiter gegangen ist und sich nicht nur eine biologische, sondern sogar eine psychologische Kriegführung erdacht hat.

Im ostafrikanischen Hochland lebt ein Nager, der so einzigartig ist, dass niemand so recht weiß, ob man ihn der Maus, der Ratte oder dem Hamster zuordnen soll. Daher bekam dieses borstige Was-immer-es-ist eine eigene Subfamilie. Doch es verdiente mehr als das. Denn es gibt nichts auf der Welt, was ihm auch nur annähernd ähnlich wäre. Und in dieser Einzigartigkeit könnte eine Botschaft versteckt sein, die uns alle betrifft.

Das Lophiomys ist ungefähr sechzig Zentimeter lang und ähnelt einem amerikanischen Opossum, nur sieht es sehr viel zerzauster aus. Sein gesamter Körper ist mit langen, rauen, porösen Haaren bedeckt, über die der Naturforscher Ivan Sanderson schrieb, sie wirkten »wie ein altmodischer Rasierpinsel, der zu lange in heißes Seifenwasser getaucht wurde«.[162]

Genau wie solche Rasierpinsel hat auch das Fell des Lophiomys eine dachsartige Struktur. Es setzt sich aus einer Mischung von schwarzen und silbernen Haaren zusammen, die an Kopf und Rücken länger und gerader wachsen und damit von Haupt bis Schwanzspitze einen Kamm bilden. Der gesamte Haarschopf ist erektil und kann auf Kommando hoch gestellt werden, wodurch sich die Größe dieses jähzornigen kleinen Nagers verdoppelt. Und wer es dann auch nur anzusehen wagt, dem dreht es mit einem gereizten, knurrenden Laut augenblicklich das Hinterteil zu.

Entlang der Flanken bis zum Schwanz des Lophiomys verlaufen zwei Gürtel aus kurzem, grauem Fell, die buchfalzartig von einem blassen, pockennarbigen Hautstreifen getrennt werden, auf dem sich Wachsdrüsen befinden. Sobald es die Borsten aufstellt, sieht es mit seinen hellen und dunklen Streifen wie ein lebendes Warnsignal aus, ganz ähnlich einem Skunk und vermutlich ebenfalls, um bedrohlich zu wirken, nur dass es nicht diesen Ekel erregenden Geruch absondert.

Aber dafür kann es etwas anderes. Unter dem Mikroskop betrachtet sieht man, dass jedes Haar entlang dieses seitlichen Drüsenstreifens ein *Osmetrichium* ist, ein »Geruchshaar«: hohl und gitterartig wie ein Luffaschwamm und von einem Filigran aus Streben zusammengehalten, zwischen denen sich mit Drüsensekreten angefüllte Hohlräume befinden. Sobald das visuelle Signal ausgelöst und der Kamm aufgestellt wird, verbreitet sich eine Geruchswelle aus dem ausgedehnten Oberflächenbereich dieser im ganzen Tierreich kompliziertesten Fellstruktur.

Das Lophiomys führt ein ruhiges Leben. Es lebt zu Paaren in Baumhöhlen oder unter Felsen an den höher gelegenen Hängen der Ruwenzori- und Mendeba-Gebirge in Uganda und Äthiopien. Es gibt nichts in diesem felsigen Lebensraum, keine ungewöhnliche Konzentration an Eulen, Schlangen, Katzen oder anderen Raubtieren, was diese außergewöhnliche Batterie an Verteidigungswaffen erklären könnte. Weshalb also dieser Overkill? Ich weiß es nicht, aber ich kann bezeugen, dass diese Waffen ausgesprochen effektiv sind. Tatsache ist auch, dass dieses Lophiomys in einer Gegend, wo alle anderen Säugetiere dieser Größe an oberster Stelle auf den Speisekarten der Einwohner stehen, von niemandem verspeist wird.

Man sagt, sein Fleisch schmeckt nicht schlecht. Seine seitlichen Drüsen produzieren auch keinen unangenehmen Geruch, obwohl sie so reichlich mit Sekreten ausgestattet sind. Aber jeder, der einmal zum Ziel der schlechten Laune dieses Tiers wurde, wird dasselbe berichten. Dieser stachlige kleine Nager ist im Stande, bei einem Menschen nicht nur Mundtrockenheit, sondern auch ein ganz undefinierbares Unbehagen auszulösen, beides scheinbar völlig ohne Zusammenhang mit seiner Gegenwart. Und diese Effekte scheint es mit Hilfe eines flüchtigen, unsichtbaren Nebels ohne jeden wahrnehmbaren Geruch auszulösen.

Hinzu kommt, dass es uns offenbar einfach überall auftreiben kann. Es weiß, wo wir wohnen, macht sich auf den Weg dorthin und löst dann die reinsten Urängste bei uns aus, ein völlig unsinniges Unwohlsein, indem es über

Geruch auf genau die Hirnregionen einwirkt, die solche Ängste verarbeiten. Dieser kleine Vertreter in Sachen Angstgeruch umgeht ganz einfach unsere Nase und schlägt direkt in den limbischen Regionen des Gehirns zu. Und das ist ziemlich Furcht erregend.

Jeder weiß, wo das Gehirn sitzt, nämlich bei allen Wirbeltieren direkt auf der Spitze des Rückenmarks, wo es dann Input aufnimmt und Output ausgibt. Wir unterscheiden uns von anderen Spezies nur in der Größe unseres Gehirns und dessen Verbindungen.

Das menschliche Gehirn wiegt durchschnittlich eineinhalb Kilogramm und macht seine Erfahrungen mit der Außenwelt durch zwölf Hirnnervenpaare, die durch Knochenöffnungen in den Schädel eindringen. Von einigen ist die Funktion klar:

– Der erste Hirnnerv ist der Riechnerv; er gibt Informationen aus dem Sinneszellenepithel in der Nase weiter.
– Der zweite Hirnnerv ist der Sehnerv; er greift Informationen aus der Augennetzhaut auf.
– Der Dritte ist der Hörnerv; er gibt Signale aus Bereichen des Ohrs weiter.

So weit, so gut, doch dann werden die Dinge kompliziert. Der Tast- und der Geschmackssinn sind unklare Sinne, die sich ihre jeweiligen Informationen auf unterschiedlichste, aber uns meist wohl bekannte Weise verschaffen. Nur die wahre Natur des Geruchssinns, unseres so negierten und ständig unterbewerteten Sinns, ist nach wie vor ein Geheimnis.

Der Riechnerv ist nicht unsere einzige Informationsquelle für Gerüche. Der fünfte Hirnnerv, der Trigeminus, der größte aller zwölf, sammelt Informationen aus dem gesamten Gesichtsbereich, inklusive der Riechfäden auf den Schleimhäuten von Nase und Sinus. Offenbar handelt es sich hier um ein Frühwarnsystem, das uns vor starken und schädlichen Gerüchen schützt, auf die wir typischerweise reagieren, indem wir mit dem Kopf zurückzucken als seien wir gegen etwas gestoßen. Der Trigeminus wird gewöhnlich als Teil unseres Tastsinns betrachtet, obwohl auch er Signale vom Jacobson-Organ weitergibt.

Da nun der erste Hirnnerv olfaktorische Informationen aus der Nase aufgreift, ist der fünfte Hirnnerv frei, um sich hauptsächlich um die geruchlosen Pheromone kümmern zu können. Somit verfügen wir über zwei parallele Riechsysteme. Und damit ist auch klar, dass unsere Spezies dem Geruch wie keinem anderen Sinn neurale Aufmerksamkeit schenkt. Ich bin davon überzeugt, dass beide Systeme nicht nur parallel funktionieren, sondern sich auch überlappen.

Schwer zu sagen, was das letztendlich bedeutet, aber ich würde davon ausgehen, dass Synästhesie dabei eine Rolle spielt, also die Verschmelzung unterschiedlicher Möglichkeiten, Informationen über ein und dieselbe Sache zu erhalten. Wie mir scheint, funktioniert unsere Nase pausenlos auf diese Weise. Sie nimmt Informationen auf jede ihr mögliche Art auf, mischt sie, gleicht sie je nach Notwendigkeit ab und kombiniert dann die volatilen und geruchlosen Nachrichten auf eine Weise, die uns noch immer nur schwer zu beschreibende Kräfte verleiht.

Ich glaube, dass sich genau hinter dieser synästhetischen Harmonie das Geheimnis verbirgt, wie wir über Dinge Bescheid wissen, die wir an sich gar nicht wissen können, und wie wir uns an Dinge mit einer emotionalen Klarheit und Unmittelbarkeit erinnern können, die dem Alltagsgedächtnis an sich gar nicht zur Verfügung stehen. Auf meiner Suche nach Sinn und Zweck, also nach einem evolutionären Nutzen, stellte ich nun fasziniert fest, dass pheromonelle Aktivitäten nicht auf das Tierreich beschränkt sind. Auch Pflanzen haben schon vor langer Zeit begonnen, hormonelle Informationen aus der Luft zu greifen.

In der Naturgeschichte besteht eine lange Beziehung zwischen Pflanzen und Pflanzenfressern: Tiere entwickeln auf allen evolutionären Stufen neue Möglichkeiten zur Ausbeutung von vegetarischer Nahrung, und Pflanzen halten Schritt mit ihnen, indem sie den animalischen Appetit durch die Erfindung immer neuer Abwehrmechanismen in vernünftigen Grenzen halten. Die offensichtlichsten Abschreckungsmaßnahmen sind physischer Art, etwa lautes Bellen bei Tieren oder scharfe Dornen bei Pflanzen. Doch es gibt auch eine beeindruckende Bandbreite chemischer Verteidigungsstrategien, ähnlich jener, zu welcher der Klee greift, um die Zahl der ihn abweidenden Schafe zu begrenzen.

Tannine sind ein üblicher Bestandteil der Abwehrsysteme vieler Pflanzen. Sie verleihen Blättern einen bitteren Geschmack und machen sie damit für die meisten Tiere ungenießbar. Andererseits sind Tannine komplexe Chemikalien und aufwendig in der Herstellung, weshalb es sich keine Pflanze leisten kann, sie pausenlos zu produzieren. Die meisten Pflanzen sind daher zu einer Kompromisslösung gelangt, zu einer Anpassung, die es einerseits Pflanzen ermöglicht, diese Waffen bei Bedarf zu produzieren, andererseits Pflanzenfressern erlaubt, sich so lange von diesen Pflanzen zu ernähren, bis diese die Tannine fertig gestellt und an die vorderste Front transportiert haben.

Beobachtet man ein weidendes Tier, wird man feststellen, dass es nur relativ kurz bei jedem Busch oder Baum verweilt, bevor es zum Nächsten wandert, obwohl am vorherigen noch jede Menge appetitlicher Blätter in erreichbarer Höhe hängen. Tiere fressen einen Baum nicht vollständig kahl, weil der Baum dies nicht duldet.[204]

Der Botaniker Wouter van Hoven stellte fest, dass

Akazien und andere Mimosengewächse in Südafrika auf Abweiden und sogar auf Stockschläge reagieren, indem sie binnen Minuten den Tanninspiegel in ihren Blättern erhöhen. Diese Reaktion erfolgt rapide und währt am längsten während Dürreperioden und in Regionen, in denen sich zu viele Pflanzenfresser aufhalten und die Gefahr für die Pflanzen zu groß geworden ist.

Zu seiner Überraschung fand van Hoven nun aber heraus, dass der Tanninspiegel sogar bei benachbarten Bäumen bis um 300 Prozent anstieg, noch bevor die weidenden Tiere oder seine Stockschläger überhaupt bei ihnen angelangt waren. Es war ihm, als würden die Bäume ein Alarmsignal abgeben und einander vor einem unmittelbar bevorstehenden Angriff warnen. Doch er fand nicht einen einzigen Mechanismus für diese vorsorgliche Reaktion. Und da ihm klar war, dass seine These auch unter den Herausgebern und Lesern von konservativeren botanischen Fachzeitschriften höchsten Alarm auslösen würde, veröffentlichte er seine Beobachtungen in einem populärwissenschaftlichen Magazin, das vom South African National Parks Board herausgegeben wurde, unter dem wundervoll provokativen Titel: »Trees' secret warning system against browsers«.[197]

Niemand nahm so recht Notiz von dieser Geschichte, bis David Rhoades von der University of Washington in Seattle eine Parallelstudie über von Insekten befallene Roterlen und Sitka-Weiden veröffentlichte. Er hatte herausgefunden, dass sich in Blättern, über die sich die Raupen des Kalifornischen Ringelspinners hergemacht hatten, ein rapider Anstieg einer Chemikalie nachweisen ließ, die den Stoffwechsel dieser räuberischen Insekten verlangsamt. Und er hatte entdeckt, dass die Blätter von nicht befallenen Kontrollbäumen in der Nähe dieselbe Reaktion zeigten, nicht aber die von Kontrollbäumen in weiterer Entfernung.

Rhoades konnte zwar keinerlei Nachweise für Wurzelkontakte zwischen befallenen und nicht befallenen Bäumen finden, beendete aber seinen Bericht mit einer Schlussfolgerung, wie sie selten in einem wissenschaftlichen Papier zu finden ist: »Dies legt nahe, dass die Resultate von luftgetragenen pheromonellen Substanzen herrühren!«[155]

Die Hypothese, dass Pflanzen mit Hilfe von Hormonen in der Luft miteinander kommunizieren könnten, war revolutionär. Wenn sich Bäume tatsächlich gegenseitig vor Gefahren warnen und auf solche Warnungen angemessen und sinnvoll reagieren können, dann gibt es kaum noch etwas, das sie biologisch von Tieren unterscheidet, die soziale Alarmsignale versenden, empfangen und entsprechend darauf reagieren können. Und Rhoades war nicht der einzige Häretiker.

Es dauerte nicht lange bis Ian Baldwin und Jack Schultz vom Dartmouth College in New Hampshire sich ihm anschlossen. Bei Versuchen mit der Gemeinen Pappel und dem Echten Silber-Ahorn rissen sie zum Beispiel Blätter von Stecklingen ab und stellten dann fest, dass dieser mechanisch zugefügte Schaden zu einem Anstieg von aromatischen Phenolverbindungen führte, die bekanntermaßen das Wachstum von Schmetterlingslarven hemmen. Der Phenolspiegel in den unberührten Kontrollbäumen war aber ebenso hoch wie in den beschädigten Stecklingen. Später entnahmen sie Luftproben aus dem direkten Umfeld der verletzten Pflanzen und fanden eine starke Konzentration von Ethylen, einem Gas mit einem süßlichen Geruch.[9]

Heute wissen wir, dass Ethylen häufig von Pflanzen unter Stress abgegeben wird. Forscher vom Bonner Institut für Angewandte Physik fanden heraus, dass mit einem Infrarotlaser sogar ein hörbarer Ton fabriziert werden kann, wenn dieser auf Gase in der Luft über Tabakpflanzen trifft, welchen Wasser entzogen wurde, oder über Geranienstecklingen, die Kälte ausgesetzt waren. Es ist also möglich geworden, so etwas wie einen Hilfeschrei der Pflanzen zu hören.[26]

An der Rutgers University von New Jersey stellte man fest, dass Tabakpflanzen, die mit der Mosaikkrankheit infiziert wurden, eine Flüssigkeit produzieren, die unter dem Namen »Öl der Gaultherie« oder Methylsalicylat bekannt ist. Da es stark volatil ist, erreicht es gesunde Pflanzen auf dem Luftwege. Dort angekommen verwandelt es sich dann in Salicylsäure, die einen gewissen Schutz gegen diese Krankheit bietet. Die Autoren dieser 1997 in *Nature* veröffentlichten Studie haben dies zwar nicht *expressis verbis* gesagt, trotzdem kommt mir das so vor, als verabreiche hier eine Pflanze der anderen eine Pille, um ihr in der Not beizustehen. Salicylsäure ist immerhin der Hauptbestandteil von Aspirin.[170]

Es ist also offensichtlich, dass durch die Luft getragene Signale Veränderungen bei benachbarten Pflanzen hervorrufen und dass Bäume miteinander auf sehr sinnvolle Weise über Entfernungen hinweg kommunizieren können. Kürzlich hat Richard Hooley vom Institute for Arable Crops Research in Großbritannien bekannt gegeben, er und seine Kollegen wollten ihre Entdeckung patentieren lassen, dass Gänsekressepflanzen mit speziellen Rezeptoren auf Hormone in der Umwelt reagieren. Das Interesse dieser Gruppe liegt natürlich in der genetischen Manipulation von Saatgut, doch die wirklich umwerfende Bedeutung ihrer Entdeckung ist eine ganz andere, nämlich dass der Pflanzenrezeptor fast vollständig identisch ist mit den Rezeptoren von tierischen Zellen, welche chemische Botschaften über Geschmack und Geruch empfangen.[77] Allem Anschein nach beherrschten Hormone die Dinge bereits, lange bevor Pflanzen und Tiere unterschiedliche Wege einschlugen.

Es gibt keinen einzigen Grund mehr zu behaupten, dass eine direkte Kommunikation zwischen Pflanzen und Tieren mittels Pheromonen unmöglich sei. Und wenn ein Baum den anderen vor Gefahr warnen kann, weshalb sollte es dann nicht auch uns möglich sein, das Entsetzen einer gigantischen Sequoie beim Schlag der Axt zu vernehmen? Und plötzlich scheint es auch gar nicht mehr so absurd, dass Trüffel und Schweine ein gemeinsames Pheromon besitzen. Alle Lebewesen verfügen über eine bestimmte Chemie und könnten daher sehr wohl auch bestimmte gemeinsame chemische Sensibilitäten besitzen. Vergessen Sie die Sache mit dem Hund, der am Baum schnüffelt – da draußen gibt es Bäume, die an Hunden schnüffeln!

Angesichts ihrer relativ einfachen Struktur und der Tatsache, dass Pflanzen nicht weglaufen können, ist ihre Reaktion auf Bedrohungen höchst angemessen und sehr beeindruckend. Interessant ist auch, dass die von ihnen zu Alarmzwecken gewählte Chemikalie ausgerechnet Ethylen ist, welches uns als Anästhetikum bekannt ist. Viele Pflanzen reagieren wie wir auf eine Bedrohung – sie fahren einfach das System runter. Sie schließen die Stomata, stellen augenblicklich die Luftaufnahme ein und beginnen mit der Produktion von Tanninen. Die empfindliche Mimose, die in Reaktion auf Katzen, zu starke Sonnenbestrahlung, leichteste Berührung oder sogar Temperaturschwankungen sofort zusammenzuckt, reagiert in diesem Fall überhaupt nicht mehr. Erst wenn sich das Anästhetikum verflüchtigt, beginnt sie sich wieder zu erholen und zu ihrem normalen Leben zurückzukehren.

Auch das ist angepasstes Verhalten. Bei Gefahr tut man, was man kann, und dann entspannt man sich wieder. Einige Pflanzen produzieren nach einer Verletzung sogar Barbiturate, die sämtliche normalen Prozesse verlangsamen. Reisstecklinge unter Stress geben ein Sekret ähnlich dem Phenobarbital ab, das beim Menschen sogar die üblichen Schlafbewegungen verhindert und den lebenswichtigen Energiehaushalt konserviert, bis das entsprechende Problem vorüber ist. Der einzige Nachteil ist, dass Pflanzen dieselben Schwierigkeiten mit solchen Beruhigungsmitteln haben wie wir – sie können ebenso abhängig von ihnen werden wie jeder Mensch, der unter Schlaflosigkeit leidet.[203]

Natürlich haben Pflanzen kein eigentliches Nervensystem oder Gehirn. Doch ihre Fähigkeit zu sinnvoller Kommunikation und die Tatsache, dass zumindest einige von ihnen in der Lage zu sein scheinen, Informationen auf simple Weise zu speichern und zu erinnern, legt nahe, dass ihre Mechanismen, die dazu dienen, Nachrichten zu übermitteln und Informationen zu empfangen, viel grundlegender sind, als wir das heute noch zugestehen wollen.

Angesichts eines gemeinsamen chemischen Sinnes muss es einfach auch irgendeinen gemeinsamen Nenner geben. Menschen und Hunde, Bienen und Schmetterlinge, alle fühlen sich von Ammoniakschwaden abgestoßen und von Alkoholgeruch angezogen. Allen ist der bittere Geschmack von Chinin zuwider und alle lieben die Süße von Zucker.

Wir Menschen verfügen alle über einen eigenen Körpergeruch und trotzdem würde niemand ernsthaft behaupten, dass jeder der heute lebenden sechs Milliarden Menschen aus einer anderen Körperchemie und unterschiedlichen Geruchssubstanzen besteht. Das Geheimnis liegt in der Mischung. Und es gibt in der Tat erstaunlich viele Permutationen von nur wenigen Grundzutaten. Sogar die komplexesten genetischen Programme werden aus nur vier molekularen Buchstaben geschrieben, die ihrerseits aus nur sechzehn chemischen Elementen bestehen. Die Natur geht ausgesprochen geizig mit ihren Rohstoffen um. Doch sie ist auf endlos großzügige Weise erfinderisch.

Die meisten Organismen finden ihre Nahrung, umgehen Feinde und lokalisieren Freunde auf sehr ähnliche Weise – über die Chemie. Sogar bei Pflanzen kontrolliert ein einfacher chemischer Sinn Bewegung und Wachstum. Wurzeln strecken sich nach wachstumsfördernden Substanzen und scheiden Chemikalien aus, die bedrohlich durch die umgebende Erde sickern und das Wachstum von Rivalen derart gut verhindern, dass beispielsweise viele Wüstenblumen so gleichmäßig verteilt wachsen als seien sie von Hand gepflanzt worden.

Und doch besteht ein faszinierendes Band zwischen allen Lebewesen, die es dann etwa einer Topfpflanze ermöglicht – wie man bei einem klassischen Experiment herausfand –, sich des Todes von Meereskrabben bewusst zu werden, welche ganz in der Nähe in unregelmäßigen Abständen in kochendes Wasser getaucht werden.[203]

Welchen Grund könnte das haben? Selbst wenn sterbende Krabben tatsächlich ein Notsignal aussenden – weshalb sollte das von irgendeinem Interesse für den Gummibaum sein?

Vögel, Bienen, Bäume, alle haben eigene Alarmsignale entwickelt. Aber es gibt auch zwischenartliche Signale. Seeschwalben, Regenpfeifer und Nordamerikanische Schlammtreter, die dasselbe Futtergebiet benutzen wie eine Möwengruppe, beginnen unisono beim Ton des Alarmrufes der Möwen zu fliehen. Solche Signale sind von hohem Überlebenswert und funktionieren über die Grenzen unterschiedlicher Arten hinweg, obwohl nicht alle Spezies auf dieselben Frequenzen eingestellt oder gar mit denselben Sinnesorganen ausgerüstet sind. Folglich könnte es durchaus möglich sein, dass es einen starken evolutionären Druck für die Entwicklung eines gemeinsamen Signals gab, für eine Art SOS, das alle Spezies verstehen können und das vor einer allen drohenden Gefahr warnen kann, beispielsweise vor dem Anrollen einer Flutwelle oder einem bevorstehenden Erdbeben.

Ein Signal, das alle Lebewesen verstehen, müsste sehr einfach strukturiert sein. Mit an Sicherheit grenzender Wahrscheinlichkeit muss es sich um etwas Chemisches handeln, um einen molekularen Botenstoff wie den flüchtigen Kohlenwasserstoff, der, wenn er wie ein Feueralarm durch ein Gebiet rauscht, Milben aller Arten zur Flucht bewegt. Oder wie eine stabile Nitrogenverbindung, die alle Zecken in Bewegung setzt.[179] Wenn wir uns hier nochmals der Frage des Eigengeruchs zuwenden, dann hat es in der Tat den Anschein, als sei er das Resultat von einzigartigen genetischen Einflüssen auf solch simple Substrate.

Der brillante Essayist Lewis Thomas stellte 1974 die Hypothese auf, dass das Geheimnis von Eigengerüchen in der Immunologie liegen könnte.[192] Alle Wirbeltiere verfügen über eine Reihe von Genen, die die Produktion von Proteinen auf der Oberfläche jeder Zelle lenken. Solche Proteine ermöglichen es unseren Immunsystemen zu bestimmen, ob eine Zelle unsere eigene oder eine fremde ist. Diese genetische Anordnung nennt man einen aus Histokompatibilitätsgenen bestehenden »Histokompatibilitätskomplex«. Und dieser entscheidet nun, ob beispielsweise Mäusepopulationen miteinander auskommen können, deren Unterschiedlichkeit auf einem einzigen Gen beruht. Offenbar können sie das nicht. Eine winzige Verschiebung bei nur drei von über vierhundert Aminosäuren reicht aus, um einen Keil zwischen sie zu treiben.

Doch es gibt Wege, dieses Dilemma zu umgehen. Es gibt die Symbiose: Krabben und ihre Kommensalen, die Anemonen; Anemonen und ihre Sergeantfische; Ameisen und Blattläuse – sie alle erkennen sich gegenseitig als Partner einer Sonderbeziehung an, indem sie die dazu notwendigen molekularen Abzeichen tragen und geheime chemische Handschläge austauschen. Sie behandeln den jeweils anderen nicht als Nicht-Ich, was vermutlich nur möglich ist, weil sogar höchst unterschiedliche Spezies über gemeinsame Vorfahren verfügen.

Chemikalien derselben Art und identische chemische Verbindungen tauchen allerorten auf. Die Formel für das Alarmsignal von sozialen Insekten wie Ameisen und Wespen ist identisch mit der Formel, die ihre gemeinsamen Vorfahren einst zur Verteidigung gegen Raubtiere einsetzten. Und noch heute sind wir auf dieses Signal so programmiert, dass wir uns angeekelt abwenden, weil es stark nach fremdem Urin riecht – ein Fakt, auf den auch die wunderbar eindrückliche Bezeichnung der Alten Welt für einen offenen Ameisenhügel zurückzuführen ist: *Pismire*.

Es gibt ein generelles und universelles chemisches Kommunikationssystem, an dem sich alle Lebewesen beteiligen. Jede Lebensform, tierisch oder pflanzlich, gibt durch das »Geruch-Web« Kunde von ihrer Existenz und übermittelt dabei Informationen über Position und Nachbarschaft, setzt klare Grenzen gegen alles, was ihr zu nahe kommen könnte, oder lädt zur Teilnahme an irgendeiner Art von Beziehung ein. Das Ergebnis ist ein koordinierter ökologischer Mechanismus zur Regulierung solcher Fragen wie: Wer geht wohin, und für wie viele reicht dieser Lebensraum aus. Die ganze Angelegenheit scheint nur dazu ersonnen worden zu sein, die Bedingungen auf unserem Planeten innerhalb des engen Rahmens, in dem Leben stattfinden kann, erträglich zu halten. Doch das kann auch zu einiger Verwirrung führen.

Bereits 1966 fragte sich Harry Wiener am New York Medical College, ob die misslungene Anpassung an ein solches System der Grund für einige weit verbreitete, aber noch immer kaum verstandene Krankheiten sein könnte.

So stellte er zum Beispiel die Hypothese auf, dass es eine gemeinsame, durch externe chemische Botschafter übermittelte Sprache gibt, in welcher lautlose Gespräche zwischen Mitgliedern unserer Spezies stattfinden. Das Alphabet dieser Sprache, so Wiener weiter, könnte sich aus individuellen Chemikalien zusammensetzen. Wörter wären demnach eine Mischung dieser Chemikalien, die Syntax würde durch die Intensität und Häufigkeit vorgegeben sein, mit der die Signale abgegeben werden, und die von dieser Sprache ausgehenden Reize müssten im Wesentlichen durch unser zentrales Nervensystem laufen, ohne unser Bewusstsein zu alarmieren.[209]

Als Wiener diese Hypothese erstmals aufstellte, ging es ihm nur darum, die Aufmerksamkeit auf die Existenz eines Systems zu lenken, das auf uns unbewusste Weise kommuniziert, indem es Reize wie zum Beispiel Gerüche aussendet und empfängt. Mensch und Maus verfügen ganz gewiss über ein solches Arrangement. Doch später führte Wiener seine Hypothese noch einen Schritt weiter. Normalerweise, sagte er, seien wir uns dieser chemischen Signale nicht bewusst. Aber angenommen, jemand würde mit genügend Sensibilität geboren werden, um sich nicht nur dieser Signale, sondern zugleich dieses gesamten Systems gewahr zu sein – was dann?[210]

Seine Antwort war simpel. So jemand, erklärte er, wäre schlicht in großen Schwierigkeiten. Er würde in einer non-verbalen Sprache kommunizieren, die kein anderer zu verstehen scheint. Er wäre in der Lage, Bedeutungen, Stimmungen und Absichten zu erkennen, die allen anderen um ihn verschlossen blieben. Wenn er Glück hätte und gut umsorgt würde, wäre er vielleicht im Stande, Ruhe zu bewahren und eine Menge als Parfumeur zu verdienen oder ein guter Priester zu werden. Doch sobald er versuchen würde, anderen die Welt seiner Einsichten zu erklären oder sie von deren Existenz zu überzeugen, würde er sich unentwegt der Lächerlichkeit preisgeben. Er wäre nicht in der Lage, seine Einzigartigkeit zu begründen und müsste daher ständig an sich zweifeln und sich verfolgt fühlen. Er würde Angstattacken und Wahnvorstellungen entwickeln, große Schwierigkeiten mit sich selbst und im Zusammenleben mit anderen bekommen, sich schließlich zurückziehen und allmählich verfallen.[211] Dieser Zustand hat natürlich einen Namen. Wir nennen ihn Schizophrenie.[83]

Einige Therapeuten sprechen sogar von einem »Praecox-Gefühl«, einer Art intuitiven Schnelldiagnose, die sich dem Therapeuten bei der ersten Begegnung mit einem schizophrenen Patienten aufdrängt. Da offenbar jeder, der über die Fähigkeit verfügt, Ärger, Hass, Angst oder Begehren zu wittern, selber stärkere Gerüche produziert, wird es kaum überraschen, dass auch Schizophrene über einen charakteristischen Körpergeruch verfügen. »Manchmal kann ich beim Eintreten eines schizophrenen Patienten allein durch den Geruch sagen«, erzählte ein Kollege Wiener, »ob er an diesem Tag eine Krise hat.«[209]

Dieser typische Geruch von Schizophrenen ist keine Einbildung. Hunde und sogar Laborratten konnten lernen, ihn zu erkennen.[176] Aber es hat sich als schwierig erwiesen, irgendeine metabolische Quelle für dessen Eigenart zu finden. Für mich klingt das ganz nach einem Pheromon, das mit einem Zusatz versehen wurde, der es seinem Erzeuger erleichtert, die Aufmerksamkeit von anderen mit denselben Voraussetzungen zu erregen. Denn für jeden, der so offensichtlich anders ist, muss es beruhigend und von großem Überlebenswert sein, Menschen zu finden, die über dieselbe eigenartige Hypersensibilität verfügen.

Halluzinationen sind angeblich charakteristisch für Schizophrenie. Viele Patienten beschweren sich in der Tat über unangenehme Gerüche, die niemand sonst riechen kann. Doch wenn Wiener Recht hat, wären diese Empfindungen absolut keine reinen Einbildungen, sondern vielmehr exakte Beschreibungen der Realität. Es gibt Aufzeichnungen über einen Patienten, der die Ankunft einer geliebten Cousine bereits riechen konnte, wenn diese noch mehrere Häuserblocks entfernt außer Sichtweite war.[14]

Womit wir es hier zu tun haben, ist ein Sinn, über den jedes Lebewesen verfügt: ein Sinn, der Fremdartigkeit wittert.

Friedrich Nietzsche schrieb: »Was am tiefsten zwei Menschen trennt, das ist ein verschiedener Sinn und Grad der Reinlichkeit. Was hilft alle Bravheit und gegenseitige Nützlichkeit, was hilft aller guter Wille füreinander: zuletzt bleibt es dabei – sie können sich nicht riechen!«[135]

Nach der Kapitulation Frankreichs 1870 in Sedan marschierte die Preußische Armee in Metz ein. Die Bewohner der Stadt hielten sich während des triumphalen Vorbeimarschs der Truppen demonstrativ die Nase zu. Später beschwerten sie sich, weil die fünfhundert Mann Kavallerie nach nur drei Wochen in Meurthe-et-Moselle dreißig Tonnen Exkremente hinterlassen hätten. Ihre Fresslust, so die Franzosen, habe die Haut der Deutschen in eine dritte Niere verwandelt.[113]

Im Ersten Weltkrieg behaupteten deutsche Soldaten, sie könnten in ihren Schützengräben allein durch den herüberwehenden Geruch erkennen, ob die Feinde auf der anderen Seite des Niemandslandes Franzosen oder Engländer waren. Die Engländer behaupteten umgekehrt dasselbe und nannten ihre Feinde »Krauts«, weil sie sich angeblich nur von Sauerkraut ernährten und einen entsprechenden Gestank verbreiteten.[113]

Jack Holly, ein US-Marine, der Patrouillen hinter den feindlichen Linien in Vietnam anführte, erzählte:

»Ich habe mein Überleben nur meiner Nase zu verdanken. Ein getarntes Erdloch konntest du nicht sehen, selbst wenn es direkt vor deiner Nase lag. Aber Geruch kannst du nicht tarnen. Ich konnte die Nordvietnamesen riechen, bevor ich sie sah oder hörte. Sie rochen ganz anders als wir, nicht wie Filipinos und auch nicht südvietnamesisch. Ich würde es sofort erkennen, wenn ich es noch einmal riechen würde.«[62]

Es ist eine unverbrüchliche biologische Tatsache, dass Menschen verschiedener Herkunft unterschiedliche Gerüche haben, beziehungsweise einander als unterschiedlich riechend wahrnehmen. Die Hälfte der vietnamesischen und koreanischen Bevölkerungen besitzt keine apokrinen Drüsen unter den Armen. 10 Prozent aller Japaner haben diese Drüsen zwar, doch so wenige davon, dass diese nicht einmal untereinander in Kontakt kommen. Und nur 2 Prozent aller Chinesen produzieren überhaupt irgendeinen Geruch unter dem Arm. Folglich finden fast alle Asiaten, dass Europäer und Afrikaner, die ja nun reichlich mit solchen Drüsen ausgestattet sind, einen starken und unangenehmen Eigengeruch haben.

Angehörige von Industrienationen tendieren andererseits oft dazu, die Nase über Entwicklungsländer zu rümpfen, weil es dort ihrer Meinung nach sehr an Hygiene mangelte. Der Geruch von Aborigines wurde als »sauer« bezeichnet, der von kongolesischen Pygmäen als »muffig«, Hottentotten rochen angeblich nach »Asafötida« und Kariben nach »Hundehütte«.[29] Manchmal ist so etwas wohl nötig, um eine Grenze zu ziehen zwischen denen, die wir als uns ebenbürtig empfinden, und solchen, von denen wir uns absetzen wollen. Einer rassischen oder ethnischen Identifikation geht oft die selbstgerechte Bewertung voraus, dass der andere »stinke«. Sogar nach einem Streit auf dem Spielplatz ist das letzte Wort häufig: »Du stinkst mir sowieso!«[33]

Vor allem von Minoritäten heißt es sehr schnell, sie

würden übel riechen. Im Süden der Vereinigten Staaten konnten weiße Rassisten den sozialen Abstand zu Schwarzen wahren, indem sie einfach behaupteten, dass Schwarze »böse riechen.« Überall sind Klassenvorurteile von der Behauptung begleitet, dass niedere Schichten »unangenehm riechen.« und man sich daher tunlichst von ihnen fern halten sollte. In den Dreißigerjahren schrieb Orwell, dass das Geheimnis von Klassenunterschieden im Abendland mit vier schrecklichen Wörtern zusammengefasst werden könne: *the lower classes smell,* die Unterschichten stinken.[137] Und auch Somerset Maugham betonte, dass man sich im Abendland von eigenen Landsleuten durch Geruch abzuheben pflege. Der Arbeiter sei zwar unser Herr und Meister und neige dazu, uns mit eiserner Faust zu regieren, doch es könne nicht abgestritten werden, dass er stinke.[122] Solche Stereotypen lassen sich sogar in Demokratien nur schwer überwinden. Der Landbevölkerung wird beispielsweise noch immer schnell das Etikett angehängt, schmutzig zu sein oder nach Misthaufen zu stinken. Und solche Geruchsmakel werden dann höchst effektiv dazu genutzt, um die Überlegenheit von »guten, sauberen, anständigen Menschen«, so wie wir selbst, zu rechtfertigen.[111]

Ein Teil solcher Aversionen hat mit Vertrautheit zu tun. An der Universität von Tsukuba in Japan sollten deutsche und japanische Probanden aus vergleichbaren Altersgruppen und mit ähnlichen sozialen Hintergründen eine Reihe von Düften nach ihrem jeweiligen Wohlgeruch bewerten. Die drei Gerüche, die die Deutschen am unangenehmsten fanden, stammten alle aus der japanischen Kultur: gegorene Sojabohnen, getrocknete Blaufischflocken und Zypressenöl. Die drei Gerüche, die für die Japaner am unangenehmsten waren, stammten alle aus Deutschland: Schimmelkäse, Bockwürste und der in Kirchen verwendete Weihrauch. Diese Art von Xenophobie manifestiert sich mindestens ebenso stark, wenn es um persönliche Erfahrungen geht.[7]

Offensichtlich nutzen wir Geruch als grundlegendes Einordnungsmuster, wenn wir auf Fremde treffen und diese abschätzen. Wer nicht mit der olfaktorischen Norm konform geht, ist entweder ein Außenseiter oder nicht vertrauenswürdig. Unsere Nase lässt sich auch von noch so vielen überlagernden Gerüchen nicht übertölpeln, denn unsere Normen wurden auf einer ganz unterschwelligen, unbewussten Ebene aufgestellt, häufig über das Jacobson-Organ. Jean-Paul Sartre schrieb in seiner Abhandlung über den sinnenfreudigen französischen Dichter Charles Baudelaire: Wenn wir einen anderen Körper riechen, dann sei es dieser Körper selbst, den wir durch Mund und Nase einatmeten und von dem wir augenblicklich Besitz ergriffen, indem wir die Witterung seiner geheimsten Substanzen, seiner eigentlichen Natur aufnehmen.[163]

So ist es. Und zwar nicht nur, wenn wir in romantischer Leidenschaft verfallen sind. Immer und überall ergänzen wir, was wir voneinander wissen, durch verdeckte Geruchsproben der gut gewahrten Geheimnisse des anderen. Daher kommt es, dass wir einerseits bereit sind, kalkulierte Risiken gegenüber Außenseitern einzugehen, von denen wir kaum etwas wissen, andererseits aber augenblicklich und ohne ersichtlichen Grund eine Abneigung gegen eine Person empfinden können, der wir gerade eben erst durch einen alten Freund vorgestellt wurden. Die Nase ist die Vorhut des Körpers. Sie versucht ständig die Wahrheit zu erschnüffeln und darum wären wir ohne sie auch in gewaltigen Schwierigkeiten.

Die Bandbreite an olfaktorischen Sensibilitäten innerhalb unserer Spezies ist riesengroß. Jeder Geruchstest kann bis zu eintausendfach unterschiedliche Resultate ergeben. Erst was darüber hinausgeht, empfinden wir als anomal und eines besonderen Hinweises wert. Wer unter zystischer Fibrose – Mukoviszidose – leidet, pflegt zum Beispiel sehr stark zu schwitzen, ist aber andererseits selber so sensibel für Gerüche, dass er sie bereits an einer zehntausendmal niedrigeren Schwelle als üblich wahrnimmt. Die meisten Abweichungen sind jedoch im umgekehrten Fall zu verzeichnen, das heißt, in Richtung einer höheren Sensibilitätsschwelle.

Den Verlust des Geruchssinns nennt man *Anosmie*. Sie kann in drei unterschiedlichen Formen auftreten. Bei spezifischer Anosmie entwickelt sich eine Geruchsblindheit gegenüber spezifischen Substanzen. Eine partielle Anosmie entsteht bei Verletzung des Riechnervs oder bei einem Sensibilitätsverlust der Nasenmembran. Und eine vollständige Anosmie beinhaltet auch den Verlust des Jacobson-Organs. Doch es gibt nur wenige wirkliche Experten für diese schwer zu behandelnde Krankheit, und nicht einmal unter ihnen herrscht ein klarer Konsens, was der Verlust der Riechfähigkeit bei unserer Spezies zur Folge haben könnte.

Wer nicht sehen kann, ist blind. Wer nicht hören kann, ist taub. Wer nicht sprechen kann, ist stumm. Aber wer nicht riechen kann, wird im Stich gelassen – er leidet unter einem Mangel ohne Namen. Wer weder Gut noch Böse wittern kann, lebt in einem Zustand, der offenbar nicht einmal der sprichwörtlichen Laborratte wert ist.

Das Ergebnis eines Verlustes des nasalen Geruchssinns ist oft schwere Depression. Geschmack und Geruch sind untrennbar verbunden: geht das eine, geht auch das andere. Menschen, die urplötzlich einen solchen Verlust zu beklagen hatten, erzählten, dass sie sich fühlten, als hätten sie vergessen, wie man atmet. Wir setzen Geruch als gegeben voraus und nehmen gar nicht wahr, dass alles um uns herum riecht – bis auf einmal gar nichts mehr riecht. Damit verliert das Leben wesentlich an Vielfalt und plötzlich hat man das Gefühl, nicht mehr wirklich lebendig zu sein. Unter Anosmikern gibt es eine hohe Selbstmordrate. Und wer sich zum Durchhalten entschieden hat, muss feststellen, wie gefährlich seine Umwelt ist, denn mit dem Geruchssinn geht ja beispielsweise auch die Fähigkeit verloren, Rauch und entweichendes Gas zu riechen, oder verdorbene und giftige Speisen zu erkennen. Niemand weiß allerdings, welche Folgen der Verlust des Jacobson-Organs hat. Wenn der Mensch jenen Säugetieren, die zur olfaktorischen Forschung herangezogen werden, aber auch nur annähernd ähnlich ist, dann sind diese Folgen vernichtend.

Ohne das Jacobson-Organ kann die normale Fortpflanzungsphysiologie behindert und die Pubertät verzögert werden.

Ohne direkten Zugang zu den üblichen pheromonellen Informationen des eigenen und anderen Geschlechts kann der Körper Schwierigkeiten haben, angemessen zu reagieren.

Ohne die vom Jacobson-Organ weitergeleiteten Signale kann die limbische Hirnregion nicht die notwendige Verarbeitung leisten und die einer Situation angemessenen Kampf-, Flucht- oder Vermeidungsmechanismen auslösen.

Ohne die notwendige endokrine Kontrolle kann es zu gewaltigen und womöglich völlig unangemessenen Stimmungsschwankungen kommen. Ohne unterschwellige Botschaften ist es ganz gewiss schwieriger, die wahren Absichten anderer einzuschätzen. Und bei nur beschränktem Zugang zum nonverbalen Kommunikationssystem des Umfelds sind die Chancen hoch, dass man paranoid und von Wahnvorstellungen geplagt wird. Dass man all das sehr ernst nehmen sollte, hat einen guten Grund – denn es gibt immer mehr Menschen, die bereits ihres Jacobson-Organs beraubt wurden.

Die Zahl der jährlich vorgenommenen Nasenoperationen ist schwer zu schätzen, aber konservative Statistiken sprechen von mindestens einhunderttausend.[60] Einige sind harmlos, aber viele sind es nicht. Jedes Mal, wenn ein Chirurg im Namen der Mode oder Eitelkeit an einer Nasenscheidenwand herumschneidet, besteht die Gefahr, dass beide Seiten des Jacobson-Organs zerstört oder sogar vollständig entfernt werden, ohne dass auch nur ein Gedanke an die Folgen verschwendet wird, weil die meisten medizinischen Lehrbücher dieses Organ schlicht ignorieren oder als rudimentäre Struktur bezeichnen, die ohne Sinn und Zweck und deshalb verzichtbar sei.

Das ist nicht nur Unsinn, sondern auch unethisch. Es gibt Techniken, die es sogar bei Rhinoplastiken oder operativen Eingriffen zur Behebung von Septalabweichungen ermöglichen, die Schleimhaut vollständig zu erhalten. Und diese Maßnahme sollte zumindest so lange obligatorisch sein, bis wir mehr über die Funktionsweisen des Jacobson-Organs beim Menschen wissen. Seien Sie also gewarnt! Sollten Sie eine kosmetische Nasenkorrektur ins Auge fassen, dann machen Sie sich bewusst, dass Sie genau der Dinge des Lebens beraubt werden könnten, die Sie mit einer neuen, niedlichen Stupsnase leichter zu bekommen hoffen.

Aromaticos

Als Ergänzung zu den »duftenden« Quellen schuf Linné die Kategorie »aromatisch«, abgeleitet vom griechischen aroma, *in der er all die zarten, belebenden Düfte von Gewürzen unterbrachte, deren Essenzen sich erst durch Abräuchern und Abbrennen –* per fumar *– in ihrer vollen Pracht entfalten und ihr Parfum verströmen.*

Durch das Verbrennen entwickeln sich Düfte, die selbst den Göttern schmeicheln und ihr Wohlgefallen wecken sollen. Harze und ätherische Öle verwandeln sich in Brisen des Wohlgeruchs, die sogar einen Apoll entzücken.

Würzen bedeutet, etwas schmackhaft zu machen oder zu parfümieren, doch Gewürze in Form von Sträuchern sind auch eine Spezies, etwa die Zitrus-, Anis-, Zimt- oder Kleearten, die, mit den Worten von Alfred Tennyson, nur darauf warten, »die summende Luft mit ihren sommerlich würzigen Düften zu erfüllen«.

Aromatische Substanzen umhüllen, schmücken und krönen unsere Leistungen, vom siegreichen Athleten bis hin zum bekränzten Poeten. 1825 entdeckte Michael Faraday das Benzen im Gas brennender Tranlampen. Vierzig Jahre später träumte der deutsche Chemiker August Kekulé eines Nachts von einer sich windenden Schlange, die sich in den eigenen Schwanz beißt. Diese Vision inspirierte ihn dann zu einer Forschung, durch die er schließlich nicht nur die ringförmige Struktur des Benzen und anderer aromatischen Kohlenwasserstoffe entdeckte, sondern die gesamte Organchemie auf eine theoretische Grundlage stellte.

6 · *Wohlgerüche*

Gestank war einst gleich bedeutend mit Krankheit. Man mag sich kaum vorstellen, wie es in der Enge der Städte im 18. Jahrhunderts gerochen haben mag. Der französische Historiker Alain Corbin hat das Substrat dieser Zeit in einer olfaktorischen Archäologie mit dem Titel *Pesthauch und Blütenduft* wunderbar eingefangen, ein Furcht erregendes Gebräu aus Miasmen, Ausdünstungen und üblen Gerüchen.[33] Sie stiegen aus den Sickergruben in den Kellern aller Gebäude auf und durchdrangen jedes einzelne Kleidungsstück und jeden Aspekt des Alltags; sie überfluteten bei Wasserhochstand oder Hitze die Straßen und brachten das Leben völlig zum Stillstand, sobald eine Jauchegrube wenigstens vom Gröbsten gereinigt wurde. Wen wundert, dass solche Gerüche nicht nur die Nase, sondern auch die Gedanken beherrschten.

In Frankreich und England war damals viel von Verwesung und den »Gerüchen der Verderbnis« die Rede, die unserer Spezies ganz neue Ängste verursachten. Allenthalben war man besessen von »krank machenden Dünsten«, »Deflagration« und »stinkenden Effluvien«.[33] Und mindestens ebenso erfüllt war die Luft von grauenvollen Geschichten über verunglückte Jauchegrubenreiniger oder über die Schicksale vermisster Reisender, die angeblich von den Kloaken unter den Städten verschlungen worden waren.

Solche Ängste hatten primär zwei Folgen. Zum einen wurden wissenschaftliche Aktivitäten derart vorangetrieben, dass Joseph Priestley und Antoine Lavoisier bald schon den Sauerstoff identifizierten, Robert Boyle der Luft ihren offiziellen Druck verpasste und Louis Pasteur diese etwas später mit nicht nur identifizierbaren, sondern auch kontrollierbaren Mikroorganismen bevölkerte.

Zum anderen hatte das Ganze auch einen sozialen Effekt. Denn nachdem man erkannt hatte, dass Luft ein Transportmittel für Staub- und Rauchpartikel und die Essenzen von Lebensmitteln und Fäkalien ist, lag die Frage nahe, ob sie nicht auch menschliche Informationen transportieren könne.[156] Am Vorabend der Französischen Revolution verkündete Tiphaigne de la Roche:

»Partikel von unsichtbaren Substanzen, so genannte sympathische Stoffe, verteilen sich um Männer und Frauen. Diese Partikel wirken auf unsere Sinne ein, welcher Vorgang sodann zu Anziehung oder Aversion führt, zu Sympathie oder Antipathie. Folglich wird ein Mann eine Frau fürderhin lieben, die von einem sympathischen Stoff umgeben ist und daher einen angenehmen Eindruck auf seinen Sinnen hinterlässt.« [33]

Das war eine eindringliche Vorwegnahme der Vorstellung, die man sich zweihundert Jahre später von Pheromonen machte.

Durch Gestank entstand also die neue Idee, Gerüche könnten menschliche Begierden so stark stimulieren, dass sogar ein amouröser Abenteurer wie Giovanni Giacomo Casanova darüber ins Schwärmen geraten konnte. Auch Pierre Cabanis, Vater der modernen physiologischen Psychologie, der unseren Geruchssinn 1802 den »Sympathiesinn« taufte, ließ sich davon inspirieren. Und Goethe gestand, das Mieder der Frau von Stein entwendet zu haben, damit er sich jederzeit an dessem Duft berauschen konnte. Der Romancier Restif de la Bretonne erfand den Lederfetischismus, als er genüsslich an den Schuhen von Kammerzofen zu schnüffeln begann, und sein Zeitgenosse Barbery d'Aurevilly ließ seine Romanheldin einen *Abbé* verführen, indem sie dem hilflosen Mann eines ihrer getragenen Hemdchen schickte.

Körpergeruch war plötzlich in Mode geraten, und das in einer Zeit, in der sich ein Pariser Beamter beschwerte, weil die Hauptstadt nichts als eine riesige Jauchegrube und die Luft derart verpestet war, dass die Bewohner kaum noch atmen konnten.[33] Das Bild von jungen Mädchen, die auf dem Friedhof achtlos an übereinander gestapelten Leichen vorbei schlenderten und sich ungeachtet des Leichengestanks ihre neu erstandenen Modeartikel vorführten, ist von großer Eindringlichkeit. Das Unerträgliche wird im Laufe der Zeit erträglich. Unsere Schwelle für die Tolerierbarkeit von Gerüchen ist nicht statisch. Aber wenn sie plötzlich höher angesiedelt ist, dann liegt das weniger an einer Abstumpfung der Riechsinneszellen als vielmehr an der Tatsache, dass das Gehirn sogar die alarmierendsten Gerüche auf Dauer langweilig findet. Und das kann unter Umständen sehr gefährlich sein.

Wenn man einen Frosch in einen Topf mit warmem Wasser setzt, wird er zu entkommen versuchen. Erwärmt man das Wasser aber sehr langsam, merkt der Frosch überhaupt nichts und lässt zu, dass man ihn zu Tode kocht.

Es gibt kaum Möglichkeiten, menschliches Verhalten abseits aller ethnischen und nationalen Einflüsse, ohne jeden kulturellen Ballast zu studieren. Man kann nicht einfach ein Kind von Geburt an isolieren und dann warten, was passiert. Aber hin und wieder entstand eine solche Isolation ohne das Zutun anderer.

Am Ende des 18. Jahrhunderts fand man einen etwa zwölfjährigen Jungen, der wild in den Wäldern von Aveyron in Frankreichs Zentralmassiv lebte. Er wurde eingefangen und nach Paris gebracht, wo er dann Victor getauft und von einer Reihe Wissenschaftlern untersucht wurde, bevor er 1828 dort verstarb.[110]

Im selben Jahr, in dem Victor starb, entdeckte man einen Jungen, der offenbar aus einem Kellerverschlag in der Nähe von Nürnberg geflohen war. Er schien etwa sechzehn Jahre alt zu sein und hatte ein Papier bei sich, das ihn als Kaspar Hauser auswies. Fünf Jahre lang wurde für ihn gesorgt, bis er 1833 umgebracht wurde – angeblich eine politische Intrige, nachdem sich Gerüchte über Kaspars königliche Herkunft gehäuft hatten.[175]

Und 1920 wurden zwei Mädchen im Alter von ungefähr acht und zwei Jahren in einer Höhle in Indien gefunden, wo sie mit einer Wölfin und deren Jungen lebten. Das kleinere Mädchen starb kurz nach seiner Rettung, doch das ältere, das den Namen Kamala erhielt, lebte noch neun Jahre in einem Waisenhaus.[116]

Ihre Beispiele vermitteln uns den Hauch einer Ahnung, wie sich die Sinne außerhalb von menschlicher Kultur entwickeln. Interessant ist, dass alle drei Kinder über außerordentliche olfaktorische Fähigkeiten verfügten.

Victor, der im Wald aufgewachsen war, roch mit offensichtlichem Vergnügen an allem, was ihn umgab. Er schnupperte sogar verzückt an Kieselsteinen, die jedem anderen völlig geruchlos schienen. Und er war extrem sinnenfreudig, wälzte sich mit sichtbarer Begeisterung im Schnee und trank ausschließlich frisches Wasser, das er genoss »als sei es der exquisiteste Wein«.[29]

Kamala, das Wolfsmädchen, zog rohes Fleisch vor, dessen Geruch sie bereits auf große Distanz wittern konnte. Sie mochte Milch, aber niemals Wasser trinken und war derart unempfindlich gegen Kälte, dass man ihr erst beibringen musste, Temperaturunterschiede wahrzunehmen.

Doch Kaspar, der angeblich im Dunkeln gelebt und nie etwas anderes als Brot und Wasser bekommen hatte, war mit den ausgeprägtesten Sinnesfähigkeiten von allen ausgestattet. Er konnte zum Beispiel mit geschlossenen Augen allein anhand des Geruchs der Blätter bestimmen, vor welchem Obstbaum er stand. Er war in der Lage, Menschen an ihren Schritten zu erkennen, konnte den Unterschied von Metallen erspüren, indem er sie mit den Fingerspitzen berührte, und bei einem Magneten zwischen Nord- und Südpol unterscheiden. Aber der realen Welt schien er völlig hilflos ausgesetzt zu sein. So überwältigt war er von den lawinenartig auf ihn einflutenden Reizen, Farben und Gerüchen, dass sie ihm buchstäblich körperliche Übelkeit bereiteten.

An den Reaktionen aller drei »wilden Kinder« lässt sich ablesen, dass die Sinne während einer Isolation relativ unbeschädigt bleiben, auch wenn es ihnen an Steuerung und einem angemessenen sensorischen Modell fehlt. Kamala war die Einzige von ihnen, die von einem anderen Lebewesen instruiert worden war, was auch darin zum Ausdruck kam, dass sie eindeutig wölfische Präferenzen hatte.

Ganz deutlich war es der Geruchssinn, der diese Kinder mit dem wenigen Selbstvertrauen ausstattete, das sie zu Wege bringen konnten. Kamala benutzte ihre Nase, um nach dem Tod und Begräbnis ihrer kleinen Gefährtin deren Spuren zu finden. Victor war nicht im Stande, neue Menschen in seinem Umfeld zu erkennen oder anzuerkennen, wenn ihm nicht gestattet war, an deren Händen und Wangen zu schnüffeln und sich so ihrer Identität zu vergewissern. Kaspars Schmerzen und Verzweiflung angesichts einer Welt voller Gerüche beherrschten ihn so lange, bis diese olfaktorische Dominanz durch das Anerziehen von sozialen Fähigkeiten verwässert wurde.

Und darin liegt letztendlich die Botschaft dieser wilden Kinder. Kultur stumpft die Sinne ab, und zwar genau in der Reihenfolge, in der sie diese einordnet. Die Leute, die sich um Victor kümmerten, werteten seine Begeisterung für Gerüche beispielsweise als »primitive« Begabung und verbrachten ihre Zeit lieber mit dem Versuch, ihm »die Erlesenheiten der französischen Küche« beizubringen.

Unsere Sinne werden mehr oder weniger gezwungen, sich an das vorherrschende soziale Programm anzupassen. Da ist es ausgesprochen wohl tuend zu erfahren, dass Victors Schutzpatrone trotz allem, was sie während ihrer achtundzwanzigjährigen Akkulturationsversuche zu Wege bringen konnten, dem Jacobson-Organ ziemlich machtlos gegenüberstanden. Man konnte Victor zwar davon überzeugen, lieber gekochtes als rohes Fleisch zu essen, doch niemand konnte ihm beibringen, seine sexuellen Impulse im Zaum zu halten und es sich abzugewöhnen, jeder Frau, die ihm gefiel, heftigste Avancen zu machen.

Es gibt noch eine andere unkultivierte Person in der olfaktorischen Literatur, eine Romanfigur, die über ein unmissverständliches Talent verfügt. Patrick Süskind erschuf in seinem Roman *Das Parfum* nach guter alter Hollywood-Manier eine biologische Anomalie, einen Helden, der über keinen eigenen Körpergeruch verfügt. Er selbst riecht nicht, kann jedoch außerordentlich gut riechen. Das ist mal eine schöne literarische Abwechslung vom ewigen Röntgenblick.[188]

Grenouille ist ein Waise, ein »in sich selbst verkapseltes Kind«, das sich all seine Fähigkeiten selbst beibringt. Seine ersten Wörter bezeichnen ausschließlich Dinge, »die ihn geruchlich überwältigten«: Fisch, Pelargonie, Ziegenstall, Wirsing. Dann folgen die Geruchsvarianten von Milch, Holz und Rauch. Er erschnüffelt sich seine Welt ohne »kindliche Angst vor Dunkelheit und der Nacht«:

»Er hatte die Augen geschlossen ... Er sah nichts, er hörte und spürte nichts ... Er trank diesen Duft, er ertrank darin, imprägnierte sich damit bis in die letzte innerste Pore ... Als sei er angefüllt mit Holz schon bis zum Hals, als habe er den Bauch, den Schlund, die Nase übervoll von Holz, so kotzte er das Wort heraus. Und das brachte ihn zu sich, errettete ihn ...«[188]

Im unsichtbaren Dickicht der Pariser Gerüche fühlte er sich »wie im Schlaraffenland«. Je älter er wird, umso perfekter lernt er, neue Gerüche in seiner olfaktorischen Alchimistenküche zusammenzubrauen. Es gibt keine bessere Nase weit und breit. Er riecht einen Duft »auf höhere Weise: als Essenz, als den Geist von etwas Gewesenem«. Doch es fehlt ihm nicht nur an Eigengeruch, es mangelt ihm auch an jeglichem Moralempfinden. Er destilliert sich einen eigenen Geruch aus den Leichen ermordeter Mädchen.

Und damit ist er schließlich etwas zu erfolgreich: Der Geruch, für den er sich am Ende entscheidet, ist so verführerisch, dass er die Menge damit in Raserei versetzt und Grenouille von ihr in Stücke gerissen wird. Diese Geschichte ist mit profundem Wissen geschrieben. Grenouilles Hypersensibilität allen Gerüchen gegenüber ermöglicht es ihm, durch Mauern hindurch zu »sehen«, Personen hinter geschlossenen Türen zu wittern oder zu wissen, ob ein Wurm im Kohl, ein Besucher auf dem Wege oder ein Sturm im Anzug ist. Er verfügt über alle Kräfte für einen »sechsten Sinn«, da er den »ersten«, den Geruchssinn, bis an seine Grenzen nutzt.

Verfügten wir nur über 10 Prozent des Riechvermögens eines Dackels, könnten wir das auch. Der Geruchssinn ist in der Tat der Hexenmeister unter unseren Sinnen. Er wittert den »Geist von etwas Gewesenem«, er kann eine Essenz noch lange nach ihrer tatsächlichen Existenz wahrnehmen. Das ist die Formel für Zeitreisen: ein Duft, der noch Jahrzehnte lang in der Luft hängt, wie der Zederndutt alter Schiffstruhen. Es ist die Essenz von Vorgefühl und Hellseherei, die unser Bewusstsein weit über die Grenzen des Körpers hinaus trägt.

Aber vielleicht sind wir ja längst in der Lage, etwas so Großartiges zu vollbringen? Der schwer wiegende Fehler des Romans *Das Parfum* ist, wie ich finde, die Betonung, die er auf die gefährliche, dem Geruchssinn zugehörende

Ungezähmtheit legt. Süskind klammert sich an die Details von Szenen, in denen wohlriechende Mädchen hilflos den Obsessionen eines Besessenen ausgeliefert sind, der sich schnüffelnd seine Opfer sucht, um sie dann zu erstechen. Der Autor wendet sich nicht den ungeahnten Potentialen zu, über die jedermann verfügt. Das hat mich ein wenig enttäuscht, denn es wäre wirklich an der Zeit, dass wir aufhörten, die Macht und den Einfluss von Geruch in unser aller Leben zu diabolisieren. Andererseits ist alles im Zusammenhang mit Geruch so lange kulturell unterdrückt worden, dass man sich wirklich fragen muss, ob ein verfeinertes olfaktorisches Bewusstsein nicht tatsächlich eine Gefahr für die etablierte soziale Ordnung darstellt. Man bedenke nur einmal, wozu wir in der Lage wären!

Zuerst einmal könnten wir endlich herausfinden, wer wirklich die Guten sind. Zu allen Zeiten wurde den Göttern Wohlgeruch verliehen. Von Zeus hieß es, er sei in eine »duftende Wolke gehüllt«. Aphrodite hinterließ auf ganz Zypern einen süßen Duft. Venus war »mit den reichen Schätzen der sich wandelnden Jahreszeiten parfumiert«, doch als sie einem Sterblichen etwas von dieser Essenz schenkte, erwies sich diese als tödlich – er wurde von einem eifersüchtigen Ehemann umgebracht. Hades lockte Persephone mit einem Duft »so süß, dass Himmel und Erde wohlgefällig lächelten«. Hera verführte Zeus, indem sie »ihren lieblichen Leib von jedem Makel säuberte und ihn reichlich mit einem ambrosischen, weichen und stark duftenden Öl salbte«. Und im Zentrum all dieser berauschenden Düfte stand der Olymp.[192]

Angesichts all dessen ist schwer zu verstehen, wie wir je glauben konnten, die Götter mit dem Gestank des verbrannten Fleisches von lebenden Opfertieren milde stimmen zu können. Glücklicherweise verging auch diese

Mode und wurde durch eine neue ersetzt. Nun hoffte man die Aufmerksamkeit der Götter mit duftendem Weihrauch an Stelle des Gestanks von Opfertieren zu erregen. Schließlich aber wandte sich das Interesse einem ganz besonderen Geruch zu, einem mystischen Duft, von dem man glaubte, er müsse alle Menschen umgeben, die mit göttlicher Liebe gesegnet seien: Gesucht wurde der »Duft der Heiligkeit«.

Apostel Paulus sagte zu seinen Anhängern: »Wir sind der Duft Christi« – eine Eigenschaft, die bald schon von hoffnungsvollen Klerikern mit Rosengirlanden und Weihrauchgefäßen imitiert werden sollte, da sie auf natürlichem Wege angeblich nur jene besaßen, die wahre Gnade erfahren hatten. Doch wer in den Genuss der Gnade gekommen war, sah sich einer Menge Konkurrenz ausgesetzt. Der heilige Lyddwyne soll sich sieben unterschiedlicher Düfte von Heiligkeit gerühmt haben. Padre Pio brachte sechs zu Stande und die heilige Theresia in all ihrer Bescheidenheit immerhin noch vier. Vor allem aber wurde man sich dieser Düfte offenbar im Moment ihres Dahinschwindens gewahr. Der Tod des heiligen Simon sei von einem »unvergleichlich süßen Duft« begleitet gewesen. Als der heilige Patrick starb »erfüllte ein süßer Duft den ganzen Raum, in dem er lag«. Und beim Tode des heiligen Hubert soll sich ein Duft über ganz Großbritannien gelegt haben.

Sünder können demzufolge natürlich sofort durch ihren Gestank erkannt werden. Wenn das Gute herrlich duftet, dann muss das Böse schrecklich stinken, und damit sind wir nur einen kurzen Schritt von der Aussage entfernt: »Wer stinkt, ist böse.« Allerdings könnte solchen Vorurteilen tatsächlich ein biologischer Vorgang zu Grunde liegen. Der Schlüssel liegt im Wort *inspirieren*, mit dem sowohl der Akt des Einatmens als auch das Durchdrungensein von Gefühl zum Ausdruck kommt. *In-*

spiration wird zu etwas, das von einer starken und vielleicht tatsächlich zugleich selbst stark riechenden Persönlichkeit verströmt wird – und damit zu etwas, das mit Hilfe des Jacobson-Organs direkt auf die tief liegendsten Schichten unseres Unbewussten einwirken kann.

Nichts durchdringt die Oberfläche von Dingen so sehr wie ein Geruch. Und das scheint in zwei Richtungen zu funktionieren: Informationen dringen hinein und die seelische Essenz einer Person dringt heraus. Es kann kein Zufall sein, dass Venus, die Jungfrau Maria, das Herz, Leidenschaft und Engel durch die Rose symbolisiert werden. Vertrocknete Rosen wurden schon in ägyptischen Grabhöhlen gefunden. Die Römer verteilten Rosenblätter bei ihren Banketten, warfen sie Siegern zu Füßen und tropften sich Rosenöl in den Wein. Diese »Königin der Blumen«, deren Duft als reich, süß, zärtlich und warm bezeichnet wurde, wird gleichermaßen in den Traditionen von Christen, Rosenkreuzern und Sufi verehrt. Das Hindu-Wort *aytar* bezeichnet eine Mischung aus Sandelholz und Rosenöl, woraus sich der englische Begriff »attar of roses« für Blumenessenzen und Rosenöl ableitet, welche weit verbreiteten Einsatz bei religiösen Handlungen fanden. Auch in den europäischen Klostergärten des geruchvollen Mittelalters war die Rose die am häufigsten gezüchtete Pflanze. Wen will es da noch überraschen, wenn sich jüngst bei klinischen Studien herausstellte, dass Rosenöl als mildes Sedativ und Antidepressivum wirkt. Es mindert nervöse Spannungen, verlangsamt den Herzschlag, verringert den Blutdruck und stärkt die Konzentrationsfähigkeit.[112]

Schlechte oder adstringierende Gerüche wie brennende Schwefelblüten werden hingegen mit Ausräucherung und Desinfektion in Verbindung gebracht: *Fumigation*, noch so ein vieldeutiges Wort. Ursprünglich bezeichnete es die Austreibung von Teufeln und Dämonen durch Rauch, der so dick war, dass nicht einmal mehr die Herrscher schwefliger Reiche atmen konnten. Die Vorstellung von Dämonenausräucherung funktioniert noch heute, jedenfalls in der seltsamen Welt der Fernsehwerbung, wo Haushaltsreiniger ihrer keimtötenden Fähigkeiten wegen angepriesen, aber im Wesentlichen anhand der Qualität ihrer Düfte verkauft werden.

Um als sauber durchgehen zu können, müssen Dinge scheinbar vorzugsweise nach Zitrone oder Kiefernnadeln riechen. Beides besitzt von Natur aus insektizide Eigenschaften, die leider längst durch weniger teure, künstliche Ersatzstoffe verdrängt wurden, welche zwar nun nicht mehr gegen Bettmilben oder »99 Prozent aller bekannten Keime« in unserem Umkreis wirken, dafür aber andere, weniger verbreitete Akteure bis zur Ekstase treiben können.

Reines Kiefernöl hat einen durchdringenden und terpentinartigen Geruch und ist Flöhen wie Läusen ein Graus. Es bekämpft Infektionen der Atemwege, reinigt die Nasengänge, wirkt antirheumatisch und stimuliert die Nebennierenrinde zur Produktion von Steroiden, die Allergien unterdrücken und Entzündungen hemmen können. In seiner reinsten Form kann das Öl der Norwegischen Fichte in einer Sauna sogar die Ausscheidung von Giften durch die Haut fördern. Da heißt es: Teufel und Dämonen, aufgepasst!

Nun mögen wir unsere Teufel ja durch die Haut austreiben können, doch verzaubern lassen wir uns fast immer durch die Nase. In Europa glaubt man zum Beispiel, dass ein Rosmarienzweig unter dem Kopfkissen Albträume von Schlafenden fern hält. Und noch immer werden alljährlich zur Sonnenwende Johanniskrautzweige über Haustüren angebracht. Doch als effektivste Methode für die Beschwörung von Zauber und Magie galt offenbar überall die Erwärmung von Kräutern und Essenzen in speziellen Kesseln oder Inzensorien. Schließlich begann man alles, was abgeräuchert werden kann, »Inzens« oder auch Weihrauch zu nennen.

Die früheste Darstellung von Räucherdüften stammt aus China und beschreibt die Wirkung von Gewürzrinde, Zimt und Sandelholz. Dieser Brauch verbreitete sich dann durch die Hindu-Zivilisation, welche dem Rezept noch Olibanum, Zitrus und Jasmin zufügte. Doch offenbar waren es die Ägypter, die die Herstellung von Aromatika systematisch betrieben, ihnen Myrrhe, Laudanum, Galbanum sowie Styrax beigaben und das Ganze dann zum Kult erhoben. Inzensation, das Beräuchern mit Weihrauch, war eine ausgesprochen spirituelle Angelegenheit im alten Ägypten. Sie reinigte und schützte die Gläubigen und öffnete ihnen den Weg zu den Göttern. Nefertum, der Gott der Düfte, konnte im Gebet nur auf dem Weg des duftenden Rauchs, der dem Inzensorium entwich, angesprochen werden. Von Ramses III. heißt es, er allein habe beinahe zwei Millionen Inzensorien während seiner Regentschaft entzünden lassen, die meisten in Theben, dem Hauptkultort von Amun, König der Götter, den die Griechen Zeus nannten.

Die Griechen übernahmen den Räucherkult im 7. Jahrhundert v. Chr. von den Ägyptern. Bald fand kein Ritual auf dem Peloponnes mehr ohne Olibanum oder Myrrhe statt. Am heftigsten wurde vermutlich bei den ekstatischen dionysischen Riten Gebrauch davon gemacht, die später in die Bacchanalischen Gelage in Rom oder die Exzesse des Herodes übergingen. Die intuitive Reaktion der ersten Christen darauf war, einen großen Schritt zurückzuweichen und sich verwundert die Frage zu stellen: »Was heißt das? Haben ihre Götter Nasen?«

Eine gute Frage, nur liegt sie leider völlig daneben. Inzens ist eine Erfindung des Menschen und allein für den menschlichen Gebrauch und die menschliche Nase gedacht. Das Interessanteste dabei ist, dass er aus nur fünf Grundzutaten besteht: Myrrhe, Olibanum, Laudanum, Galbanum und Styrax, alles Harze, die man unter der Bezeichnung Balsam kennt und die aus dem Gummiharz des arabischen Weihrauchbaums, der Ontariopappel und anderen Wüstensträuchern Arabiens und Nordafrikas gewonnen werden.

Harz ist eine natürliche biologische Substanz. Es wird von verletzten Bäumen abgesondert und über der Rinde verteilt, um dort einen antibiotischen Schorf zu bilden, der die Pflanze vor Infektionen durch Bakterien, Pilze und andere Krankheitserreger schützt. Da dies großmolekülige Substanzen sind, haben Harze auch eine so zähflüssige Eigenschaft. Die entscheidende Rolle aber spielt, dass alle Ingredienzien des Inzens Harzalkohole enthalten, Phytosterole genannt, die auf biochemischer Ebene menschlichen Hormonen erstaunlich ähnlich sind – vor allem solchen, die in unseren Achseln produziert, von unserem Atem getragen und mit unserem Urin ausgeschieden werden.

Diese Ähnlichkeit blieb nicht unbemerkt. Auch der sinnenfreudige Dichter Robert Herrick lässt daran keinen Zweifel in seinem Gedicht »Upon Julia's Unlacing Herself«:

Tell, if thou canst, and truly, whence doth come
This camphire, storax, spikenard, galbanum,
These musks, these ambers and those other smells
Sweet as the vestry of the oracles.
I'll tell thee: while my Julia did unlace
Her silken bodice, but a breathing space:
The passive air such odour then assumed,
As when to Jove great Juno goes perfumed,
Whose pure immortal body doth transmit
A scent that fills both heaven and warth with it. [120]

Sein enthusiastisches Vergnügen an Julias Körpergerüchen ist ebenso offensichtlich wie die Tatsache, dass sich seine Anspielungen nicht auf ein Parfum beziehen, welches in dieser Zeit üblich gewesen wäre, sondern Inzense benennen, denen man bei ganz anderen Gelegenheiten zu begegnen pflegte.

Der österreichische Parfumeur Paul Jellinek unterzog die fünf Hauptbestandteile des Inzens einem etwas objektiveren Test, als er eine Gruppe professioneller Parfumeure zu entscheiden bat, ob diese Bestandteile irgendwelche Ähnlichkeiten mit Körpergerüchen haben. Mit großer Übereinstimmung stellten sie fest, dass Myrrhe, die ein wenig sauer riecht, dem Achselgeruch blonder Menschen sehr ähnlich sei. Olibanum mit seinem süßlichen Geruch erinnerte sie an den Achselgeruch dunkelhaariger Menschen. Das balsamische Laudanum roch für sie wie Haupthaar und der süßliche Styrax ganz allgemein nach Haut. Um sich dieser Verbindungen ganz sicher zu sein, mischten sie die einzelnen Bestandteile des Inzens jeweils mit der floralen Grundessenz eines Eau de Cologne und stellten fest, dass der jeweilige Duft nun noch erogener wirkte.[87]

Es ist unglaublich schwierig, die natürlichen Reaktionen auf pheromonelle Bestandteile von angelernten Reaktionen auf die Ingredienzien von Inzens oder irgendwelchen anderen Düften zu unterscheiden. Wir können einen Geruch allein deshalb aufregend oder sogar sexuell stimulierend finden, weil wir vorangegangene Erfahrungen mit ihm assoziieren. Auf diesem Gebiet bedarf es noch einer Menge genau kontrollierter Tests, aber es ist schon faszinierend festzustellen, dass die Kräuter, die wir vor unseren Altären abzubrennen pflegen, nicht willkürlich aus dem reichhaltigen Arzneimittelvorrat der Natur ausgewählt wurden, sondern durchweg seltene und teure Harze sind, die chemisch sehr eng mit menschlichen Steroiden verwandt sind.

Die Ingredienzien von Inzens duften bemerkenswert ähnlich wie die auf unserer Haut oder im Urin produzierten Gerüche. Soweit feststellbar, werden sie von allen Menschen gleichermaßen auf bewusster wie unbewusster Ebene über dieselben Sinnesverbindungen als menschliche Sexualhormone wahrgenommen. Wenn man sie über heißer Kohle verdunsten lässt, entwickelt sich ein dicker, weißer Rauch, der exakt jene Art von schweren Teilchen enthält, die vom Jacobson-Organ aufgegriffen werden und direkt in die Gefühle steuernden limbischen Hirnregionen wandern. Diese Ingredienzien wirken ganz ohne Frage erregend.

Es sollte hervorgehoben werden, dass Inzens auch ein sehr gutes Beispiel dafür ist, wie Geruch alle ethnischen Grenzen überwinden und Völker durch eine Erfahrung, die allen Mitgliedern unserer Spezies zugänglich ist, vereinen kann. Duft zieht keine rassischen oder ethnischen Grenzen zwischen Menschen. Damit erklärt sich auch, dass wir unter dem Einfluss von Inzens eher bereit sind, uns jenen ekstatischen Gemeinschaftsgefühlen hinzugeben, von denen die Erfolge organisierter Religionen abhängen. Wenn es so etwas wie ein »Gottesgen« gäbe, welches uns dazu veranlagte, die Idee einer Göttlichkeit anzunehmen, dann könnte es genau durch die Art von biologisch initiierter Euphorie aktiviert werden, die Inzens bei uns auslöst.

Mich überrascht nur, dass diese Erkenntnis nicht längst Allgemeingut wurde. Michael Stoddart zum Beispiel stellte sie äußerst überzeugend in seinem Buch *The Scented Ape* dar. Ich vermute, dass einfach niemand allgemeine Empörung mit der Behauptung auf sich ziehen möchte, dass Glücksgefühle, die der Mensch bei religiösen Ritualen empfinden kann, etwas mit sexuell stimulierenden Gerüchen zu tun haben. Aber es dürfte schwierig werden, die weltweite Popularität dieser speziellen Harze bei diesen speziellen Gelegenheiten auf irgendeine andere Weise zu erklären.

Inzens bedarf eines Gefäßes, etwas, in dem man die Ingredienzien erhitzen kann, damit sich duftender Rauch entwickelt. Nun gibt es aber noch eine andere Möglichkeit, aromatische Düfte zu verbreiten – nämlich unsere eigene Körperwärme. Ursprünglich wurden die durch Erhitzung und Abräucherung entstandenen Düfte zu rein rituellen Zwecken eingesetzt. Doch bereits vor Tausenden von Jahren begann man Parfums auch individuell zu nutzen. Und das haben wir wie so oft den Chinesen zu verdanken, deren legendärer »Erlauchter Kaiser« Shih Huang-ti der Welt angeblich das Parfum bescherte. Die Inder hingegen glauben, Gott Indra, der üblicherweise auf einem weißen Elefanten reitend dargestellt wird – einem Elefantenbullen im Musth! –, habe der Menschheit den Wohlgeruch beschert.

Bei den ersten Parfums handelte es sich noch um Feststoffe, kaum mehr als duftende Fette zumeist tierischer Herkunft, oder um mit Kräutern angereicherte Salben. Vor fünftausend Jahren begann man im Indus-Tal dann Terrakotta als Destilliervorrichtung zu benutzen, um ätherische Öle zu extrahieren und sie für den späteren Gebrauch in Alkohol haltbar zu machen. Zwei Jahrtausende später produzierten die Ägypter in den Werkstätten von Theben Düfte, die sie »Wohlgerüche der Götter« nannten, als Massenware für den Export nach Mykene und Assyrien.

Zu Beginn waren Parfums gewiss von einer Aura der Heiligkeit umgeben. Vielleicht hatte das etwas damit zu tun, dass der typische Geruch unmittelbar nach Eintritt des Todes und vor Beginn des Verwesungsprozesses süßlich und damit wohlriechend genug ist, um ihn mit dem Moment des Entschwebens einer Seele in Zusammenhang zu bringen. Um diese Vorstellung noch hervorzuheben, wurden überall im Altertum Tote mit ätherischen Ölen gesalbt, mit Duftholzextrakten gewaschen, mit Blumen und Früchten bedeckt und mit geweihten Essenzen begraben.

Hindus waschen ihre Heiligenbilder täglich mit Moschus. Buddhisten reinigen ihre Statuen mit Duftölen. In Mykene bot man den Göttern wohlriechende Essenzen dar, und die Ägypter salbten ihre Götterstatuen mit »Ambrosia« oder Myrrheöl. Von da war es nur ein kleiner Schritt, um auch Priester und Könige mit Düften zu weihen und somit olfaktorisch einen sozialen Unterschied zu schaffen, der bis heute existiert: Die Reichen *sind* anders – denn sie können es sich leisten, besser zu riechen.

Die Anfänge von Parfums lagen also im Magisch-Religiösen und symbolisierten eine Transformation, die ausschließlich durch heilige Rituale vollzogen werden konnte. Doch überall auf der Welt begann sich das Geheimnis durch die Priester im Volk zu verbreiten. Parfums wurden profanisiert. In Asien, wo Aromastoffe und religiöse Ekstase schon immer eine Verbindung eingegangen waren, vollzog sich dieser Wandel ganz natürlich. Bei tantrischen Ritualen wird Sandelholzöl auf Stirn, Brust, Unterarme, Nabel und die Leistengegend von Männern verteilt, während bei Frauen die Hände mit Jasmin, der Nacken mit Patchouli, die Brüste mit Amber, der Schambereich mit Moschus und die Füße mit Safran gesalbt werden. Welch wunderbar berauschende Mischung aus spiritueller Verwirklichung und purem Sex!

Im Westen nahm der obsessive Einsatz von Duftstoffen eher verschwenderische Züge an. Als Kleopatra Roms Emissär traf, war sie in Jasmin, Sandelholz- und Olivenöl gebadet, mit Henna und Khol bemalt und reiste auf einer Barkasse, deren Segel in Rosenwasser getaucht worden war und auf deren Decks riesige Gefäße standen, aus denen der Rauch von *Kyphi* aufstieg – einer Mischung aus

Zimt, Pistazie, Wacholder, Zypresse, Olibanum und Myrrhe. Sogar die Winde, schrieb Plutarch, seien davon liebeskrank geworden.[144] Mark Anton hatte nicht die geringste Chance.

Die Römer begriffen schnell. Bald schon wurde der Parfum-Kult auch in der Kapitale untrennbarer Bestandteil des hedonistischen Lebensstils. Beim Begräbnis seiner Frau Poppaea ließ Nero zehn Tonnen von Duftstoffen abbrennen, um nicht nur die Luft zu parfümieren, sondern auch alle Bäume und jeden Trauernden Roms darin einzuhüllen. Doch hier war dies nicht nur das Vorrecht der Kaiser, hier benutzte jeder irgendeinen Duft. In Capua gehörte den Parfumeuren eine ganze Straße, und selbst Frauen bescheidener Herkunft stellten *cosmetae* ein, Sklaven, deren einzige Aufgabe es war, ihre Herrin ständig in Wohlgerüche zu hüllen. Sie bereiteten ihnen Bäder mit dem Zusatz von Blättern und Blüten eines Krauts, dessen Name aus dem lateinischen *lavanda* abgeleitet wurde, »der sich Waschende«.

Wenn es gut riecht, muss es sauber sein. Folglich kann, was gar keinen Geruch hat, nicht gut sein. Aus genau diesem Grund werden an sich geruchlosen Desinfektionsmitteln Duftstoffe beigegeben, die so durchdringend riechen, dass sie einem den Atem rauben. Die mittelalterliche Vorstellung, dass strenge Gerüche Schutz vor Pestilenz bieten, ist nur schwer auszutreiben. Und so kam es auch, dass Lorbeerkränze um griechische Heldenköpfe gelegt wurden und sich bis heute im ländlichen Griechenland der Brauch gehalten hat, im ganzen Haus Kräutersäckchen aufzuhängen. In Italien und Rumänien wurden Knoblauchzwiebeln um den Hals getragen, und die *Lei*-Girlanden, die Besuchern in Polynesien umgehängt werden, sind noch heute Ausdruck einer Ambivalenz zwischen Gastfreundschaft und Feindseligkeit, zwischen »Willkommen« und »Hau ab!«.

Vom Untergang des Römischen Reichs bis zur Renaissance war die Parfümerie fest in arabischer Hand. Im Mittleren und Nahen Osten wurden die Techniken von Mazeration, Enfleurage und Destillation verfeinert – das Aufschließen, Auspressen und Auskochen von Duftpflanzen. Und dort wurden auch die drei Noten für Duftharmonien raffiniert.

Die Kreation eines erfolgreichen neuen Duftes erfordert »Decknoten«, die üblicherweise aus den Fortpflanzungssekreten der Magnolie, Glyzine und einiger Orchideen stammen, deren Öle die Bestäuber anlocken sollen und dabei oft die eigenen Sexuallockstoffe dieser Tiere imitieren. Es kommt aber auch vor, dass Insekten, beispielsweise Bienen, ihrerseits Pflanzen kopieren und deren Duftstoffe als chemischen Präkursor ihrer eigenen Hormone nutzen – ein schönes Beispiel für Reziprozität. Die »Mittelnoten« eines Parfums stammen größtenteils von den klassischen Harzen Galbanum, Olibanum und Myrrhe, die – niemand weiß warum – den Sexualsteroiden von Säugetieren ähneln. Und auch die »Grundnoten«, die ein Parfum fixieren sollen, sind den Pheromonen von Säugetieren ähnlich, in diesem Fall den Pheromonen aus den Sexualdrüsen von Zibetkatze, Biber und Moschustier, mit einem deutlichen Hauch von Urin- oder sogar Fäkaliengeruch.

Kurzum, um ein Parfum herzustellen, das unserer Spezies gefällt, muss man direkt zur Basis zurück und ein bisschen von allem hineinmischen, was Motten und Magnolien, Pastinaken und Schweine zu ihren jeweiligen Paarungsspielen stimuliert. Man preist Parfums anhand ihrer Duftnoten an, weil wir uns – und wieder weiß keiner warum – ebenso stark zu Rosen und Veilchen hingezogen fühlen wie jede Durchschnittsbiene. Und man fabriziert Düfte mit unterschiedlichen, auf die jeweiligen Absatzmärkte zugeschnittenen Noten, wobei die Präferenzen offenbar immer etwas mit der vorherrschenden

Haarfarbe und dem Hauttyp der dort lebenden Frauen zu tun haben. Bei diversen Untersuchungen fand man heraus, dass Blonde frische und erfrischende Gerüche wie die der Mimose und des Weißdorns bevorzugen, Rothaarige nach einem anregenden Duft wie etwa dem von Orangenblüten oder Heckenkirsche greifen und Schwarzhaarige eher etwas Erotisierendes wie zum Beispiel den Duft von Orchideen und Magnolien wünschen. Schwierig sind nur die Brunetten, denn die scheinen alles zwischen beruhigendem Lavendel und berauschendem Veilchen zu mögen.[87]

Bei einer etwas objektiveren Studie in Deutschland stellten sich noch andere Korrelationen zwischen dem jeweils vermuteten Persönlichkeitstyp und dessen Geruchspräferenzen heraus. Extrovertierte Parfumkonsumentinnen – sozial aktive, herzliche, impulsive Menschen – tendierten zu »frischen« Gerüchen wie zum Beispiel »Eau de Courrèges« oder »Eau de Guerlain«. Introvertierte – reservierte, ernsthafte und vorsichtige Frauen – zeigten hingegen eine deutliche Vorliebe für »orientalische« Gerüche wie »Shalimar« oder »Opium«. Und emotional ambivalente Verbraucherinnen gingen auf Nummer Sicher und bevorzugten simple »florale« Düfte wie »Rive Gauche« oder »Miss Dior«.[123] Bei keinem dieser Tests wussten die Probandinnen über ihre psychologischen Einstufungen Bescheid, und sie erfuhren auch nie die Markennamen der Parfums. Und doch lassen sich aus ihren Entscheidungen interessante Muster einer »Duftanpassung« herauslesen, denn jede Person bevorzugte eine Duftnote, die sie offenbar meist besser identifizierte als ein Passfoto.

Wäre der einzige Zweck eines Parfums, unsere eigenen Körpergerüche zu übertünchen und gewissermaßen unsere olfaktorische Anonymität in der Öffentlichkeit zu wahren, dann genügte jeder fremde Geruch. Aber in diesem Fall wäre die natürliche Auslese vermutlich längst dazu übergegangen, uns eine Reihe von hausgemachten Tarnsubstanzen anzubieten, die vom eigenen Körper produziert und wo nötig als Abwehrmittel eingesetzt werden könnten. Doch soweit ich weiß, ist das nirgends geschehen.

Von Kaiserin Josephine ist überliefert, dass sie ihre Reize während Napoleons Abwesenheit – der ihre natürlichen Körperdüfte pries und präferierte – unter derart viel Moschus verbarg, dass die Zofen in ihrem Boudoir ständig in Ohnmacht fielen. Sehr starke Gerüche wirken auf beide Geschlechter nicht nur abstoßend, sondern bergen offenbar auch die Gefahr, mit ihren unklaren Botschaften den Zweck zu verfehlen und sich stattdessen gegen den Sender zu richten. Deshalb lernen alle Parfumbenutzer früher oder später, Düfte auszuwählen, die weniger ambivalent an ihnen wirken. Die meisten Verbraucherinnen erklären ihre Wahl schlicht damit, dass sie den entsprechenden Geruch »mögen«. Doch die Tatsache, dass sie diese Wahl mit einer Beharrlichkeit treffen, die es dann dem Hersteller von »Opium« ermöglicht, nur Introvertierte, und dem Hersteller von »Eau de Guerlain« nur Extrovertierte mit diesen speziellen Düften anzusprechen, legt nahe, dass hier nicht nur Marktstrategen, sondern auch biologische Faktoren am Werke sind.[212]

Wir scheinen im großen Ganzen über die unbewusste Fähigkeit zu verfügen, eine gute Wahl treffen und ein Parfum kaufen zu können, das sich mit unserer eigenen Biochemie zu einem unserer Persönlichkeit angemessenen Geruchsausweis verbindet – der uns dann durch alle sozialen und kulturellen Checkpoints schleust, die wir auf dem Weg zu unseren Zielen passieren müssen. Wer hier eine schlechte Wahl trifft und die olfaktorische Kontrolle nicht passieren kann, der wird bald schmerzlich zu spüren bekommen, dass er ebenso unangenehm auffällt wie

Personen mit einem schlechten Gefühl für Farbzusammenstellungen.

Klar scheint zu sein, dass unsere Geruchsentscheidungen im Wesentlichen unbewusst getroffen werden und nicht von den marktschreierischen Anpreisungen der Parfumhersteller abhängen, sondern vielmehr von versteckten Botschaften im klein Gedruckten, verfasst in einem chemischen Code, den nur das Unbewusste entschlüsseln kann. Denn genau so hat alles einmal begonnen, damals, als für Frauen noch die Notwendigkeit bestand, ihren zyklischen Zustand zu verbergen, sofern der Eisprung nicht die falschen Männer anlocken oder der Geruch von Menstruationsblut nicht die richtigen Beutetiere verjagen sollte.

Doch das Einzige, was bei diesem ganzen Thema wirklich absolut feststeht, ist, dass die Parfums unserer Wahl, all diese weltweiten Verkaufsschlager, pheromonell sind. Aus all den Hunderttausenden zur Verfügung stehenden natürlichen Duftquellen, wie selten oder teuer diese auch sein mögen, haben wir uns auf eine seltsam kurze Liste grundlegender Ingredienzien kapriziert. Und jede Einzelne davon trägt dieselbe potente und meist unterschwellige Botschaft. Parfums mögen zwar zum Bestandteil von heiligen und religiösen Ritualen geworden sein, aber im Grunde geht es bei ihnen nur um eines – Sex. Und vermutlich ist genau das der Grund, weshalb wir uns gegenüber Parfums ebenso ambivalent verhalten wie gegenüber Gerüchen im Allgemeinen.

In Wahrheit sind wir selber eine ausgesprochen stark riechende Spezies. Wir haben Körperstellen, wie unter den Achseln oder um die Genitalien, die dicht gedrängt mit geruchproduzierenden Drüsen besetzt sind. Und in beiden Bereichen haben wir Haarbüschel zurückbehalten – was doch höchst auffällig ist an unserem ansonsten nackten

Körper. Wir sind also besser zur Geruchssignalisierung gerüstet als unsere sämtlichen nahen Verwandten, scheinen jedoch Himmel und Hölle in Bewegung zu setzen, um diese Tatsache zu verschleiern.

Es ist ja gar nicht so, dass wir uns selbst nicht riechen könnten. Das ist und bleibt eine Binsenwahrheit, auch wenn sich jeder Mensch so verhält, wie Jonathan Miller in *Beyond the Fringe* beschreibt: In unbeobachteten Momenten tue er ständig so typische Dinge wie den eigenen Schweißgeruch unter den Achseln zu prüfen. Wir sind uns unseres Körpergeruchs unentwegt und überall bewusst und bringen außerordentlich viel Zeit und Energie auf, um ihn zu beseitigen und durch einen anderen Geruch zu ersetzen – der dann mindestens so gehaltvoll und unzweifelhaft sexy ist wie unser eigener, womit wir also die Aufmerksamkeit unbewusst genau auf das lenken, was wir bewusst zu vermeiden suchen.

Ein derart ambivalentes Verhalten ist üblicherweise ein Zeichen von Verdrängung. Sigmund Freud machte die Sexualität für die meisten unserer emotionalen Probleme und Neurosen verantwortlich, überzeugt davon, dass die größten Konflikte zu einem frühen Zeitpunkt der Zivilisation entstanden, als wir lernen mussten, sexuelle Impulse zu kontrollieren. Da wir sie jedoch nicht vollständig verleugnen konnten, haben wir sie in etwas so Unannehmbares verwandelt, dass sie ins Unbewusste verdrängt wurden. Damit war das unmittelbare Problem erst einmal gelöst, doch diese alten Instinkte, warnte Freud, erreichten noch immer von Zeit zu Zeit unser Bewusstsein und führten dann zu jener Art von Problemen, die er in seinen klinischen Studien als »Wiederkehr des Verdrängten« beschrieb.[59]

Exkremente, so Freud, symbolisierten mehr als alles andere unser Verdrängtes, was am deutlichsten mit der Tatsache manifest werde, dass kleine Kinder fasziniert von ihrem Kot seien und die meisten Menschen den Geruch ihrer eigenen Ausscheidungen nicht ekelhaft fänden. So mancher von uns verbringt tatsächlich außerordentlich lange auf der Toilette und legt sich dort sogar Lektüre zurecht. Unseren Widerwillen sparen wir uns ganz offensichtlich für die Produkte anderer Menschen auf.

Verwirrungen auf diesem Gebiet offenbaren sich bei einer ganzen Reihe von psychischen Störungen, die in der Tat eine Folge des starken Drucks sein könnten, dem wir bei unserer ersten Konfrontation mit den Problemen von Körperhygiene und Abfallbeseitigung ausgesetzt waren. Alain Corbins Studie über Frankreich im 18. Jahrhundert macht deutlich, dass solche Probleme auch damals noch nicht wirklich gelöst werden konnten[33], und noch heute haben Gemeinden in ländlichen Gebieten mit dieser Frage zu kämpfen. Doch wenn es etwas gibt, das die *Conditio humana* wirklich charakterisieren kann, dann sicher die Tatsache, dass wir außerordentlich anpassungsfähig sind, sogar wenn es um Gestank geht.

Biologisch gesehen scheint aber von noch größerer Bedeutung zu sein, dass Gerüche seit jeher in den unbewussten Bereichen des Gehirns verarbeitet werden – im limbischen System, das auch für die Organisation und Umsetzung unseres Fortpflanzungsverhaltens und unserer Gefühle sorgt. Und in dieser Hinsicht hatte Freud Recht. Es bestehen in der Tat enge Zusammenhänge zwischen Geruch und Sexualität wie auch zwischen Sexualität und Gefühlen, folglich kann es nicht überraschen, dass sexuelle Verdrängung und die Verdrängung von Gerüchen derart miteinander verknüpft sind. Und deshalb sollten wir nun auch beginnen, uns auf die unmittelbare und mindestens ebenso machtvolle Verbindung zwischen unserem Geruchssinn und unseren Gefühlen zu konzentrieren.

Der offensichtlichste Nachweis für diese Verbindung

ist der ausgiebige Gebrauch, den wir von Inzens und Parfums machen, deren Gerüche uns direkt, ohne Umwege über das Bewusstsein und die Großhirnrinde erreichen. Wir empfinden sie als Wohltat, sei es im religiösen oder weltlichen Sinne, und das nicht nur, weil sie unbewusst auf uns einwirken und wir uns daher für nichts verantwortlich fühlen müssen, sondern auch, weil sie implizit und unauflöslich sexueller Natur sind. Kann man sich etwas Mächtigeres vorstellen als geheimen Sex, der auch noch sozial sanktioniert ist?

Ein Großteil der Wirkung von Parfums scheint also nicht bewusst kontrolliert werden zu können. Und so etwas können Autoritäten nirgendwo auf der Welt ertragen, denn es bedroht, was sie für uns im Sinn haben. Das Lied Salomons, eine beschwörende Hymne auf sexuelle Düfte, wurde zum Beispiel zu einer Zeit komponiert, als rituelle Düfte eine große Rolle im religiösen Leben von Juden spielten. Deshalb kann es auch kaum überraschen, dass Priester den säkularen Gebrauch von Parfums durch »bemalte Jezabels«, die sie der Götzenanbetung und des Baal-Kults beschuldigten, heftigst verteufelten.

Das eigensinnige Weib des Ahab, Königs von Israel, war nicht die Einzige, die die Hiebe der Duftpeitsche zu spüren bekam. 188 v. Chr. wurde in Rom ein allgemeines Edikt erlassen, das den Römern untersagte, bei sozialen Festivitäten mehr als nur den allerbescheidensten Gebrauch von Parfums zu machen. Und als Maria Magdalena – mittlerweile die Schutzheilige der Parfumeure – Jesu Füße mit Lavendelöl salbte, sah er sich gezwungen, diese Handlung zu verteidigen, indem er ihr eine sakrale Bedeutung verlieh. Dessen ungeachtet hieß es – und heißt es in puritanischen Kreisen noch immer –, dass ein Duft, der nicht einzig zu religiösen Zwecken verwendet wird, weltlichen Gelüsten Vorschub leiste. Wohl wahr.

1770 verabschiedete das englische Parlament ein Gesetz, das Männer vor den Tücken »parfümierter Frauen« schützen sollte, weil sie ihnen mit der »Zauberkraft« von Düften die Sinne benebeln und ein Eheversprechen entlocken wollten. Diese Haltung kam auch noch in einem Aufsatz zum Ausdruck, der 1913 im *New York Medical Journal* zum Thema »Connections of the sexual apparatus with the ear, nose and throat« veröffentlicht wurde:

»Der Gebrauch von Parfums ist seit undenkbaren Zeiten der bewusste oder unbewusste Versuch, wollüstige Gedanken wachzurufen ... Es ist von ›berauschenden‹ Düften die Rede, eine passende Bezeichnung, doch nur wenige, die dieses Wort verwenden, wissen um den genauen Hintergrund, dem sich dieser Ausdruck verdankt.«[99]

Jedem scheint bewusst zu sein, dass Parfums eine verdeckte Absicht haben. Und nicht wenige Einwände gegen sie beruhen auf rein sozialen Erwägungen. Schon Sokrates sorgte sich, dass der steigende Verbrauch von Parfums die Grenzen zwischen freien Bürgern und Sklaven verwischen könnte. Und Mohammed hieß seine Anhänger bis zum nächsten Leben zu warten, wo alle Gläubigen, ungeachtet ihres Rangs, das Paradies mitsamt seiner »Huri aus reinem Moschus« erwarte. Doch es war schon immer ein Ding der Unmöglichkeit, die Flut von Düften einzudämmen, deren Bestandteile so reichlich vorhanden und leicht zugänglich sind.

Nehmen wir zum Beispiel die Myrte. Dieser kleine, immergrüne Strauch wächst überall im Mittelmeerraum und wurde dennoch selbst dort als etwas Besonderes betrachtet. Aphrodite, die Mutter aller Aphrodisiaka, suchte hinter einem Myrtenstrauch Schutz, nachdem sie nackt dem Meer entstiegen war. Die Griechen nannten die Pflanze *murto* – vom selben Wortstamm wie Parfum –, wegen des Dufts ihrer kleinen, weißen Blüten und deren flüchtigen Öle. Dioskorides, Autor von *De materia medica*, fünfzehn Jahrhunderte lang das wichtigste Nachschlagewerk der Pharmakologie, beschrieb die Eigenschaften des Myrtenöls als antiseptisch, erfrischend und aphrodisierend, sofern es Tee beigegeben wird.

Im Nahen und Mittleren Osten wird dieses Öl nach wie vor als Badezusatz verwendet, da es nicht nur die Haut reinigen und belebend wirken soll, sondern angeblich auch Schutz vor Insekten bietet. Der Duft der Myrte ist frisch und rein und sofort wahrnehmbar, wenn man die Blätter zwischen den Fingern zerreibt. Bei manchen jüdischen Hochzeiten ist es noch immer üblich, dass die Braut einen Myrtenkranz trägt. Myrte ist auch der wesentliche Bestandteil jener »Engelslotion«, die im 16. Jahrhundert als Deodorant benutzt wurde und noch heute auf einigen Landmärkten in Süditalien angeboten wird.

Im Wesentlichen bietet Myrte also eine preiswerte und leicht zugängliche Möglichkeit, sich mit einem erfrischenden und stimulierenden Duft zu umgeben. Die Decknoten sind kühl und grün, doch wie bei jedem populären Parfum hat auch hier die Grundnote den Hauch von uralten Leidenschaften. Es handelt sich um dieselben Grundchemikalien wie sie in Henna, Lindenblüten und Kastanie vorhanden sind. Allen von ihnen haftet der Hauch von etwas Fäkalischem an, in jedem Fall aber von etwas Beunruhigendem, das das limbische System in Aufruhr versetzt und zu einer Resonanz führt, über die sich das Bewusstsein nur wundern kann und die wiederum zu neuen olfaktorischen Ambivalenzen beiträgt. Die Nase weiß Dinge, von denen wir keine Ahnung haben.

Die Liste der essentiellen Öle und ihrer verführerischen Düfte ist lang und umfasst das gesamte Alphabet von Angelika über Baldrian, Dill, Elemi, Fenchel, Geranium, Iris, Jasmin, Kümmel, Linaloe, Lorbeer, Neroli, Patchouli, Rainfarn, Rosmarin, Sassafras, Senf, Wintergrün bis Ylang-Ylang.

Es wäre ungerecht, diese magischen Wohlgerüche auf Ester und Aldehyde zu reduzieren, und doch haben sie dieselbe eigentümliche chemische Struktur. In jedem ihrer Moleküle sind zehn Kohlenstoff- und sechzehn Wasserstoffmoleküle enthalten. Der Rest ist reine Geometrie. Die Natur mischt die Rohmaterialien in ihrem chemischen Kaleidoskop zu ständig neuen Mustern, was dann dazu führen kann, dass die eine Pelargonie nach Himbeere und die andere nach Minze duftet – beides starke Gerüche, nur wirkt der eine als Antidepressivum und der andere als Insektenvertreiber. Leicht vorstellbar, welche Wirkung es hat, wenn in einem einzigen hawaiianischen »Lei« Jasmin, Nelken, Gardenien und Ingwer kombiniert werden! Man darf getrost davon ausgehen, dass dieses traditionelle florale Rezept nicht zufällig entstand, sondern das Ergebnis jahrhundertelanger Versuche ist.

Bei animalischen Gerüchen handelt es sich zumeist um Ketone, die so eng mit pflanzlichen Aldehyden verwandt sind, dass sie ein und derselben Gruppe von organischen Verbindungen angehören. Der Weg von pflanzlicher zu tierischer Materie ist genauso kurz wie die Verschiebung einer einzigen Wasserstoffbindung. Der Unterschied zwischen einem pflanzlichen und einem tierischen Östrogen ist schlicht zu vernachlässigen. Moschus findet sich ebenso unter der Haut eines mit Stoßzähnen bewehrten Wilds wie in den Samen von Moschusmalven und Hibiskusarten. Auf chemischem Wege lässt sich pflanzlicher oder tierischer Moschus kaum unterscheiden, auch wenn alle Parfumeure behaupten, dass tierischer mehr »Wärme und Ausstrahlung« habe.

Und damit könnten sie Recht haben. Die Parfumherstellung ist noch immer eher eine Kunst als eine Wissenschaft, und es bedarf einer Menge an Kreativität und Phantasie, um mehrere Duftnuancen so harmonisch zu mischen, dass ein gutes Parfum mit ganz persönlicher

Note entsteht. Die Fachsprache der Parfumeure zur Charakterisierung von Duftnoten ist voller dehnbarer Begriffe wie »frisch, zart, würzig, leicht, böckelnd, erogen, schwer, sinnlich, narkotisch«. Das Parfum »Diva« zum Beispiel ist sinnlich und erogen, »Charlie« würzig und erdig und »Obsession« schwer und harzig.[198] Ich glaube, ich verstehe die Erfinder solcher Bezeichnungen, denn sie folgen einer eigenen, aromatischen Logik. Doch das Faszinierendste an dieser »Duftsprache« ist sicher, dass sie vorsätzlich, bewusst und vielleicht auch unvermeidlicherweise ambivalent ist.

Der Parfumeur Stephen Jellinek gibt das auch ohne weiteres zu. »Parfums«, sagt er, »dienen als Signale mit ganz unterschiedlichen Botschaften ... und bei Signalen ist es nun einmal generell so, dass sie missverstanden werden können.«[86]

Ein Duft kann zum Beispiel fordern: »Beachte mich!« und damit die Aufmerksamkeit auf den Träger lenken. Doch wenn er zu laut spricht, wenn er dies zu aggressiv fordert, kann sich das Ganze ins Gegenteil verkehren und den Träger als einen Menschen ausweisen, dem etwas zu sehr an Aufmerksamkeit gelegen ist.

Ein Parfum kann erogene Ingredienzien beinhalten, deren Forderung lautet: »Liebe mich!« Forschungen auf diesem Gebiet legen jedoch nahe, dass eine solche Aufforderung alle in die Flucht schlagen kann, die zwar vielleicht nicht mehr an Zauberei glauben, sich aber dennoch sehr unbehaglich fühlen, wenn sie etwas empfinden, über das sie offensichtlich keine Kontrolle haben. Die meisten Menschen streiten strikt ab, Parfums zu benutzen, um sexuell attraktiv zu wirken. Danach befragt, behaupten sie, dass es eher etwas mit Selbstvertrauen zu tun habe – nur ist es ja zweifellos so, dass das machtvolle Gefühl, auf andere attraktiv zu wirken, dem Selbstvertrauen ausgesprochen zugute kommt.

Ein Geruch kann auch die Botschaft verbreiten: »Ich bin klug und welterfahren!« Der Träger beschafft sich ein kulturell akzeptables Image durch das Auftragen des »richtigen« Dufts. Allein schon der Akt des Parfümierens kennzeichnet den Träger als eine Person, die sich bewusst einen Schritt von der animalischen Natur entfernt hat. Und wer sich dann auch noch mit einem Duft umgibt, der als elegant und teuer zu erkennen ist, wird automatisch der erlesenen In-group zugeordnet. Allerdings läuft er durchaus Gefahr, als jemand verachtet zu werden, dem es an eigener Persönlichkeit mangelt und der nur darauf bedacht ist, die neuesten Trends nicht zu verpassen.

Doch all diese Theorien scheitern am Ende an der Tatsache, dass kaum einer, der behauptet, er könne einzelne Gerüche erkennen und auseinander halten, dazu auch wirklich in der Lage ist. Bei einer groß angelegten Studie mit deutschen Probandinnen, die regelmäßig Parfums benutzten, behaupteten fast alle, das Parfum »Opium« zu kennen, als man ihnen die Verpackung zeigte, doch nur 20 Prozent waren in der Lage, es bei einem Blindversuch wieder zu erkennen. Nur 2 Prozent konnten »Shalimar« identifizieren und keine Einzige erkannte das klassische »Chanel No. 5«, obwohl über die Hälfte behauptet hatten, es sei ihnen bekannt.[85]

Die eigentliche Funktion von Werbung, Vermarktung und Imagepflege im Parfum-Geschäft ist offenbar, der Verbraucherin selbst eine Botschaft zu vermitteln, und nicht etwa jenen dritten Personen, die den jeweiligen Duft dann riechen.

Die überwältigende Mehrheit von Frauen behauptet, Parfum zu benutzen, weil sie sich damit »gut fühlen«. Und vielleicht ist ja genau das die Wahrheit. Jedenfalls ergibt das mehr Sinn als jede Signalfunktion. Alle bekannten Parfums verfügen über genügend »richtige« biologische Ingredienzien, um auf unbewusster Ebene interessant zu wirken, also müssen wir davon ausgehen, dass hier ein gewisses Maß an pheromoneller Aktivität beteiligt ist. Aber das ist hier nicht das Einzige von Bedeutung. Bisher wurde die Betonung viel zu sehr auf das Parfum selbst und viel zu wenig auf die Bedeutung der Zeremonie des Einparfümierens gelegt.

Rituale sind wichtig in unserem Leben – sie konzentrieren unsere Aufmerksamkeit auf den Moment, auf die soeben erfolgende Handlung. Das Auftragen von Parfum ist eine ausgesprochen rituelle Angelegenheit. Es geschieht meist nur zu besonderen Gelegenheiten und beginnt jeweils mit einer Verpackung, die voller Versprechungen ist. Die Essenz wird langsam, Tropfen für Tropfen auf die Haut getupft und ganz bewusst vorrangig an Stellen aufgebracht, die von der Tradition vorgegeben sind. Dass dies uralte pheromonelle Ursprungspunkte sind, ist dabei niemandem bewusst. Auf althergebrachte Weise wird der Duft wie ein Kostüm angelegt, und wie die Bekleidung verändert auch er das Selbstbild der Trägerin: Sie fühlt sich verrucht und wagemutig, ganz wie es »Obsession« suggeriert, oder romantisch und leidenschaftlich, wie es der Duft von Narzissen erwarten lässt. Und das ganze Ritual wird auch noch schamlos vor einem Spiegel abgehalten, unter genüsslicher Missachtung aller religiösen Konventionen und ausschließlich zum eigenen Vergnügen.

Das Auftragen von Parfum ist also ein »gotteslästerliches« Ritual und obendrein von einem Element der sympathetischen Magie begleitet: Man wächst in genau die Rolle hinein, die der Duft für einen bereithält. Außerdem entspricht diese Zeremonie ganz einem klassischen Übergangsritus – er erhebt uns über die künstlichen Einengungen von modernen Gesellschaften mit niedriger Geruchstoleranz. Wir haben so viele Unsicherheiten in Bezug auf das Gemeinschaftsleben entwickelt und legen so viel Wert darauf, unsere individuelle Identität zu wahren, dass es uns schon zur Gewohnheit wurde, Gelegenheiten zu meiden, bei denen wir dieselbe Luft wie Fremde atmen müssen. Wir versuchen, Gerüche zu eliminieren, damit wir die Wahrheit umgehen können, dass Geruch keine Grenzen hat. Geruch ist etwas Kontinuierliches, und indem wir uns nun bei einer solch ritualisierten Handlung einen Duft auftragen, überbrücken wir die Kluft zwischen uns und anderen. Wir vollziehen den Wandel vom »Ich« zum »Wir«.

Geruch ist aber auch etwas Lebensbejahendes und beinahe schon sich selbst Erfüllendes. Er wirkt auf zweifache Weise. Mit Hilfe des Jacobson-Organs haben Parfums Einfluss auf unser Unterbewusstsein und verändern somit nicht nur unsere Körperchemie und unseren Körpergeruch, sondern auch unsere Gefühle.

Alan Hirsch von der Smell and Taste Treatment and Research Foundation in Chicago fand heraus, dass ein blumiger Geruch Probanden helfen konnte, bestimmte Rätselaufgaben um 17 Prozent schneller zu lösen, und dass Aroma-Manipulationen in einem Casino von Las Vegas den Optimismus von Spielern – und damit ihre Spielbereitschaft – um ganze 53 Prozent verstärkten.[198]

Der mittlerweile größte Duftproduzent der Welt, International Flavors and Fragrances in New Jersey, offeriert seinen Kunden »Muzak for the nose«, eine wohlkomponierte Geruchsmischung für den Arbeitsplatz. Die Ergebnisse sind überraschend: Das Good Housekeeping Institute berichtet, dass Korrekturleser weniger Fehler übersehen, wenn sie von Minze- oder Lavendelgerüchen umgeben sind. Und der japanische Konzern Takasago International fand heraus, dass ein Zitrushauch zur Wachheit der Mitarbeiter am Morgen beiträgt, der angenehme Duft von Rosen ihr Bedürfnis nach einer Mittagspause weckt und ein Geruch von Jasmin müde PC-Arbeiter am

Nachmittag wieder munter macht. Interessant ist auch, dass der wohl tuende Effekt all dieser Gerüche sogar dann noch empfunden wurde, wenn der Duft selbst bereits viel zu schwach geworden war, um ins Bewusstsein zu dringen.[85]

Am Monell Chemical Sense Center in Philadelphia erforscht Gisela Epple die Auswirkungen bestimmter Gerüche auf Kinder unter Stress. An der University von Minnesota arbeitet Mark Snyder über Probleme zwischen Paaren, die sich »nicht mehr riechen« können. Und an der Bowling Green State University von Ohio experimentiert Peter Badia mit den Folgen bestimmter Gerüche auf das Schlaf- und Traumverhalten. Die Ergebnisse solcher Studien ermöglichen es dem Sloane-Kettering Krebszentrum in New York, Patienten mit dem Duft von Vanille zu entspannen. Und an der Duke University scheint es sich längst ausgezahlt zu haben, Sportler in den Umkleidekabinen mit einem Hauch von Menthol auf große Wettkämpfe einzustimmen.[212]

Diese modernen Anwendungsweisen uralter Traditionen der Aromatherapie sind sehr interessant. Natürlich sind dies vorhersagbare Nebenprodukte einer Duft-Industrie, die über fünftausend einzelne Produkte im Wert von 5 Milliarden Dollar jährlich produziert. Das Ganze ist längst ein großes Geschäft geworden. Doch der goldene Gral dieser Industrie wäre eine Duftversion von Viagra – etwas, das über den Ladentisch verkauft werden könnte und großartigen Sex nach einem einzigen Schniefer verspräche. Bisher ohne Glück, aber das Rennen läuft und eines der viel versprechendsten Pferde könnte ein kleines Venture-Unternehmen namens Erox Corporation im kalifornischen Menlo Park sein.

Seine Geschichte begann Anfang der sechziger Jahre an der University of Utah, wo der Biochemiker David Berliner Forschungen über die chemische Zusammensetzung der menschlichen Haut betrieb. Eines Tages stellte er mehrere Flaschen mit Hautextrakten auf seinen Tisch und plötzlich war die Stimmung im Labor so entspannt wie schon lange nicht mehr. Die Mitarbeiter begannen sich jede Mittagspause zu einem Bridge-Spiel zusammenzusetzen und fühlten sich hervorragend, bis zu dem Moment, als Berliner diese Phase seiner Arbeit abschloss.

»Als ich die Flaschen in den Gefrierapparat zurückstellte«, erinnert er sich, »hörte das Bridge-Spiel mit einem Schlag auf.« Mehrere Monate später nahm er die Flaschen wieder heraus. Mit einem Mal waren wieder alle fröhlich. Wieder wurden die Bridge-Karten rausgeholt. Berliner fiel dieser Zusammenhang natürlich auf, aber er dachte nicht weiter darüber nach und stürzte sich in seine Arbeit, die schließlich in der Entwicklung von Hautpflastern für die Behandlung von Übelkeit, Herzproblemen und Nikotinentzug mündete.[214]

Fünfundzwanzig Jahre, mehrere Firmen und viele Millionen Dollar später beschloss Berliner, die Originalflaschen von damals aufzutauen und herauszufinden, was das für eine Substanz gewesen sein könnte, die für diese ungewöhnlichen Schübe an fröhlicher Geselligkeit verantwortlich war. Bei seiner ersten Probe des Materials isolierte er 1989 zwanzig natürliche Substanzen. Einige davon schienen bei Probanden, die kurz einmal daran geschnuppert hatten, Nervosität und Unsicherheit abzubauen. Berliner glaubte zwar bereits, dass es sich um menschliche Pheromone handeln könnte, doch das musste erst durch weitere Forschung belegt werden.

1991 veröffentlichte er ein Papier über die Beschaffenheit der menschlichen Haut und ihre chemischen Zusammensetzungen und verwies darauf, dass jeder Mensch vierzig Millionen Oberflächenzellen pro Tag abstößt. Und die, so Berliner, stellten ein perfektes pheromonelles Verteilersystem dar, ideal für genau jene nichtflüchtigen, geruchlosen Verbindungen, die am ehesten vom Jacobson-Organ aufgegriffen werden können.[12]

Berliner tat sich mit David Moran, Larry Stensaas und anderen Wissenschaftlern von der University of Utah zusammen und begann intensiv über das Jacobson-Organ in der menschlichen Nase zu forschen. Moran hatte bereits nach diesem Ausschau gehalten und herausgefunden, dass es bei nahezu jeder Versuchsperson vorhanden war, wusste aber nicht, wie er dessen Funktionsfähigkeit beweisen konnte. Luis Monti-Bloch entwarf eine Apparatur, um bestimmte Chemikalien an die winzigen Tüpfel des Jacobson-Organs heranzuführen und jede darauf folgende elektrische Aktivität aufzuzeichnen. Mit Hilfe dieses »Elektrovomeronasometers« stellte er dann fest, dass bei geruchvollen Substanzen nicht das Geringste geschah, aber nachdem ihm Berliner ein paar Proben aus den berühmten Flaschen gegeben hatte, fing die Maschine plötzlich an wie wild aufzuzeichnen.

Eindeutig wurden die Neuronen im Jacobson-Organ als Reaktion auf diese Proben aktiv, und als unmittelbares Ergebnis dieser Aktivität veränderten sich Herzschlag, Atmung, Pupillengröße und die Hauttemperatur der Probanden, die an diesen Substanzen gerochen hatten. Monti-Bloch veröffentlichte die Ergebnisse dieser Studie 1994 mit der beiläufigen Schlussfolgerung, »dass das vomeronasale Organ beim erwachsenen Menschen ein funktionelles chemosensorisches Organ ist«.[128] Mit anderen Worten, das Organ, das die Lehrbücher während der längsten Zeit des Jahrhunderts schlicht ignoriert hatten, existiert nicht nur, sondern reagiert auch auf bestimmte Biochemikalien.

Berliner verhielt sich zu dieser Zeit noch ziemlich zurückhaltend, was die wahre Natur seiner Proben anbelangt. Doch kaum hatte er sich die Patente auf alle gesichert, gründete er zusammen mit Monti-Bloch die Pherin

Corporation, um weitere Forschungen anzustellen. 1996 veröffentlichten sie schließlich das Schlüsselpapier, mit welchem sie bewiesen, dass sich Substanzen der menschlichen Haut, die sie »steroidale Vomeropherine« nannten, an die Rezeptoren im Jacobson-Organ binden können – und dies auch tun – und dass das Organ ihre Botschaften an die limbischen Bereiche des Gehirns weiterschickt.[13]

Berliners Substanzen lösen Reaktionen im autonomen Nervensystem aus. Sie sind nicht nur von Mensch zu Mensch unterschiedlich, sondern differieren auch auf genau die Weise von Geschlecht zu Geschlecht, wie man es von Pheromonen erwarten würde. Sie sehen wie Pheromone aus und funktionieren auch wie diese, und das sollte eigentlich genügen, um Neurowissenschaftler von der Existenz und Sensibilität des Jacobson-Organs zu überzeugen. Das Einzige, was einen wissenschaftlichen Konsens nun noch verhindert, scheint die Tatsache zu sein, dass Berliner es gewagt hat, einen Pharmabetrieb namens Erox zu gründen, um zwei kommerziell nutzbare Düfte zu produzieren.

Diese heißen »Realm Men« und »Realm Women« und werden als einzige Duftnoten dieser Welt angeboten, die menschliche Pheromone enthalten und im Labor dupliziert werden können, ergo nicht aus den Drüsen des Moschustiers und der Zibetkatze gewonnen oder aus Pflanzenharzen extrahiert werden müssen. Erox achtet sehr darauf, die Gesetze der amerikanischen Nahrungsmittel- und Medikamentenbehörde nicht zu verletzen, denen zufolge kein als Aphrodisiakum angepriesenes Produkt rezeptfrei über den Ladentisch gehen darf. Die beiden aufeinander abgestimmten Düfte werden ausschließlich als Produkte offeriert, die das Wohlgefühl von Männern und Frauen steigern können.

Von jedem der beiden Düfte heißt es, er könne nur von jeweils einem Geschlecht wahrgenommen werden.

»Realm Men« enthält ein Steroid aus der weiblichen Haut und ist zum Auftragen für Männer gedacht, die sich ein besseres Selbstwertgefühl verschaffen wollen. »Realm Women« enthält ein Steroid aus der männlichen Haut und soll von Frauen aufgetragen werden, die das Bedürfnis nach mehr Selbstvertrauen haben. In beiden Fällen wird vermutlich die pheromonelle Illusion suggeriert, kürzlich mit einem Partner des jeweils anderen Geschlechts intim gewesen zu sein. In Verbindung mit dem Eigengeruch der Benutzer scheint das eine höchst reizvolle Kombination zu sein. Erste Geschäftsberichte legen jedenfalls nahe, dass der Handel blüht und gedeiht. Das Problem für Berliner ist, dass die Wissenschaft bekanntlich höchst kritisch mit ihren eigenen Vertretern umgeht, wenn diese zu Venture-Kapitalisten werden und riesige materielle Gewinne aus ihren Erkenntnissen einstreichen.

Aber so ist im Augenblick der Stand der Dinge. Wie es scheint, besitzen wir ein voll funktionsfähiges Jacobson-Organ und damit auch ein voll einsatzbereites zweites olfaktorisches System. Dass sich diese Nachricht offenbar nur im Schneckentempo verbreitet, überrascht mich, denn die Implikationen dieser Erkenntnis sind einfach unglaublich. Wenn das alles stimmt, dann ist dies eine Entdeckung, die unser aller Leben verändern könnte.

Teil Drei

Das Allermenschlichste

Wann immer das Thema Geruch zur Sprache kommt, sollten wir uns bewusst machen, dass Hören und Sehen aus evolutionärer Sicht betrachtet relativ neue Sinne sind, Spielbälle unseres neuen, großen Gehirns, die unsere intellektuelle und ästhetische Aufmerksamkeit monopolisieren. Dem Geruchssinn wird in unserer Massenkultur keine gleichwertige Rolle zuteil – eine »Scharr-und-Schnupper«-Show wäre keine Bedrohung für *Son et Lumière*. Doch dass wir diesen Sinn so missachten, ist nicht etwa die Folge von olfaktorischen Unzulänglichkeiten. Mir scheint darin im Gegenteil eher die Wesentlichkeit unseres Geruchssinns zum Ausdruck zu kommen – er ist einfach zu wichtig, zu grundlegend für unser Wohlergehen, als dass wir mit ihm herumspielen dürften.

Gerüche üben in Wirklichkeit noch immer außerordentlich große Macht auf uns aus. Und diese Macht hat nichts mit Verdrängung oder Vergessen zu tun, sondern ist das Produkt eines evolutionären Trends hin zu einer neuen, adaptiven, kreativen und einzig unserer Spezies vorbehaltenen Umgangsweise mit Gerüchen. Sie hat etwas mit Gedächtnis zu tun.

Neurologische Studien legen nahe, dass beim Menschen im Gegensatz zu anderen Lebewesen nur sehr wenige olfaktorische Verschaltungen »fest verdrahtet« sind. Wir haben den angeborenen Hang, auf den Geruch unserer Mütter zu reagieren, und wir betreten mit der Pubertät eine Welt ganz neuer Geruchspräferenzen. Abgesehen davon ist jedoch nur sehr wenig fixiert. Den Rest müssen wir im Wesentlichen durch Versuch und Irrtum und durch soziale Vorbilder erlernen. Wir erwerben unser Geruchsgedächtnis durch Erfahrung. Wo wir diese dann speichern, ist noch ein Geheimnis, aber wie es scheint, ist ein viel größerer Teil des Gehirns an der Wahrnehmung und Speicherung von Gerüchen beteiligt als bisher angenommen. Die Kartierung der elektrischen Verschaltungen im Gehirn steckt zwar noch in den Kinderschuhen, doch bereits jetzt ist erwiesen, dass Gerüche auf beide Hirnhälften einwirken. Zuerst lösen sie in der rechten Hälfte emotionale Aktivitäten aus und die führen dann zu intellektueller Aktivität in der linken Hälfte, etwa wenn wir versuchen, uns an den Namen eines bestimmten Dufts zu erinnern.

Bisher konnte allerdings keine Forschung auch nur annähernd ein Phänomen erklären, das man den »Madeleine-Effekt« nennen könnte. Marcel Proust ist uns vor allem durch sein Werk *Auf der Suche nach der verlorenen Zeit* in Erinnerung geblieben, dieses umfangreiche, zehnbändige Unterfangen, Vergangenes aus dem Gedächtnis zurückzuholen. Geschrieben wurde es in einem ungelüfteten Pariser Schlafzimmer, in dem Proust die längste Zeit der letzten zehn Jahre seines Lebens verbrachte und über die »dunkle Landschaft« im Gedächtnis nachdachte, die sich des bewussten Erinnerns entzieht:

»Aber wenn von einer früheren Vergangenheit nichts existiert nach dem Ableben der Personen, dem Untergang der Dinge, so werden allein, zerbrechlicher aber lebendiger, immateriell und doch haltbar, beständig und treu Geruch und Geschmack noch lange wie irrende Seelen ihr Leben weiterführen, sich erinnern, warten, hoffen, auf den Trümmern alles Übrigen und in einem beinahe unwirklich winzigen Tröpfchen das unermessliche Gebäude der Erinnerung unfehlbar in sich tragen.«[152]

Diese Beobachtung wurde Proust durch eine ungewöhnliche *mémoire involtaire* möglich: Zufällig hatte er den Geschmack und Geruch einer Madeleine wieder entdeckt, eines in Lindenblütentee getunkten Sandtörtchens.

Allein diese Kombination aus Geruch und Geschmack bringt ihm all die vielen Sinneseindrücke aus Combray, dem Ort seiner Kindheit, ins Gedächtnis zurück. Sie löst detailliertere und deutlichere Erinnerungen aus, als es je mit Worten zu beschreiben gelingen könnte, beschwört noch einmal vergangene Ereignisse in ihrer ganzen sinnlichen Vielschichtigkeit, ihrer geschmacklichen Vielfalt und all den erotischen Befindlichkeiten herauf, so wie sie in seiner einstigen Welt auf ihn eingestürzt waren.

Dieses »Proust'sche Moment« hallt seither wie ein Echo durch die Literatur und verhilft anderen Schriftstellern dazu, die verschlossenen Türen zu ihren eigenen, lange zurückliegenden Erfahrungen aufzustoßen, ihren Erinnerungen freien Lauf zu lassen und damit neue kultur- und naturgeschichtliche Grundlagen zu schaffen, die uns allen helfen, unser Gedächtnis, wie einst Proust, mit einem »bengalischen Feuer« zu erhellen.

Gerüche sind in der Tat die Hüter und Wächter der Vergangenheit. In der englischen Warwick University fand ein Versuch mit Probanden statt, die mit der Aufforderung, einen Intelligenztest in unmöglich kurzer Zeit zu bewältigen, unter besonders hohen Druck gesetzt wurden. Die eine Hälfte von ihnen durchlebte diese Erfahrung unter dem Einfluss eines kaum wahrnehmbaren, neutralen Dufts. Einige Tage später wurden dann *alle* Probanden einem ähnlichen Test unter der Einwirkung desselben schwachen Geruchs unterzogen. Bei diesem Test schnitten alle, die dem Geruch zuvor nicht ausgesetzt gewesen waren, besser ab als diejenigen, die bereits mit ihm vertraut waren. Die erste Testgruppe zeigte sich diesmal sogar noch ängstlicher und erreichte noch weniger Punkte als beim ersten Testdurchlauf.[100]

Die Probanden waren unbewusst durch einen Geruch konditioniert worden, den keiner von ihnen bewusst wahrgenommen hatte und an den sich auch im Nachhinein niemand erinnern konnte. Wie es scheint, können also sogar unbekannte und nicht wahrnehmbare Gerüche mit Stress-Situationen assoziiert und zu olfaktorischen Signalen verwandelt werden, welche denselben Stress bei entsprechender Gelegenheit zu einem späteren Zeitpunkt erneut hervorrufen beziehungsweise sogar noch verstärken. Wenn es sich dabei um einen biologisch signifikanten Geruch handelt, beispielsweise dem von Vaginalsekreten, würde ihn ein junger Mann, der ihn erstmals während eines Liebesakts wahrgenommen hat, für alle Zeiten als etwas sexuell Bedeutendes und Erregendes empfinden. Wäre die erste Erfahrung angenehm gewesen, verwandelt sich der Geruch zu einem Aphrodisiakum; wäre sie unangenehm gewesen, kann dieselbe chemische Substanz als etwas Widerwärtiges empfunden werden – auch wenn diese selbst weder über anziehende noch abstoßende Eigenschaften verfügt.

Unsere Erinnerung an solcherart Gerüche ist offenbar direkt, unbewusst, ja sogar »primitiv« und sehr resistent gegen Zerstörung oder neue Einflüsse späteren Datums. Was es so vielen Menschen schwer macht, solche Erinnerungen aus dem Langzeitgedächtnis zu artikulieren, hat gewiss damit zu tun, dass diese »erschnüffelt« werden müssen. Wir nehmen sie schemenhaft wahr, sehen uns aber praktisch außer Stande, sie auf irgendeine andere Art zu identifizieren und zu benennen als im Zusammenhang mit den spezifischen Erfahrungen, mit denen sie verknüpft sind. Gerüche werden gemeinsam mit allem, was sie auslösen, unter Bedingungen im Gedächtnis gespeichert, die niemals das formulierbare Bewusstsein erreichen. Sie wandern direkt ins limbische System, was zugleich bedeutet, dass viele von ihnen mit an Sicherheit grenzender Wahrscheinlichkeit vom Jacobson-Organ empfangen und an das Gehirn weitergeleitet werden.

Steven van Toller von der Warwick University fand bei einigen seiner olfaktorischen Experimente heraus, dass bei Probanden zwar eindeutige elektrische Aktivitäten auf der Haut und im Gehirn zu verzeichnen waren, diese aber behaupteten, den jeweiligen zu diesen Reaktionen führenden Geruch gar nicht wahrgenommen zu haben. In einigen Fällen schien das daran zu liegen, dass sie sich des Geruchs einfach nicht bewusst gewesen waren, in anderen, dass sie für diesen Geruch weder über ein Wort noch über irgendeine andere passende Kategorie verfügten. Ungeachtet der Tatsache, dass das Gehirn einen Geruch registriert und sich unter Hypnose sogar an ihn erinnern kann, »ignoriert« es ihn also einfach deshalb, weil er »unaussprechlich« ist.[199] Man kann ihn riechen, aber sofern er keinen bewussten Sinn ergibt, wird er zum Unsinn erklärt und als nicht existent behandelt. Selektive Anosmie ist ein typisches Kennzeichen des limbischen Systems.

John Kinge, ein weiteres Mitglied der produktiven Olfaction Research Group der Warwick University, beschäftigt sich mit den schwer fassbaren Verbindungen zwischen Geruch und Langzeitgedächtnis. Unter anderem testete er ältere Menschen im Rahmen eines Programms, das er »Reminiscence Therapy« nennt: »Nostalgie-Duftpakete« sollen typische Gerüche der frühen Vierzigerjahre ins Gedächtnis zurückrufen. Der jeweilige Trigger-Geruch wird auf getränkten Wattebäuschen in Stöpselflaschen aufbewahrt, die mit so simplen Bezeichnungen wie »alter Teekessel«, »Waschtag« oder »Luftschutzbunker« versehen sind. Ein jeder Duft ist imstande, längst vergessene Informationen wachzurufen. Ein Veteran zum Beispiel stellte zu seinem großen Erstaunen fest, dass er, nachdem er an einer Flasche mit der Aufschrift »Feldlazarett« gerochen hatte, noch immer in der Lage war, die Identifikationsnummer seines Gewehrs aus Kriegstagen herunterzurasseln.

Gruppensitzungen mit solchen Aromapaketen waren sogar noch produktiver. Der einzigartige Geruch eines Teewagens, der zu Kriegszeiten einem Frauenhilfsdienst gehört hatte, löste den reinsten Erinnerungsrausch unter mehreren inzwischen neunzigjährigen Frauen aus. »Es ist faszinierend«, berichtete eine von ihnen, »nach einmal Riechen beginnt man sich plötzlich an alles Mögliche zu erinnern. Die Erinnerungen strömen nur so aus den Tiefen des Gedächtnisses. Das war wirklich fabelhaft.« Der verkohlte Geruch eines ausgebombten Gebäudes – auf der Phiole steht kurz und knapp »Blitz« – ist ein anderer Favorit unter Kinges Patienten. »Je älter die Bevölkerung wird«, sagt er, »umso mehr alte Menschen mit Gedächtnisproblemen werden wir haben. Gerüche können Erinnerungen wecken, wie kein anderer Sinn es vermag. Ich kenne keine effektivere Möglichkeit, Menschen wieder zu orientieren.«[158]

Doch in fünfzig Jahren könnte es viel schwieriger geworden sein, den Menschen diesen Dienst zu erweisen. Wer in so geruchsfreien Zonen wie unseren heutigen Wohnungen aufwächst, wo das Essen in der Mikrowelle erwärmt wird und kein Duft von frisch Gebackenem mehr dem Ofen entströmt, oder wo kein Rasen mehr in der Nähe ist, der gemäht werden muss, lebt in einer Welt mit sehr viel weniger charakteristischen Gerüchen, die sich ins Gedächtnis einprägen können. Doch selbst wenn dieser Verlust den jungen Menschen von heute ihre Erinnerungen rauben könnte, behielte das Geruchsgedächtnis noch immer nicht zu unterschätzende kreative Fähigkeiten. Wer weiß, was der Geruch von Diesel oder Pommes frites für all diejenigen bedeuten wird, die sich dereinst im Jahr 2050 zu erinnern versuchen werden?

Die spezifische Stärke des Geruchssinns ist, dass er als einziger unserer Sinne in direktem Kontakt mit dem Gehirn steht. Wenig überraschend also, dass Erinnerungen an Reize, die vom Gehirn ohne irgendwelche Umwege direkt von den Quellen empfangen werden – ohne Weiterverarbeitung und Modellbildung oder ohne bildliche Abgleichungen und Verzerrungen durch das bewusste Gehirn –, völlig anders aussehen als Erinnerungen, die mit dem Seh- oder Hörsinn verknüpft sind. Ein Geruch wird weder räumlich organisiert noch zeitlich moduliert, er ist eine Erfahrung des Augenblicks, frei von den üblichen Bedingungen von Zeit und Raum. Und eben weil er derart ungebunden ist, ist er so schwierig zu kodieren oder an den üblichen Stellen abzuspeichern.[23]

Es stellt sich dabei ein ähnliches Problem wie beim »Beobachtereffekt« in der Quantenmechanik, demzufolge es unmöglich ist, objektiv zu sein – der Akt des Beobachtens verändert das, was beobachtet wird. Allein durch die Teilnahme an einer Erfahrung wird man unvermeidlich Teil von ihr. Wer einen Geruch wahrnimmt, verändert ihn also ebenso wie dieser ihn verändert. Das Erfahrungsmoment selbst mag zwar unbeschreiblich sein, aber es kann unmöglich vergessen werden, da es sich mit außergewöhnlicher Klarheit irgendwo in den Tiefen des Gedächtnisses eingeprägt hat. Der Mensch erinnert sich sogar viele Jahre später noch an Gerüche in ihrer ganzen Vollständigkeit, mit all ihren unterschiedlichen Komponenten. Wir mögen zwar behaupten, dass wir uns »auf den ersten Blick« verlieben, doch was unser Blut wirklich in Wallung bringt, ist der vertraute Geruch eines geliebten Menschen.

Der Geruchssinn ist eher ein emotionaler als ein intellektueller Sinn, er gehört mehr der rechten als der linken Hirnhälfte an, ist eher intuitiv als logisch und offener für synästhetische Kombinationen mit anderen Sinnen als diese. Und sofern das Jacobson-Organ involviert ist, wird ein Geruch eher auf unbewusster als auf bewusster Ebene wahrgenommen. Unter all diesen Aspekten betrachtet wird deutlich, weshalb olfaktorische Ereignisse unmöglich vergessen werden können.

Sie offerieren uns ein lebenswichtiges primitives Schutzsystem, indem sie es uns ermöglichen, nach nur einer einzigen kurzen Probe zu wissen, dass etwas giftig ist und in Zukunft vermieden werden sollte, oder indem sie uns dabei helfen, Blutsverwandte zu erkennen, Nahrung zu finden, Beute aufzuspüren und uns des Reproduktionsstatus anderer Personen bewusst zu werden. Es ist ein höchst adaptives System von großer, urtümlicher Zweckdienlichkeit und evolutionärer Bedeutung.

Doch was den Madeleine-Effekt letztendlich am bedeutendsten macht, ist, dass er ein primitives Konditionierungsmuster in ein gewaltiges kreatives Werkzeug verwandeln kann. Er verschafft uns Zugang zur Vergangenheit mit einer Klarheit und Vollständigkeit in allen Facetten, wie es kein anderes Erinnerungssystem vermag. Ihm ist zu verdanken, dass sich die Nase – einst nur die Vorhut des Körpers – in ein so kluges Organ verwandelte und dass aus dem Geruchssinn – einst nur für gut genug befunden, um feststellen zu können, wann der Toast verbrennt – ein Imaginationssinn wurde.

So gesehen gebührt dem Geruchssinn ein wesentlich wichtigerer Platz in der Rangordnung unserer Sinne. Wir mögen zwar zu weniger olfaktorischen Informationen Zugang haben als Hunde oder Pferde, doch unser großes Gehirn erlaubt es uns, eine Menge mehr aus den Nachrichten zu machen, die wir aufzugreifen imstande sind.

Alliaceos

Vor Linné hatten Botanik und Medizin jahrhundertelang zusammengehört. Erst als beide Künste zu Wissenschaften gemacht wurden, gingen sie ihrer eigenen Wege. Botaniker ignorierten die Heilkräfte von Pflanzen und medizinische Lehrbücher verweigerten sich dem überlieferten Wissen über Kräuter. Nur wenige Pflanzen waren stark genug, auf beiden Seiten dieser modernen Trennlinie Wurzeln zu schlagen.

Eine davon ist der Knoblauch, Quell des Antibiotikums Allium und des Fungizids Allizin und die vielleicht mystischste und attraktivste Zwiebel weit und breit. Knoblauch ist ein Liliengewächs mit bis zu zwanzig essbaren Zehen, deren Ölen Zauberkräfte nachgesagt werden und die einen so durchdringenden Geruch absondern, dass er von den Lungen ausgeatmet wird, wenn man mit einer Knoblauchzehe über die Fußsohlen reibt.

Theophrastos berichtete von Griechen, die für Hekate, die dreiköpfige Göttin der Zauberei, Knoblauch an Wegeskreuzungen auslegten. Homers Odysseus schützt sich mit Knoblauch, um nicht von Kirke, der Tochter der Sonne, in ein Schwein verwandelt zu werden. Nur den Tempel der »Großen Mutter der Natur«, Kybele, durfte niemand betreten, dessen Atem nach Knoblauch roch.

Heutzutage ist die Luft im ganzen Mittelmeerraum erfüllt von Knoblauch. Die Menschen essen ihn, würzen ihren Wein damit, nutzen ihn gegen Asthma, chronische Bronchitis oder Ödeme und reiben sich sogar damit ein, um sich vor den schwächenden Auswirkungen der heißen Wüstenwinde Schirokko und Samum zu schützen.

Der letzte Teil dieses Buches ist diesem »Allheilmittel des armen Mannes« an der Spitze der Linné'schen Geruchspyramide gewidmet. Knoblauch, der Krähen das Fürchten lehren und Maulwürfe aus ihren unterirdischen Gängen vertreiben kann, ist beim Menschen nach wie vor die einfachste und interessanteste Möglichkeit für jedermann, bei guter Gesundheit und im olfaktorischen Gleichgewicht zu bleiben.

7 · Der sechste Sinn

Unser Verständnis von Realität hat mindestens ebenso viel mit Politik wie mit Physiologie zu tun. Wir *verleihen* dem Leben einen Sinn. Wir zergliedern Informationen in kleine Portionen und arrangieren diese dann zu Mustern, die für uns einen Sinn ergeben. Wir sehen, was wir zu sehen erwarten, und nicht, was die Augennetzhaut auffängt. Wir hören, was wir hören wollen, indem wir jedes störende Geräusch herausfiltern. Wir riechen nur Gerüche, die neu und interessant sind. Wir treffen bewusste und unbewusste Entscheidungen, um uns die Welt zu erschaffen, die wir brauchen. Doch manchmal werden Entscheidungen auch für uns gefällt.

Helen Keller wurde von einer mysteriösen Krankheit befallen, die dazu führte, dass sie noch vor ihrem zweiten Lebensjahr blind und taubstumm wurde. Eingesperrt in ihrem sensorischen Kerker, nicht unähnlich dem des Kaspar Hauser, blieb sie bis zum Alter von sechs Jahren ein völlig unzähmbares, um sich schlagendes, beißendes, nur mit den Händen essendes Kind. Doch mit sieben Jahren und der aufopfernden Hilfe eines Lehrers lernte sie, sich bei ihren Ausflügen ins »Grenzland der Erfahrung«, wie sie es später nennen sollte, vom Geruchs-, Tast- und Geschmackssinn leiten zu lassen. Sie roch »die Flut von anschwellenden, abflauenden und wieder hochkommenden Gerüchen, die die große Welt, Welle für Welle, mit ihrer unsichtbaren Süße erfüllen«. Sie erspürte die sentimentalsehnsüchtigen Stimmungen, ausgelöst durch »Düfte, die Erinnerungen an längst vergangene Sommer und blühende Kornfelder in weiter Ferne zu wecken beginnen«. Und sie bedauerte alle, die zwar sehen konnten, aber dafür vollkommen geruchsblind waren.

Sie spürte das Herannahen eines Sturms, Stunden, bevor es irgendwelche sichtbaren Anzeichen dafür gab, durch »ein pochendes Beben, einen leisen Schauer, ein Zusammenziehen meiner Nasenflügel«. Sie konnte eine Landschaft beschreiben, indem sie deren Gerüche in ihre Bestandteile zerlegte und somit eine gemähte Weide, eine Scheune oder einen Pinienhain in die exakt richtige Lage brachte. Sie konnte einen Zimmermann, Eisenwarenhändler, Künstler oder Chemiker am Geruch ihres Handwerks erkennen. Und »wenn ein Mensch von einer Stelle zur anderen eilt, hinterlässt er mir einen duftenden Eindruck des Ortes, von dem er kommt – eine Küche, ein Garten oder ein Krankenzimmer«.

Die stärksten Reaktionen zeigte sie bei Begegnungen mit anderen Menschen. »Auch wenn viele Jahre vergehen sollten, bevor ich einen engen Freund wieder treffe, könnte ich seinen Geruch sofort im Herzen Afrikas ansiedeln.« Doch sie hatte ebenso große Schwierigkeiten wie wir, ihre olfaktorischen Eindrücke in Worte zu kleiden:

»Manche Menschen sind von einem vagen, inhaltslosen Geruch umweht, der jeder Bemühung trotzt, ihn zu erkennen. Das sind die Irrlichter meiner Geruchserlebnisse, und ich finde solche Personen selten anregend oder unterhaltsam. Umgekehrt verfügt jemand mit einem beißenden Geruch oft über große Vitalität, Energie und starke geistige Kraft.«[95]

Helen Keller war mutig genug, sich sogar den Verlust ihres »mächtigen Hexenmeisters« vorzustellen: »Ich weiß, wenn es keine Gerüche für mich gäbe, würde ich noch immer einen beträchtlichen Teil der Welt besitzen. Neues und Überraschendes gäbe es zuhauf, Abenteuer würden sich im Dunkel verdichten.« Der Triumph ihres Geistes inspirierte Millionen und noch immer erzählt er eine wichtige Geschichte. Aber die wird offenbar von all den Physiologen überhört, die noch immer behaupten, dass es keinerlei Nachweise für die Fähigkeit von Blinden gäbe, besser riechen zu können als Sehende.

Zu dieser Schlussfolgerung kann nur gelangen, wer sich darauf kapriziert, Gerüche ausschließlich anhand ihrer Schwellenwerte unter Laborbedingungen zu messen. In diesem Fall wird man für die Sinnesfähigkeiten unserer Spezies nur Durchschnittswerte erhalten und keine großen Unterschiede zwischen olfaktorischen Amateuren und den ausgebildeten Nasen professioneller Parfumeure feststellen. Was diese Forschung außer Acht lässt, ist der Kontext. Man braucht einen Weinkoster nur aus dem Labor zu entlassen und ihm die Möglichkeit zu geben, in einen Keller zu gehen, wo er sich auch die Farbe eines Weins betrachten und beobachten kann, wie dieser sich im Glase schwenken lässt, wo er kosten kann, welchen Nachgeschmack ein Wein auf der Zunge hinterlässt. Plötzlich wird deutlich, welche Unterschiede es gibt, und keiner wird mehr bezweifeln, dass Weinkoster zu etwas in der Lage sind, das Ungeübten unmöglich ist. Sie haben »eine Nase« für die Unterschiede zwischen Burgunder und Bordeaux und können Weine nicht nur Gütern zuordnen, sondern sogar ihren Jahrgang bestimmen.

Nur sehr selten, wenn überhaupt, erleben wir etwas ausschließlich durch einen einzigen Sinn vermittelt. Unsere Sinne speisen sich gegenseitig, wechseln einander ab, ergänzen sich und vermengen sich miteinander. Der Geruchssinn war unser erster Fernsinn, überlappt sich aber mittlerweile mit allen anderen Sinnesbereichen. Sie teilen sich die Untertöne von Gefühlen und bilden eine ganz urtümliche Sinneseinheit. Und seltsamerweise geht bei dieser Mischung nichts verloren. Die einzelnen Sinne werden dadurch nicht verwässert, sondern verstärkt, weshalb Menschen wie Helen Keller letztlich auch die Möglichkeit geschaffen wird, ebenso gut zu »sehen« wie jeder Sehende.

Für Dichter, Musiker und Künstler, die schon immer synästhetische Welten bewohnten, ist das nichts Neues. Charles Baudelaire sprach über Düfte von der Frische einer Kinderhaut, von den süßen Tönen einer Oboe, von dem satten Grün einer Weide. Guy de Maupassant gestand: »Ich weiß wirklich nicht mehr, ob ich Musik geatmet, Düfte gehört oder unter den Sternen geschlafen habe.« Percy Shelley schwärmte von einer Musik so köstlich, so zart und intensiv, »dass sie sich anfühlte wie ein sinnlicher Geruch« und das Lied einer Nachtigall verglich er mit den »Düften eines Feldes aus Kindertagen«.[156]

Nikolas Rimsky-Korsakow und Aleksander Skriabin waren einhellig der Meinung, dass E-Dur blau sei, nur über den genauen Farbton konnten sie sich nicht einigen. Walt Disney spürte aus Bach und Mussorgsky eine ganze Farbpalette für sein *Fantasia* heraus. Symbolisten wie Stéphane Mallarmé und Tristan Corbière nahmen die psychedelisch-synästhetische Begeisterung der sechziger Jahre um ein ganzes Jahrhundert vorweg. Erst A. E. Housman führte alle wieder auf den Boden der Tatsachen zurück, indem er freimütig eingestand, dass Dichtung in Wirklichkeit keine Kunst sei, sondern etwas, das in den Eingeweiden entstehe, »eine Ausscheidung«.

Solcherart dichterische Freiheiten bereiten natürlich Vergnügen, doch unsere vielleicht besten Nachweise für die Existenz einer biologischen Grundlage für Synästhesie stammen aus der Linguistik. Joseph Williams von der University of Chicago analysierte englische Adjektive, die sich auf Sinneseindrücke beziehen, und entdeckte dabei ein »semantisches Gesetz«, das uns zu verstehen hilft, auf welche Weise sich Sinn und Bedeutung im Laufe der Zeit verändern.[213]

Klare, konkrete Gesetze sind in der Linguistik sehr selten. Aber Williams forschte zwölf Jahrhunderte zurück und fand heraus, dass es eine gerichtete Bewegung beim

Transfer der Adjektive von einem der fünf Sinne zu einem anderen gibt. Bei den chemischen Sinnen fließt die Bewegung vom Tasten über Schmecken zum Riechen, aber niemals in die Gegenrichtung. Etwas, das sich »trocken« anfühlt, wird problemlos zu einem »trockenen« Geschmack oder sogar einem »trockenen« Geruch. In keinem Fall aber verwandelt sich das Adjektiv auf dieser Skala in etwas Tastbares zurück. Wörter, die einen Geschmack bezeichnen, können zur Beschreibung von Gerüchen werden, aber niemals zur Darstellung von etwas Taktilem. Fast jedes Adjektiv aus den Bereichen Tasten und Schmecken kann sich nach oben bewegen, um sich endgültig einem Geruch anzuhaften, doch kein bekannter englischer Urbegriff für Geruch hat sich jemals auf irgendeinen anderen Sinn verlagert.

Geruch steht am Ende der semantischen Linie, so wie er am Anfang jenes biologischen Flusses steht, der vom Tasten über das Schmecken zu den feineren Geruchsrezeptoren fließt. Für die jüngeren Sinne Sehen und Hören scheint es ein separates, aber paralleles semantisches Entwicklungsmuster zu geben. Hier werden Adjektive direkt und ausschließlich vom primitiven Tastsinn übernommen, wie etwa im Fall von »warmen« Farben oder »sanften« Tönen. Transfers auf zweiter Ebene, jenseits von Sehen und Hören, finden hingegen ausschließlich untereinander statt und führen zu Überlappungen wie im Fall von »hellen« Tönen oder »schrillen« Farben.

Dieselben klaren Muster entdeckte Williams auch im Lateinischen, Griechischen, Hochdeutschen und Japanischen. In jeder dieser Sprachen spiegeln die Transfers von Wörtern die Sequenz, in der unsere Sinne einzeln aktiv werden. Zuerst kommt das Tasten, dann das Schmecken, dann das Riechen und schließlich Sehen und Hören. Zuerst stieß der Blindfisch auf Gegenstände im Schlick, dann machte er den Geschmackstest, dann erforschte er die

Gerüche der weiteren Umgebung. Zuerst wendet sich der menschliche Säugling der Berührung durch die Brustwarze zu, dann kostet er die Milch, dann erkennt er die Mutter an ihrem Geruch. Erst dann wenden sich Fisch, Kind und Adjektiv den aufregenden neuen Erlebniswelten von Sehen und Hören zu.

Es ist wirklich faszinierend, dass sich Sprache auf fast dieselbe Weise entwickelt wie alles andere Lebendige. Von großer Bedeutung ist auch, dass sie von aufwärts strebender Mobilität profitiert, sich also nur mit den »erfahreneren«, sich auf die höher entwickelten Sinne beziehenden Begriffe einlässt. In dieser Sinneshierarchie nimmt der Geruchssinn eine einzigartige Position ein. Er steht in direktem Kontakt mit dem Gehirn und braucht sich weder vom Seh- noch vom Hörsinn Huckepack nehmen zu lassen. Er profitiert von synästhetischer Vitalität, scheint aber in Ermangelung anderer Alternativen eine Verbrüderung mit unserem zweiten olfaktorischen System vorzuziehen. Beim Bluthund ist bereits dafür gesorgt, dass sich das Jacobson-Organ mit dem Riechepithel abwechselt und dem Tier damit zu neuen und wesentlich potenteren Sinnesfähigkeiten verhilft. Könnte beim Menschen nicht dasselbe geschehen?

Wir wissen, dass unsere Nase erzogen werden kann. William Cain von der Yale University wählte achtzig Geruchsstoffe aus, die jeder Amerikaner zu unterscheiden in der Lage sein sollte, fand aber heraus, dass seine Studenten durchschnittlich nur sechsunddreißig davon benennen konnten. Alles, dessen es bedurfte, um ihre schlafenden Fähigkeiten zu wecken und die Durchschnittsfähigkeit bei späteren Tests auf 94 Prozent zu steigern, war ein wenig sanfter Druck und positives Feedback. Wie es scheint, haben wir genügend Talent zur Geruchsidentifikation und brauchen nur die richtige Art von Ermunterung, um dies unter Beweis zu stellen.[22]

In Japan gibt es ein Spiel, *Kodo* genannt, bei dem die Teilnehmer die Namen von bis zu zweieinhalbtausend unterschiedlichen Gerüchen erraten müssen. Bei einer verfeinerten Version dieses Spiels wird den Teilnehmern ein bestimmter Räucherduft vorgeführt und sie müssen dann herausfinden, welches andere Inzens sich am angenehmsten mit ihm verbindet. Aber den Gipfel an Ästhetik bei diesem Wettbewerb bildet die Aufgabe, einen Duft zu kreieren, der eine bestimmte Literatur, etwa eines der weniger bekannten Kokinshu-Gedichte, am passendsten ergänzen kann. *Kodo* lässt erahnen, wie wenig Gebrauch die meisten von uns von ihrer olfaktorischen Begabung machen. Rachel Carson, die weiß, welche Potentiale der Geruchssinn für das Wachrufen von Erinnerungen hat, sagte einmal: »Es ist ein Jammer, dass wir ihn so wenig nutzen.«[24] Aber vielleicht geht es ja weniger darum, dass wir ihn brach liegen lassen, als dass wir einfach zu phlegmatisch sind, um uns zu erinnern.

Sicher ist es von Vorteil, einer Kultur wie der japanischen anzugehören, welche immer neue Möglichkeiten erfindet, einen vernachlässigten Sinn zum Leben zu erwecken. Gewiss käme es auch uns zugute, würden wir unsere Aufmerksamkeit für Gerüche wecken, indem wir *Kodo* oder andere Übungen zur Stärkung unserer Wahrnehmung in unseren Schulen einführten. Und natürlich wäre es auch hilfreich, wenn wir uns wie Helen Keller dazu zwängen, das Beste aus dem uns zur Verfügung Stehenden zu machen. Letztlich aber ist es gar nicht nötig, nach all diesen neuen Mitteln und Wegen zur Verbesserung unserer olfaktorischen Fähigkeiten zu suchen, denn wir besitzen bereits alles, was wir brauchen – direkt in unserer Nase.

Wir haben das Jacobson-Organ. Es ist nicht nur bei fast allen bisher untersuchten Menschen vorhanden, sondern scheint darüber hinaus auch bei allen zu funktionieren – wie gesagt, eine winzige Probe von Steroidpheromonen und ein paar anderen Molekülen, angebracht am entsprechenden Tüpfel an einer der beiden Seiten des Nasenseptums, führt zu messbaren elektrischen Hirnaktivitäten, vor allem wenn es sich dabei um Moleküle menschlichen Ursprungs handelt, da diese meist weniger volatil sind und deshalb mit größerer Wahrscheinlichkeit vom Organ nahe der Nasenöffnung aufgegriffen werden als vom Riechepithel am Ende des Nasenhohlraums.

Jetzt brauchen wir uns nur noch vorzustellen, welche Folgen es hätte, dieses lange für so unverdächtig gehaltene Sinnesorgan nicht nur zu besitzen, sondern auch zu nutzen! Ich persönlich bin der festen Überzeugung, dass es unser Leben verändern würde. Allein schon dass ich darüber nachzudenken gezwungen war, während ich dies schreibe, eröffnete mir ganz neue Perspektiven. Doch lassen Sie mich betonen, dass alles, was ich von nun an schreibe, reine Spekulation meinerseits ist.

Man stelle sich nur einmal vor, wir könnten richtungsorientiert riechen und buchstäblich »unserer Nase folgen«. Wirbeltiere waren die Ersten, die über zwei Nasenlöcher verfügten, welche in zwei von einer Scheidewand getrennte Hohlräume führen und zwei parallele Duftströme – also »Stereoriechen« – zulassen. Diese äußerst nützliche Begabung hilft uns, Geruchsquellen aufzuspüren, Nahrung zu finden, einen Paarungspartner zu entdecken und Gefahren zu entgehen.

Richtungsorientiertes Riechen hat sich durch Selektion bei Fischen, Reptilien, Vögeln und vielen Säugetieren herausgebildet und scheint sogar bei uns den Übergang zu einem weniger nomadischen Leben überlebt zu haben. Tests mit Duftstoffen, die jeweils vor nur ein Nasenloch gehalten wurden, bewiesen, dass wir sehr gut in der Lage sind, zwischen den beiden Strömungswegen zu unterscheiden. Mit einer Versagensrate von nur 2:1000 können wir feststellen, ob uns ein Geruch über die rechte oder linke Seite erreicht. Erreicht er uns über beide Nasenlöcher, verzögert sich der Moment des Erkennens kurz, während der Reiz wahrnehmbar intensiviert wird. Wir mögen uns dessen vielleicht nicht bewusst sein, aber wir sind durchaus fähig, die Richtung auszumachen, aus der ein Geruch auf uns einströmt.[103]

Man stelle sich einen Geruch vor, dessen molekulare Struktur und hormonellen Eigenschaften so geartet sind, dass sie sowohl das Jacobson-Organ als auch das alternative olfaktorische System erreichen können. Aus biochemischen Gründen würde dieser Geruch langsamer wahrgenommen werden als ein flüchtiger Duft und er würde zuerst ins limbische System wandern, bevor er ins Bewusstsein der Großhirnrinde dringt. Vom Überlebenswert einer solchen Verzögerung – jener kurzen »Denkpause«, die nicht nur lebensrettend, sondern auch gesichtswahrend sein kann – sprach ich bereits. Ebenso wahrscheinlich aber ist, dass uns dieses Differential mit zusätzlichen Informationen ausstattet, die alle richtungsweisenden Schlussfolgerungen, welche allein von der Nase getroffenen wurden, bestätigen oder infrage stellen können.

Wir wissen auch, dass unsere beiden Nasenlöcher kaum je gleichzeitig mit voller Kapazität arbeiten. Jedes scheint eine Weile die Hauptlast zu übernehmen. Ein Wechsel findet ungefähr alle drei Stunden statt und trägt zu jenem Biorhythmus bei, der sich unmittelbar auf Stimmung und Verhalten auswirkt. Normalerweise hält sich dieser Rhythmus die Waage, doch sobald ein Nasenloch durch Verletzung oder Infektion behindert wird, beginnt das andere früher oder später an Erschöpfung zu leiden und ist dann kaum noch in der Lage, sein eigenes Quantum an olfaktorischen Lasten mit der üblichen Empfindsamkeit zu bewältigen. Und das führt dann zu solchen

Desorientierungsproblemen wie wir sie von Schnupfen oder Grippe kennen.

Das Jacobson-Organ ist hingegen nicht von einem ununterbrochenen Luftstrom abhängig und könnte sich, sofern es funktionsfähig bleibt, nicht nur auf beiden Nasenseiten bedienen, sondern auch an beide Hirnhälften Informationen weitergeben. Es könnte eine von diesem Zyklus völlig unabhängige Rolle übernehmen, indem es je nach Bedarf von rechts nach links wechselt und unter bestimmten Bedingungen für das Riechepithel einspringt. Es könnte sich einem Körper wie dem unseren, der von jeder Art Information zur Wahrung seines inneren Gleichgewichts abhängt, sogar regelmäßig als alternative biorhythmische Quelle anbieten.

Man überlege doch einmal: Die Entdeckung, dass Pflanzen mittels luftgetragener Hormone, die den unseren sehr ähnlich sind, miteinander kommunizieren, muss einen doch einfach nachdenklich stimmen. Und dass die Funktion des Jacobson-Organs als Rezeptorsystem für solche Hormone beinahe gleichzeitig entdeckt wurde, schreit doch geradezu nach einem Zusammenhang, oder nicht? Immerhin würden sich damit eine Menge seltsamer Vorgänge erklären lassen.

Zum Beispiel Madagaskar. Vor über einhundert Millionen Jahren löste sich die heutige Insel von Afrika, driftete in den Indischen Ozean und trug dabei zahllose Tiere und Pflanzen mit sich, die inzwischen an keinem anderen Ort der Welt mehr existieren oder sich in außerordentlich viele, unterschiedlich endemische Formen weiterentwickelt haben. Der Mensch ist dort ein Neuzugang. Als er vor erst zweitausend Jahren dort eintraf, sah er sich einer exotischen Flora von beinahe fünfzehntausend unterschiedlichen Blumenarten ausgesetzt, die den Neueinwanderern aus Afrika und Asien zu 90 Prozent völlig unbekannt waren. Dennoch gelang es ihnen, ein beeindruckendes Arzneimittelbuch pflanzlicher Stoffe zusammenzustellen, die heutzutage zu Tausenden in aller Welt erhältlich sind. Die Zeit hat einfach noch nicht ausgereicht, um jede unbekannte Pflanze dieser Insel zu erforschen und entscheiden zu können, welcher Teil von welcher Spezies bei welcher menschlichen Erkrankung nutzbringend angewendet werden kann und zu welcher Jahreszeit man sie pflücken oder wie man sie aufbereiten sollte.

Solche Erkenntnisse wurden in Asien und Afrika durch sorgfältigste Experimente im Laufe von Tausenden oder gar Millionen von Jahren gesammelt. Sie basierten immer auf uraltem Wissen über die örtliche Flora. Da nun aber die Permutationen all der möglichen Variablen in die Milliarden gehen, ist so etwas in kaum weniger als achtzig Generationen möglich. Die Neueinwanderer in Madagaskar haben ihr Wissen jedoch in kürzester Zeit und allein durch Versuch und Irrtum erworben. Es muss ihnen einfach jemand geholfen haben.

Bei all meinen Reisen nach Madagaskar habe ich versucht, mit den örtlichen Heilern, den *Ombiasy,* zu sprechen und etwas über ihre Techniken zu erfahren. Doch jedes Mal, wenn ich in Erfahrung bringen wollte, woher sie zum Beispiel wissen, dass der Extrakt von Blättern einer dort wachsenden Blütenpflanze, die sie im Frühling pflücken, gegen eine Krankheit hilft, welche sie »milchiges Blut« nennen, bekam ich dieselbe Antwort: »Oh, wir fragen einfach die Pflanzen.« Das ist natürlich absurd. Aber genau das tun sie. Hat ein Heiler ein Problem, geht er in den Wald, denkt an seinen Patienten und versucht während dieser Wanderung seinen Geist zu öffnen und die Lösung seines Problems zu erschnüffeln, bis ihn irgendwas stehen bleiben lässt, bis irgendeine Pflanze plötzlich seine Aufmerksamkeit erregt und sich selbst als Heilmittel darbietet – was der Idee des Ausleseverfahrens eine ganz neue Perspektive verleiht.

Ich war höchst skeptisch bei dieser Geschichte, bis ich zwei Entdeckungen machte. Die erste war, dass »milchiges Blut« die ziemlich genaue Beschreibung eines Symptoms jener Krankheit ist, die wir Leukämie nennen. Diese Krebsart bildet sich im Knochenmark und überschwemmt das ganze Gefäßsystem mit unreifen weißen Blutkörperchen, bis die roten Zellen hoffnungslos unterlegen sind und das Blut tatsächlich einen cremefarbenen Anschein bekommt. Die zweite Entdeckung war, dass ein Schweizer Pharmakonzern einige Erfolge bei der Behandlung von leukämiekranken Kindern mit dem Extrakt einer Pflanze vorweisen kann, die im Angelsächsischen unter dem Namen *Madagaskar periwinkle* (eine Immergrün-Art) bekannt ist.

Zufall? Vielleicht. Aber allmählich glaube ich, dass Pflanzen mehr als nur Alarm signalisieren können, dass der Informationsaustausch in einem Ökosystem viel demokratischer ist, als wir es uns je träumen ließen, und dass viele dieser Informationen olfaktorischer Art sind. Einige Pflanzen produzieren nicht nur Hormone, die der gegenseitigen Warnung dienen, sondern auch solche, die ein Tier dazu bewegen, bei ihrer Ausbreitung zu helfen. Normalerweise würde es sich bei einem solchen Signal um einen Sexuallockstoff handeln, aber das muss nicht immer so sein. Und auch die Belohnung muss nicht immer nur aus Nektar bestehen – es kann sich durchaus um ein Medikament handeln, das die Pflanze dann mit einem Geruch bewirbt, welcher von einem zufällig vorbeikommenden Jacobson-Organ aufgegriffen werden kann. Wie sonst könnten Haushunde, die keinerlei Erfahrung in freier Natur sammeln konnten, wissen, welche Pflanzen sie gegen Bauchweh fressen sollten?

Vielleicht haben ja auch wir so etwas wie eine angeborene Lizenz für Kräutermedizin? Müssten wir vielleicht nur ein wenig bescheidener werden, um uns Zugang zu diesem Geruch-Web zu verschaffen? Sollten wir auf der Suche nach einer Antwort einfach nur hinausgehen in die Natur und Fragen stellen? Wenn es sich bei meinen Erlebnissen auf Madagaskar nicht um reine Täuschungsmanöver handelte, dann könnte es auch nichts schaden, wenn wir uns der Pflanzenwelt auf dieselbe Weise wie die *Ombiasy* näherten – nämlich nicht nur offenen Geistes, sondern auch mit einer leicht geflehmten Oberlippe, damit der Kanal zum Jacobson-Organ freigelegt wird.

Sehen beherrscht unser Leben, unsere Sprache und unseren Geist. Im Englischen sagen wir »I see«, wenn wir Verständnis zum Ausdruck bringen wollen. Wir sagen »look!«, wenn wir dem anderen bedeuten, er möge hinhören. Und sogar in unserem Zeitalter der Computersimulationen und Special Effects vertrauen wir auf beinahe naive Weise noch immer dem, was wir sehen. Angesichts dieser Schieflage könnte es sehr sinnvoll sein, ein wenig mehr der Nase zu vertrauen.

Weshalb schütteln wir zum Beispiel einander immer noch die Hand, wenn wir uns begrüßen? Enge Freunde, Familienmitglieder und Liebende umarmen einander, um sich ihrer Zuneigung zu vergewissern. Sie dringen in die Duftaura des anderen ein und verhelfen sich damit zum Genuss eines ihnen vertrauten Geruchs. Beim Handschlag ist das anders. Wir schütteln nicht nur dem unwillkommenen Gast die Hand, wir sind sogar bereit, völlig Fremden die Hand zu reichen, ohne zu wissen, ob wir ihn nicht vielleicht sogar hassen oder fürchten werden.

Meiner Meinung nach legen wir nur deshalb so großen Wert auf dieses rituelle Händeschütteln – und empfinden die behandschuhte Version nur deshalb als so unhöflich, ja sogar als beleidigend –, weil es dabei um Hautkontakt geht, um den direkten Austausch von pheromonellen Informationen. Soll ein Geruch wirken, müssen Handschuhe abgestreift werden. Die meisten Körperteile verhüllen wir in duftende Schutzschilde, mit denen wir unsere wahre Persönlichkeit verdecken, aber kaum jemand parfümiert sich die Handinnenflächen ein. Und jeder von uns hat schon einmal erlebt, dass er sich nach dem Kontakt mit einer Person, die er »nicht riechen« konnte, wie einst Pontius Pilatus augenblicklich die Hände »in Unschuld waschen« wollte.

Man betrachte sich bei nächster Gelegenheit einmal, was direkt im Anschluss an das obligatorische Händeschütteln zwischen zwei Staatsmännern oder Diplomaten geschieht, die einander über kurz oder lang ebenso gut an die Kehle gehen könnten. Handelt es sich um einen hoffnungslosen Fall, dessen Ausgang längst entschieden ist, wird man beobachten, wie beide verstohlen, aber ausgiebig die Handfläche an der Hose oder der Armlehne eines passenderweise bereitstehenden Sessels reiben. Ist die Angelegenheit noch unentschieden und gibt es noch Raum für Verhandlung, wird zumindest einer von beiden unmittelbar nach dem Körperkontakt eine unbewusste Geste machen, mit der er die Begrüßungshand an seine Nase bringt. Er könnte sich zum Beispiel seine Brille geraderücken, sich an der Wange kratzen, eine imaginäre Fliege vertreiben, oder auch einfach nur nachdenklich das Kinn auf die Hand stützen – irgendwas, das den entscheidenden Geruch nahe genug an die Nase bringt, um ihn analysieren zu können.

Einen gewissen Anteil an diesem unbewussten »Ausschnüffeln« hat mit Sicherheit auch das Jacobson-Organ. Wir müssen so viel wie möglich über Fremde, die sich als gefährliche Feinde erweisen könnten, in Erfahrung bringen. Wissen ist Macht. Ich bin sicher, dass es auch kein Zufall ist, wenn wir durch den berühmten weißen Handschuh gehindert werden sollen, die Ehefrauen oder Begleiterinnen von Fremden auf gleichermaßen persönliche Weise einschätzen zu können wie sie.

Angesichts solcher unbewussten Kontaktaufnahmestrategien wird deutlich, dass wir machtlos sind gegen die Spezialisierung des Jacobson-Organs auf den Erwerb von Reproduktionsinformationen. Den meisten Säugetieren hilft dieses Organ, Fragen zu beantworten, wie: Wer hat gerade einen Eisprung, wer hält gerade nach einem Paarungspartner Ausschau, oder gar: wer ist der wirkliche Vater dieser Jungtiere? Es gibt überhaupt keinen Grund für die Annahme, dass solche Informationen nicht auch uns Menschen zugänglich wären. Die operative Entfernung dieses Organs bei Mäusen, Hamstern und Schweinen hat sich als ebenso drastische Maßnahme erwiesen wie eine Kastration – das Sexualleben wird zerstört. Auch bei uns könnte seine Beschädigung oder Missachtung katastrophale Folgen haben.

Die Forschungen des Biochemikers David Berliner, die später zur Produktion von Düften führten, die mit den Steroiden auf menschlicher Haut identisch sind, beweist, dass wir über diverse natürliche Hormone verfügen, die das Jacobson-Organ beim anderen Geschlecht aktivieren können. Und das wiederum legt nahe, dass unser Sexualverhalten durch die Ausscheidungen eines anderen Menschen, der über die »richtige Chemie« verfügt, modifiziert werden kann.

Clive Jennings-White, einer von Berliners Kollegen an der University of Utah, hat zwei dieser Substanzen identifiziert: das geruchvolle Androstadienon und das völlig geruchlose Estratetraenol.[88] Das geruchlose Steroid aus der weiblichen Haut führt zu heftigen Reaktionen beim männlichen Jacobson-Organ, das geruchvolle aus der männlichen Haut zu ebenso starken Reaktionen in den Nasen von Frauen. Beide Pheromone wirken also geschlechtsspezifisch: jedes zielt auf das jeweils andere Geschlecht und wirkt auf bestimmte unbewusste Hirnregionen der jeweils anderen Person ein. Menschen beiderlei

Geschlechts aber sind in der Lage, einen olfaktorischen Marker auf dem männlichen Pheromon zu riechen, der – zufällig oder nicht – auch ein aktiver Bestandteil des von Erox hergestellten Parfums »Realm Women« ist.

Diese Disparität ist interessant. Zum einen bedeutet sie, dass das weibliche Pheromon völlig unbewusste Effekte produziert, das heißt, es gibt keinen Markergeruch, der das Pheromon oder seine Quelle identifizierbar macht. Und das wiederum bedeutet, dass die Anonymität einer Frau gewahrt bleiben kann und kein Hinweise auf ihre Präsenz gegeben wird. Das männliche Pheromon ist hingegen nicht nur ein sexuelles Signal, sondern auch ein aktives Werbungsmittel, eine Proklamation des Mannes hinsichtlich seiner Präsenz und die Bekanntmachung, dass der Weg zu ihr nur über ihn führt. Es ist ein klares territoriales Signal an seine Rivalen, die zwar dessen sexuelle Komponente nicht lesen können, aber durch die »Decknoten« dieser hormonellen Äußerung in keinem Zweifel gelassen werden, dass es sich hier um eine Drohung handelt.

Weiter als bis zu diesem Punkt ist die Forschung noch nicht gekommen. Doch schon diese ersten Fakten ermöglichen ein paar amüsante Rückschlüsse. Zum Beispiel über H. G. Wells, der bekanntermaßen eine außerordentliche Wirkung auf Frauen hatte. Seinem Kollegen Somerset Maugham ließ das einfach keine Ruhe, also fragte er einige von Wells' Bewunderinnen, was dessen Geheimnis sei. Die Antwort lautete immer gleich: Es habe mit seinem Geruch zu tun. Nun hatte der große Schriftsteller ja vermutlich auch keine anderen Pheromone als andere Männer, aber bei jedem Menschen wird die übliche Chemie von individuellen Geruchsvarianten überlagert. Die für Wells so vorteilhaften Duftnoten könnten also aus einer ganzen Reihe unterschiedlicher Quellen gestammt haben. Das aktive Ingrediens bestand vermutlich aus einem der üblichen Androgene, welche Frauen mit Männern zu assoziieren gelernt haben und die sie an die Grundnoten ihrer eigenen Parfums erinnern. Aber ich möchte wetten, dass der entscheidende Faktor etwas viel Komplexeres war, vielleicht eine typisch Wells'sche verbal-akustische Verknüpfung mit seinem Eigengeruch.

Denn bei unserer Spezies bewältigt das Jacobson-Organ seine Aufgaben kaum je allein. Dafür sind wir einfach zu komplex und unvorhersehbar. Und verdeckte Gerüche sind nach wie vor ein wesentlicher Bestandteil des Ganzen.

Ohne das Jacobson-Organ wären wir wahrscheinlich sehr gehandicapt, ja sogar in unserer Entwicklung behindert. Nicht nur beim menschlichen Fötus ist das Organ deutlich zu erkennen, es ist nachweislich auch in den Nasen aller Neugeborenen vorhanden. Bei Erwachsenen kann es zwar durch das Wachstum anderer Merkmale verdeckt worden sein, existiert aber in fast allen Fällen nach wie vor.

José Garcia-Velasco unternahm an der Universität von Mexiko die bislang größte Studie über das Vorkommen des Jacobson-Organs. Er untersuchte 1000 Patienten beiderlei Geschlechts, bei denen eine plastische Nasenoperation geplant war. Bei 808 von ihnen fand er mit Hilfe eines Nasenspiegels und einer Stirnlampe sofort die typischen Tüpfel auf beiden Seiten der Nasenscheidewand. Nachdem er sich die restlichen 192 Personen daraufhin noch einmal betrachtet hatte, stellte er bei 125 von ihnen Verletzungen oder Deformationen an der Nasenscheidewand fest. Im Anschluss an den jeweiligen wieder herstellenden klinischen Eingriff, bei dem gestörtes septales Gewebe wieder in Ordnung gebracht worden war, fand er die Tüpfel des Jacobson-Organs dann bei allen außer 23 Patienten. »Das Jacobson-Organ«, schlussfolgerte Garcia-Velasco, »ist eine normale, deutlich erkennbare Struktur der menschlichen Nase und praktisch bei allen untersuchten Patienten vorhanden.«[60]

Unglücklicherweise neigen wir dazu, alle Körperteile, denen wir keinen eindeutigen Nutzen zuschreiben können, zu unterschätzen und für wertlos zu halten. Blinddarm, Mandeln und Polypen haben unter unserem Drang gelitten, uns von allem zu befreien, was nicht unbedingt nötig erscheint. Also lassen wir es bei meist völlig unnötigen Operationen entfernen. Aber allmählich beginnen wir vorsichtiger, wenngleich nicht unbedingt auch klüger zu werden. Ein Physiologe zum Beispiel schrieb: »Der Mensch verfügt über eine Reihe von Organen, die traditionell als nicht funktionell dargestellt werden, aber fände man sie bei irgendeinem anderen Säugetier, würde man sie sofort als Bestandteil des pheromonellen Systems erkennen.«[30]

Was bei Motten eine klare Sache zu sein scheint, wird beim Menschen zum Streitpunkt. Der wesentliche Grund dafür ist wohl, dass wir nur ungern zugeben, in vielerlei Hinsicht wie Tiere zu sein und ebenso häufig wie sie ohne angemessene Überlegung zu handeln –, und dabei zu allem Unglück auch noch wie sie wahrnehmbare Gerüche produzieren. Also verhindern wir unseren Hang zum Schwitzen und spielen unsere Fähigkeit herunter, auf die Körpergerüche anderer zu reagieren. Wir behaupten einfach, anders zu sein. Und oft sind wir das natürlich auch. Aber unsere Kinder wachsen ebenso von unseren Gerüchen umgeben auf und lernen mit Hilfe des Jacobson-Organs, ihre Mütter allein an deren Duft zu erkennen. Tun sie das nicht, kann das auch bei unserer Spezies schlimme Folgen haben. Wir wissen längst, dass Flaschenkinder weniger stark reagieren als Kinder, die gestillt wurden. Soziale Fähigkeiten werden vom Moment der Geburt an erlernt und praktiziert.

Von unseren Eltern lernen wir eine Menge und das oft ganz beiläufig, einfach weil sie um uns sind. Wenn nun aber allein schon die Gegenwart eines Mannes im Haus ausreicht, um den Biorhythmus bestimmter Hormone bei weiblichen Familienmitgliedern zu beeinflussen und bei Mädchen eine frühere Pubertät auszulösen, scheint der Gedanke gar nicht mehr so abwegig, dass sich Kinder, die in einem engen Familienverbund aufwachsen, physiologisch und psychologisch anders entwickeln als solche, die dieses biochemischen Kontakts beraubt wurden. Wir haben erst begonnen, die wahre Natur von Vater-Tochter- oder Mutter-Sohn-Beziehungen zu erforschen und uns über all die inhärenten Möglichkeiten im Grenzflächenbereich des Jacobson-Organs klar zu werden – unseres Fensters zur Welt der pheromonellen Kommunikation.

Ich vermute, dass genau hier der Grund für die Spannungen liegt, zu denen es gelegentlich zwischen Stiefeltern und Stiefkindern oder Pflegeeltern und ihren Pflegekindern kommen kann: die Chemie stimmt einfach nicht. Nur sind wir kaum in der Lage, solche Ursachen zu erkennen, denn die meisten Pheromone sind geruchlos, weshalb wir uns gar nicht bewusst werden, dass wir sie wahrnehmen. Und von einem offenbar grundlosen Unwohlgefühl zu Schuldzuweisungen für das eigene Unbehagen ist es dann nur ein kleiner Schritt.

Positiv an dieser ganzen Sache ist, dass dieselben, alles durchdringenden Gerüche wesentlichen Anteil an dem Gefühl haben, irgendwo zu Hause zu sein. Sie gehören untrennbar zum Bindungsprozess und werden schmerzlich vermisst, sobald sie nicht vorhanden sind. Deshalb neigen wir auch dazu, etwas Vertrautes mit uns zu nehmen, wenn wir das Haus verlassen – einen von Papas Pullovern, eines von Mamas Taschentüchern, irgendwas, das uns ein Gefühl der Sicherheit gibt und weniger seines Gebrauchswerts als seines vertrauten Geruchs wegen geliebt wird. Wir schreien protestierend auf, wenn es jemand wagt, ein solches Andenken zu waschen – nicht, weil wir uns davon nicht trennen könnten, sondern weil wir aus Erfahrung wissen, dass wir es ohne den vertrauten Geruch zurückbekommen werden.

Unsere Nase ist niemals untätig. Ob wir wachen oder schlafen, ständig werden wir von Gerüchen belagert und treffen eine Auswahl, wobei wir uns immer auf die Gerüche konzentrieren, die uns angenehm sind oder unsere unmittelbare Aufmerksamkeit fordern.

Korrosive Gerüche wie zum Beispiel das wirklich gefährliche Ammoniak belästigen uns physisch. Sie greifen den Trigeminus an und rufen eine reflexartige Kopfbewegung hervor: wir ziehen die Nase mit einem Ruck aus der Gefahrenzone. Beißende Gerüche, die uns beispielsweise vor Rauch oder Feuer warnen, sind derart mit Kohlenwasserstoffen angefüllt, dass sie auch ins Jacobson-Organ eindringen und einen alternativen Alarm auslösen, nur für den Fall, dass der Erste nicht in unser Bewusstsein gedrungen war.

Dies sind unsere Truppen an vorderster Front, die erste Verteidigungslinie, die eine jeweils angemessene Reaktion auslöst. Wir heben den Kopf, nehmen Witterung auf und versuchen, indem wir ihn von einer Seite zur anderen drehen, Richtung und Entfernung abzuschätzen und uns einen Reim auf ein Gefühl zu machen. Das ist alles wunderbar, aber ich bin überzeugt, dass hinter all diesen wahrnehmbaren Aktivitäten noch ein anderes, viel subtileres Netzwerk besteht – ein Back-up-System für unterschwellige Signale, viele von ihnen pheromoneller Art, das das von der Natur dafür vorgesehene Jacobson-Organ einbezieht.

Hier betreten wir nun das Reich der Intuition, der guten und schlechten »Schwingungen« und der unbestimmten Gefühle. Die Schwellen sind hier so niedrig angesetzt, dass wir uns in einer Welt bewegen, in der junge Aale ihren Weg durch ganze Ozeane erschnüffeln, Mottenmännchen auf einzelne Moleküle reagieren und sogar Bluthunde verzweifelt aufgeben können. Wir reden hier über derart niedrige Reizschwellen, dass höchstens ein multisensorisches Lebenssystem diese aufzugreifen in der Lage ist, auch wenn es selber gar nicht weiß, dass es das tut.

Wenn ich mit meiner Vermutung Recht habe, dass das *Lophiomys* potentielle Räuber verjagen kann, einfach indem es ihnen Unbehagen bereitet, dann stellt sich doch die Frage, wie viele andere Spezies ebenfalls solche psychologische Abschreckungsmaßnahmen betreiben – inklusive der unsrigen! Vielleicht tun wir das sogar sehr häufig, aber ganz unbewusst, etwa wenn wir olfaktorische Signale aussenden, die Enttäuschung, Ungläubigkeit, Verachtung, Misstrauen oder buchstäblichen Ekel vermitteln. Das sind zwar negative, aber oft notwendige Mittel, die wir immer dann einsetzen, wenn wir uns von anderen distanzieren wollen, ohne dies ausdrücklich thematisieren zu wollen – ein bisschen in der Art von Pflanzen, die Chemikalien einsetzen, um das Wachstum von anderen in ihrer Nähe zu verhindern.

Ich habe keine Ahnung, wie umfangreich dieser Bis-hier-hin-und-nicht-weiter-Bereich ist. Wenn er aus relativ großen und weniger flüchtigen Molekülen besteht – also solchen, die vom Jacobson-Organ am ehesten aufgegriffen werden –, dann kann er nicht mehr als ein, zwei Meter Umfang haben. Aber das reicht ja vermutlich schon, um einen Konflikt zwischen den Beteiligten zu verhindern. Die feineren Nuancen einer solchen Dissoziation werden zwar höchstwahrscheinlich durch eine Kombination aus Gerüchen und visuellen oder akustischen Signalen verbreitet, aber ich bin sicher, dass auch wir über einen Körpergeruch verfügen, der im näheren Umkreis wahrlich abschreckend wirken kann. Ich spreche jetzt nicht von den üblichen moschusartigen Gerüchen unserer Achselsekrete, sondern von etwas anderem, das diese vermutlich enthalten, um uns ähnliche Möglichkeiten wie einem Skunk zu eröffnen. Etwas, das nicht allein durch Geruch entsteht, sondern aktiv wird, um andere zu warnen, wenn wir ganz und gar nicht glücklich mit einer bestimmten Situation sind. Dieses Thema hat mehrere Variationen.

Nehmen wir als Grundsituation an, dass eine Person ohne guten oder unmittelbar nachvollziehbaren Grund beschließt, allein sein zu wollen. Auf niedriger Ebene funktioniert das gut. Eine Wand aus geruchlosen Chemikalien wird hochgezogen, mit dem Resultat, dass der Nebensitz im Café oder Zugabteil nicht oder lange nicht besetzt wird. Ist das Signal jedoch zu stark oder währt es zu lange, kann es sich gegen den Absender wenden und sich zum »Garbo-Syndrom« mit universalem Effekt wandeln: jeder nimmt es persönlich. Denn niemand mag sich ohne guten Grund abgelehnt fühlen, und früher oder später wird der Urheber eines solchen Signals nicht nur in Ruhe gelassen, sondern regelrecht als »olfaktorisch unkorrekt« geächtet werden.

Die zweite Situation ist bilateral und schafft normalerweise keine Probleme, kann allerdings auch riskant sein. Sie entsteht immer dann, wenn sich zwei Menschen gegen ihren Willen sozial zueinander verhalten müssen. Das kann durch eine erforderliche Kooperation am Arbeitsplatz sein oder auch einfach nur, weil man einander durch gemeinsame Freunde vorgestellt wurde. Beide werden den Kopf zurückwerfen und Signale aussenden, aus deren Interferenzmuster sich dann das Problem ergibt: gegenseitige Abneigung verwandelt sich in krasse, irrationale Ablehnung. Meist wird diese Situation einfach dadurch gelöst, dass man sich aus dem Weg geht. Doch wenn das nicht arrangierbar ist, kann es ziemlich übel ausgehen. Vielleicht ist es ein Glück, dass Menschen, die unter Wutanfällen am Steuer leiden, meist in geschlossenen Autos olfaktorisch isoliert sind.

Und schließlich gibt es noch die glücklicherweise seltene Variante von klarer Abschreckung durch Geruch. Das *Lophiomys* scheint diese Möglichkeit bis an seine Grenzen zu nutzen, aber es ist durchaus denkbar, dass es Menschen mit ähnlicher Bereitschaft gibt. Die Folgen davon werden zwar bis heute als unsoziales Verhalten empfunden, aber das scheint mittlerweile kaum mehr jemanden zu kümmern. Manifest wird es bei Personen, die Hochmut in Missachtung verwandeln und jeden anderen Menschen als unwichtig und entbehrlich betrachten – bei einem Psychotiker vielleicht, dessen Haut dieses Signal so stark und deutlich aussenden würde, dass es sogar aus gewisser Entfernung, vielleicht sogar bevor man ihn selbst zu Gesicht bekommt, wahrgenommen werden könnte. Es müsste sich also um ein Fernsignal handeln, das auf das Riechepithel einwirkt und vor einem Menschen warnt, der so eigenartig, so außer Kontrolle geraten ist, dass er einfach nicht ignoriert werden sollte.

Wir können Dinge in Erfahrung bringen, die wir eigentlich nicht wissen sollten. »Intuition« ist vermutlich nichts anderes als eine Ahnung, die ohne ersichtlichen Grund plötzlich da ist und ins Bewusstsein dringt. Sie scheint völlig unerwartet aus dem Unbewussten aufzusteigen, aber ihre Ursprünge sind häufig olfaktorischer Art. Möglicherweise erreicht Vorahnung das limbische System über das Jacobson-Organ als direktes Ergebnis von »Inspiration« im eigentlichen Sinne des Wortes.

Helen Keller beschrieb ihre Vorahnungen von heranziehenden Stürmen als ein »pochendes Beben« – eine elegante Möglichkeit, die Einwirkung der vor einem Sturm ionisierten Luft auf die Nasenschleimhaut zu schildern.

Das ist Intuition der eher klimatischen als hellseherischen Art. Ein unbekannter Beamter auf der Île de France (dem heutigen Mauritius) aber teilte 1780 seinem Marineminister mit, dass er eine Möglichkeit gefunden habe, Schiffe aufzuspüren, noch bevor sie am Horizont auftauchten. Er nannte das *Nauscopie* und beschrieb es als eine »durch Geruch erweckte Vorahnung«, sozusagen als das Äquivalent von Weitsicht, also eine Art »Weitriechen«. Leider wissen wir nichts Genaueres über seine Technik, doch laut Überlieferung konnte er mit dieser Begabung eine Menge Geld bei Wetten gewinnen.

Wir wissen, dass eine Motte auf rein mechanistischer Ebene allein durch Geruch über viele Kilometer hinweg einen Paarungspartner ausfindig machen kann. Zugvögel können das vermutlich auch, denn auf ihren Flügen über den Ozeanen navigieren sie zumindest teilweise anhand von Gerüchen, die der Wind von noch weit entferntem Land zu ihnen weht. Und auch viele Blinde und Taube haben bewiesen, dass sie in der Lage sind, einen anderen Menschen zu riechen und an seinem Geruch zu erkennen, lange bevor er zu sehen oder zu hören ist.

Ich glaube aber, dass es noch andere Möglichkeiten des olfaktorischen Wissens gibt. Und die funktionieren durch Synästhesie, also nicht, indem man einen Sinn zurückstellt und es anderen ermöglicht, diesen Verlust auszugleichen, sondern indem man einen Sinn zum anderen fügt und somit beide verstärkt. Wenn man eine lange Strecke als Beifahrer in einem Auto verbringt, ist man schnell versucht, sich den beruhigenden und ständig wiederkehrenden Geräuschen und Bildern hinzugeben und einzuschlafen. Als Fahrer ist man zwar auch gefährdet, doch glücklicherweise fordert das Steuern eines Wagens ein gewisses Maß an geistiger und körperlicher Aktivität, die einen nicht nur wach hält, sondern dem Geist obendrein den Luxus freier Assoziation gönnt. So mancher von uns hat seine besten Gedanken auf dem Weg zu und von der Arbeit – chauffiert zu werden hat bei weitem nicht dieselben Vorteile.

Meine Annahme ist nun, dass jede Art von Aktivität, die den Einsatz unserer Seh- und Hörfähigkeiten oder unseres Geschmacks- und des Tastsinns erfordert und Körperfunktionen über einen bestimmten kritischen Level hebt, unsere Fähigkeit verstärkt, auf Gerüche zu reagieren. Ein Jäger, der durch den Wald streift, dabei auf jedes Geräusch achtet und selbst nach den geringsten Bewegungen Ausschau hält, wird die geringsten Anzeichen von Rauch lange vor seinem Gefährten wahrnehmen, der unbewegt im Camp sitzen geblieben ist. Das ist ein bekanntes Phänomen. Man nennt es »sensorische Intensivierung«. Sie senkt zwar nicht die üblichen Schwellenwerte unserer Sinneswahrnehmungen, verhilft uns aber dazu, bestimmte Informationen ins Bewusstsein zu rücken. Und wenn es sich dabei um eine olfaktorische Nachricht handelt, ist es ausgesprochen nützlich, ihr zur rechten Zeit ausgesetzt zu sein.

Der alternierende Dreistundenzyklus zwischen der rechten und linken Nasenöffnung wird Tag und Nacht beibehalten. Nachts trägt er zu Schlafbewegungen bei, die sicherstellen, dass wir uns auf die linke Seite legen, wenn das rechte Nasenloch übernommen hat, und umgekehrt. Doch wenn wir im wachen Bewusstseinszustand sind, strömen olfaktorische Informationen vornehmlich in nur eine Hirnhälfte.

Wir verfügen über Nachweise, dass unsere linke Hemisphäre logischer und analytischer ist. Sie kennt die Namen von Gerüchen. Die rechte ist intuitiver und emotionaler. Sie wittert die Dinge und entwickelt ihnen gegenüber Gefühle. Idealerweise brauchen wir den Input beider Seiten, um zu nützlichen Schlussfolgerungen zu gelangen.

Hellseherei wird gewöhnlich als geistiges »Sehen« beschrieben, als die Fähigkeit, etwas zu erkennen, das »unsichtbar« ist. Als Hellseher gilt jemand, der außerordentliche »seherische Fähigkeiten« hat. Wie immer liegt die Betonung auf dem Visuellen, aber ich bin überzeugt, dass die Informationen sehr viel häufiger olfaktorischer Art sind.

Der Geruchssinn ist nicht nur ein Fernsinn, er ist auch sehr viel beharrlicher und weit weniger von Zeit abhängig als der Seh- oder Hörsinn. Gerüche verweilen in der Luft und bieten Informationen noch lange, nachdem sie abgegeben wurden, oder liefern Hinweise auf Ereignisse, die erst bevorstehen. Der Jäger braucht unterschwellig nur den winzigsten Hauch eines Löwengeruchs aufzugreifen, also etwas, das in sein linkes Nasenloch eindringt und das Riechepithel wie das Jacobson-Organ reizt, und schon flüstert ihm die rechte Hirnhälfte die Warnung »Löwe« ein und lässt den Jäger auf eine »Vorahnung« hin reagieren. Erst dann beginnt seine linke Hirnhälfte aktiv zu werden. Ohne ersichtlichen logischen Grund ändert er sein Vorhaben. Er beschließt, nicht direkt zur Wasserstelle hinunterzugehen, sondern lieber einen kleinen Umweg zu machen und sich von einem nahe gelegenen Hügel aus erst einmal vorsichtig umzusehen. Von dort sieht er dann den Löwen genau neben dem Pfad auf der Lauer liegen, den er ursprünglich hatte gehen wollen.

Hellseherei? Nicht wirklich. Er hat keinen flüchtigen Blick auf das Unbekannte erhascht, nicht blitzartig in die Zukunft gesehen. Er war nicht in der Lage vorauszusagen, was geschehen würde. Doch er hatte in der Tat den Hauch einer Vorahnung, ein unbewusstes Vorgefühl dessen, was geschehen könnte, *wenn* er wie geplant weitergeht. Es bedurfte nur ein bis zwei Moleküle, um eine Kette von Handlungen in Gang zu setzen, die sein Leben retteten. Die Moleküle lösten eine Reaktion aus, die zweifellos von Überlebenswert war – und solche Ereignisse werden von der Natur immer und immer wieder gefördert.

Wir »riechen Lunte« und spüren, dass irgendwas nicht stimmt. Aber genauso leicht und mit Hilfe desselben biologischen Rüstzeugs können wir auch fühlen, dass die Dinge im Lot sind. Neugeborene lächeln beim ersten Erkennen des mütterlichen Geruchs. Diese Reaktion scheint angeboren zu sein und trägt mit Sicherheit eine Menge dazu bei, dass Mütter bemüht sind, ihr Kind weiterhin mit ihrem Geruch zu umgeben. Zwischen Mutter und Kind entsteht also ein System der gegenseitigen Ermunterung, während beim Kind obendrein bestimmte Gerüche ein für alle Mal als »angenehm« festlegt werden.

Wir lernen in der Weise, in der das Leben auf uns einwirkt. Doch offenbar gibt es Gerüche, die wir von unserer Natur her als angenehm empfinden, also nicht, weil wir sie mit glücklichen Stunden verbinden, sondern weil sie pheromonell sind und eine uralte Saite in uns zum Klingen bringen. Meist sind uns solche Trigger-Düfte nicht vertraut und scheinen uns vor allem anzuziehen, weil sie in einem Maße fremd wirken, dass sie uns neugierig machen, aber eben nicht so fremd, dass sie Ängste in uns wecken würden. Es ist möglich, sich zu verlieben, nur weil ein bestimmter Geruch etwas in einem zum Klingen bringt. Vielleicht stimuliert er eines der limbischen Lustzentren, in dem natürliche Amphetamine wie Phenylethylamin produziert werden, die auf das Gehirn dieselbe Wirkung wie Kokain haben – die Tricks der Natur, um unser Leben mit Glück und Lust anzureichern.

Sobald der euphorische Zustand, den wir »Verliebtheit« nennen, abzuflauen beginnt – und das muss er nach einer langen Periode ungezügelter Leidenschaft –, übernehmen andere Designerdüfte die Aufgabe, nachlassende Liebesbande zu stärken. Einer der bekanntesten davon ist der Geruch, der dem Haarschopf eines Babys entströmt. Er wird vom Tag der Geburt an abgegeben und gehört zu den natürlichen Opiaten oder Endorphinen, die ein entspanntes Gefühl des Wohlbehagens und der Beruhigung auslösen. Dies gelingt durch die Produktion eines Hormons namens Oxytocin, welches sowohl mütterliches als auch väterliches Verhalten fördert und obendrein dazu beiträgt, dass sich ein Paar nach dem Abebben dieser wunderbaren anfänglichen Ekstase vertraut miteinander zu fühlen beginnt. Und für diese unterschwellige Kontrolle sorgt einzig und allein das Jacobson-Organ.

Noch immer gibt es Menschen, die die Existenz menschlicher Pheromone bestreiten, aber das sind oft genau dieselben, die mit ungeheuer großem Aufwand deren Produktion und Wirkung bei sich und anderen zu unterdrücken versuchen. Viele Religionen verbieten das Tanzen oder beschränken es auf Tänzer desselben Geschlechts. Einige fordern von Frauen, ihr Haupt mit einem *Chador* oder *Hajib* zu bedecken und verhindern so höchst effektiv das Ausströmen aller Kopfhautgerüche. Eine Frau, die dies verweigert, entehre ihren Mann, heißt es. Dabei ist hier ganz offensichtlich nicht *seine* Ehre in Gefahr. Auch das Heben des Brautschleiers bei christlichen Trauungszeremonien ist letztlich Ausdruck dieser Sorge, denn mit der feierlichen Besiegelung der Paarbindung wird zugleich die Erlaubnis erteilt, Pheromone auszutauschen, wie es beim rituellen Kuss des Brautpaars dann ja auch geschieht.

Ansonsten wird olfaktorische Intimität allenthalben missbilligend betrachtet und einzuschränken versucht, indem Achseln rasiert und sämtliche Duftquellen ausgiebigst deodoriert werden. Weshalb sonst insistieren Puritaner auf die zugeknöpfte Formalität von hochgeschlossener Kleidung mit langen und von fest verschlossenen Manschetten gehaltenen Ärmeln? Und warum machen sogar wir in unseren freiesten aller Gesellschaften noch immer so ein Getue um das Bedecken von Brustwarzen? Das wird doch nicht etwa mit der Tatsache zu tun haben, dass die Warzenhöfe der weiblichen Brust derart reich mit apokrinen Drüsen und Sexualduftstoffen ausgestattet sind?

Und sollte es ein Zufall sein, dass die Zielorgane der Beschneidung von Männern wie Frauen in zwei der pheromonell produktivsten Körperzonen liegen? Ironischerweise werden Beschneidungen fast überall dort, wo man sie durchführt, vom zeremoniellen Einsatz sorgsam ausgewählter pheromoneller Pflanzendüfte begleitet. Ich muss einfach noch einmal betonen, wie stark unsere Handlungen dazu angetan sind, die Existenz und Potenz genau der Dinge zu betonen, die sie zu verschleiern versuchen.

Die meisten Säugetiere reagieren eindeutig auf den Geruch von Urin und der darin enthaltenen pheromonellen Informationen. Nur wir wurden sozialisiert und konditioniert, den Geruch von Urin – vor allem in urbaner Umgebung – zu ignorieren beziehungsweise ihn als widerwärtig zu empfinden. Experimente mit menschlichem Urin haben bewiesen, dass er dieselben aktiven Ingredienzien enthält wie der Urin fast aller anderen Warmblütler und dass er auf diese sogar mehr oder weniger denselben Effekt hat wie deren eigene Harnstoffe.

Der Uringeruch einer weiblichen Maus minimiert die Gefahr eines Übergriffs durch fremde Mäusemännchen. Weibchen können sich fast immer ebenso gelassen durch die Territorien von Männchen bewegen wie andere Männchen, die vom Uringeruch eines Weibchens umgeben sind – sogar wenn dieser Urin von einer Frau stammt. Der Urin einer männlichen Maus verschickt allerdings eine ganz andere Botschaft: Auf weibliche Mäuse wirkt er anziehend, wohingegen er andere Männchen zu aggressivem Verhalten prädisponiert oder sie zumindest veranlasst, die Gegenwart dieses Geruchs als ein aggressives Signal zu werten. Der Urin eines Mannes löst bei Mäusemännchen ebenso starke Aggressionen aus.

Männliche Wildkaninchen urinieren vor der Kopulation auf das Weibchen, weil diese Duftmarke andere Männchen normalerweise abstößt. In diesem Lichte betrachtet sollten wir vielleicht noch einmal einen genaueren Blick auf die Vorliebe von uns Männern werfen, unseren Frauen und Freundinnen Parfums zu schenken, die androgene Pheromone enthalten. Auch im Zusammenhang mit Uringerüchen und dem aggressiven Verhalten zwischen Männern stellen sich hier faszinierende Fragen. Die aggressivsten Graffiti finden sich in aller Welt an den Wänden von Umkleidekabinen und Männertoiletten. Englische Fußballvereine scheinen sich dieses Risikos längst bewusst zu sein, denn sie legen ungewöhnlich großen Wert darauf, die männlichen Fans von rivalisierenden Fußballvereinen niemals mit den territorialen Toilettengerüchen der jeweils anderen zu konfrontieren. Sie bieten ihnen einfach separate Toilettenanlagen.

Wir wissen, dass der Uringeruch eines fremden Männchens den Spiegel der von der Hypophyse ausgeschütteten Hormone bei trächtigen Weibchen senken und damit eine Fehlgeburt auslösen kann. Außerdem ist bewiesen, dass der Urin eines fremden Männchens das hormonelle Gleichgewicht bei weiblichen Hamstern derart durcheinander bringen kann, dass diese überhaupt nicht schwanger werden. Zu denselben Resultaten bei Nagetieren führte androgenhaltiger menschlicher Urin. Dennoch scheint es niemand für wert zu erachten, mögliche Auswirkungen auf die Fruchtbarkeit von Frauen zu untersuchen, die beispielsweise als Reinigungsfrauen in Umgebungen arbeiten, wo sie dem Uringeruch fremder Männer ausgesetzt sind.

Über solche Dinge sollten wir uns aber Gedanken machen, denn sie bergen echte Risiken für schwangere Frauen mit einem intakten Jacobson-Organ. Informelle Nachforschungen in meinem Freundeskreis ergaben, dass junge Frauen oft Schwierigkeiten haben, erstmals schwanger zu werden, solange sie im Haus der Schwiegereltern leben und von den Gerüchen der Schwäger und Schwiegerväter umgeben sind. Häufig wurden sie nur wenige Monate nach der Gründung eines eigenen Hausstands schwanger.

Menschliches Verhalten ist komplexer und meist schwieriger zu analysieren als das anderer Spezies. Die Zusammenhänge von Reiz und Reaktion sind nie so deutlich abgegrenzt oder festgelegt wie bei im Wesentlichen instinktgetriebenen Spezies. Trotzdem reagieren auch wir häufig automatisch und gedankenlos, vor allem wenn wir von unterschwelligen Signalen beeinflusst werden. Und die bestimmen nach wie vor in bedeutendem Maße unsere täglichen Interaktionen.

Wir wissen also, dass Pheromone irreguläre Menstruationszyklen normalisieren, den Eisprung unterdrücken und die Biorhythmen von sowohl gemischten als auch gleichgeschlechtlichen Partnern synchronisieren können. Meist scheinen diese Effekte das Resultat von Interaktionen der Hormonproduktionen von Hypophyse und Hypothalamus zu sein. Doch es gibt mindestens ebenso viele Verbindungen zwischen Umweltgerüchen und Hirnregionen, die für schnelle Verhaltensänderungen und emotionale Reaktionen verantwortlich sind. Und genau hier beginnt das Reich von spontaner Abneigung und plötzlichen, unerklärlichen Aversionen.

Haben Sie schon einmal erlebt, dass Sie sich plötzlich mit einem Kellner oder Verkäufer stritten, ohne eigentlich zu wissen, weshalb? Wurden Sie schon einmal beim Vorübergehen an einer anderen Person auf der Straße von einem unerklärlichen Schauder überfallen, als sei Ihnen der Teufel persönlich begegnet? Kennen Sie das, dass Sie in einer Menschenschlange stehen und plötzlich das untrügliche Gefühl haben, die Person hinter Ihnen werde gleich etwas Peinliches oder gar Gefährliches tun – obwohl Sie mit dem Rücken zu ihr stehen? Haben Sie manchmal die unerklärliche Gewissheit, dass Sie von einer Person, der Sie noch nie zuvor begegnet sind, belogen werden? Oder hat Ihnen schon mal ein Mensch, dem Sie gerade eben erst vorgestellt wurden, deutlich zu erkennen gegeben, dass er Sie nicht leiden kann? Natürlich haben Sie das alles schon einmal erlebt. Solche Dinge gehören einfach zum normalen Leben, wenngleich es vielleicht auch nicht gerade alltägliche Erfahrungen sind. Wir sind aufs Genaueste eingestellte Empfänger und Meister im Erkennen von kleinsten Nuancen des Ungewöhnlichen bei anderen, denn unser Leben und unser Auskommen miteinander hängen davon ab.

So funktioniert natürliche Auslese. Wir betrachten und belauschen Vorgänge um uns sehr genau, sammeln ständig unbewusst Informationen und rechtfertigen unsere Reaktionen mit Worten, wie: »Gefällt mir gar nicht, wie das aussieht« oder: »Dieser Ton passt mir nicht.« Häufig zitieren wir auch unseren Tastsinn, beispielsweise wenn wir sagen: »Den könnte ich um den Finger wickeln, wenn …« Aber ganz unserer sensorischen Vorurteile gemäß erinnern wir uns erst dann an den Geruchssinn, wenn keine andere Möglichkeit mehr bleibt, wenn uns etwas so eindeutig falsch vorkommt, dass wir voller Überzeugung sagen: »Das stinkt!« Doch die Chancen sind hoch, dass uns in jedem Fall von Anfang an ein Geruch alarmiert hatte. Sein fast nie wahrnehmbarer Duft durchquert in Bruchteilen von Sekunden ausgedehnte Räume, und kaum sind ein paar seiner Moleküle in unserem Jacobson-Organ eingetroffen, kann er unsere sämtlichen Pläne umschmeißen.

Sogar Wissenschaftler tendieren dazu, unseren Geruchssinn abzuwerten, indem sie alle Primaten als mikrosmatisch – mit unterentwickeltem Geruchssinn – bezeichnen. Es stimmt, dass dem Geruchssinn nur eine relativ kleine Region unseres Gehirns gewidmet ist und wir über weniger Rezeptoren verfügen als die meisten anderen Säugetiere. Wildkaninchen besitzen fünfzig Millionen, Affen selten mehr als zehn Millionen. Doch bei dieser Feststellung wird völlig unterschlagen, dass diese Sinneszellen nicht notwendigerweise auf bestimmte Gerüche festgelegt sind. Sie sind vielmehr in der Lage, auf eine große Bandbreite zu reagieren. Und damit ermöglichen sie es wenigen Zellen, ganz Unterschiedliches zu bewerkstelligen.

Unbeachtet bleibt dabei auch der neurologische Fakt, dass viele olfaktorischen Informationen so kodiert werden, dass eine Rekognition im Gehirn erforderlich ist. Je größer das Gehirn, desto mehr Sinn kann es beschränkten Informationen abgewinnen. Damit haben Affen, Menschenaffen und Menschen die Chance, einen bemerkenswert ausgeklügelten Geruchssinn unter Beweis zu stellen. Und dies wiederum öffnet die Tür für eine ziemlich unerwartete Schlussfolgerung: Wir sind ganz und gar keine Mikrosmatiker, wir sind womöglich sogar die Spezies, die hinsichtlich ihrer Geruchswahrnehmungsfähigkeit am weitesten entwickelt ist.[96]

Unter den richtigen Umständen könnten wir mit Hilfe des Jacobson-Organs herausfinden,

- ob es regnen wird oder nicht;
- ob sich unter der Holzveranda tatsächlich eine Schlange versteckt;
- wann die Feigen am Baum unten am Fluss reif sind;
- wer uns dort durch den Obstgarten entgegenkommt;
- wo wir unsere Autoschlüssel verlegt haben;

- wohin die Kinder gegangen sind;
- wer ihre Freunde sind;
- wer zuletzt auf diesem Stuhl gesessen oder in jenem Bett geschlafen hat und ob er alleine war oder nicht;
- wann die Nachbarin ihren Eisprung hat und folglich für andere attraktiv oder zur Bedrohung wird;
- was unser Partner zu Mittag aß oder mit wem er diese Zeit anders nutzte
- und ob wir deshalb nun einen Anwalt brauchen oder nicht.

Nichts an diesen Intuitionen ist paranormal, alles liegt im Bereich der Fähigkeiten unseres Geruchssinns, sofern wir ihn so einsetzten, dass er sich zu einem »sechsten Sinn« wandeln kann.

Diskussionen über menschliche Pheromone beschränken sich meist auf die Frage, inwieweit sie sexuell orientiertes Verhalten bei potentiellen Paarungspartnern auslösen können. Und die Tatsache, dass ausgerechnet die Erox Corporation einen Großteil der derzeit interessantesten Forschung auf diesem Gebiet finanziert und fördert, hat zur Folge, dass die Betonung momentan ganz auf den sinnlichen Duftstoffen liegt. Aber ich bin davon überzeugt, dass das Jacobson-Organ an weit mehr als nur unserem Sexualleben beteiligt ist.

Der Mensch verfügt über kein eigenes Verhaltensmuster zur Verteilung von Hormonen außerhalb des Körpers. Wir pflegen normalerweise nicht an Laternenpfähle zu urinieren, einander an den Fesseln zu beschnüffeln oder unseren Geruch in Form von Duftwolken um uns zu versprühen. Aber wir tragen komplexe Düfte auf der Haut und hinterlassen eine Spur aus geruchvollen Zellen, wo immer wir uns bewegen. Wir streifen zehntausend Zellen pro Stunde von jedem einzelnen Finger ab und ziehen damit eine unsichtbare, aber ganz individuelle Wolke aus flüchtigen und geruchlosen Partikeln hinter uns her. Einige von ihnen sind kurzlebig, andere höchst dauerhaft. Und diese könnten, sofern sie nicht von Milben konsumiert und wenn sie durch ein möglichst warmes, trockenes Klima vor dem Verfall bewahrt werden, Jahrhunderte überdauern. Wer weiß, was unsere Nasen dann aus ihnen herauslesen?

Sogar in einer einzigen abgestreiften Zelle ist noch die komplette Botschaft enthalten, auch wenn diese immer nur eine knappe Charakterisierung enthält, ähnlich einer Zeitungsannonce:

> »Junger Mann, Weißer, sportlich, Nichtraucher, ziemlich fröhlich, Knoblauch-Fan.«

So viel könnte jedenfalls ein Bluthund herauslesen, aber letztlich auch jeder Mensch mit guter Nase und einem aktiven Sozialleben. Es geht nichts über die Fülle der Details, die der Madeleine-Effekt anbietet. Aber hier ist nicht die Rede von konkreter Erinnerung, sondern vielmehr von Informationen unterschiedlichster Art, die ausreichen, um synästhetische Effekte auszulösen, und zwar so viele, dass Illusionen sogar in die Gewänder ihrer Zeit gekleidet werden, wodurch wir sie dann als »Geister« mit allem Drum und Dran wahrnehmen.

Ich versuche mir seit Jahren einen Reim auf Geistererscheinungen zu machen. Die meisten sind standortabhängig, das heißt, sie erscheinen immer an einer bestimmten Stelle. Sie sind grundsätzlich bekleidet, was sogar dann ziemlich unerklärlich ist, wenn man bereit ist, die Möglichkeit eines Weiterlebens der Seele in Betracht zu ziehen. Und viele sind tatsächlich von einem charakteristischen

Geruch umgeben. Das finde ich ermutigend, denn das gibt uns vielleicht einen nützlichen Hinweis. Geruch könnte das Einzige sein, was uns mit dem Verursacher eines solchen Reizes, dem ursprünglichen Besitzer dieser pheromonellen Zellen noch verbindet. Geruch ist ein mächtiger Kommunikationskanal, nur ist sein Vokabular begrenzt und bietet uns gerade mal genügend Möglichkeiten, um ein paar verschwommene und höchst vage physische, biographische und geistige Umrisse zu erkennen – was ja keine schlechte Beschreibung für die meisten Geistergestalten ist. Sie haben maximalen emotionalen Einfluss und bieten minimalste Fakten über das Jenseits, genau das, was von einer simplen molekularen Botschaft oder einem olfaktorischen Telegramm zu erwarten ist. Es war Platon, der schrieb: »Alle Gerüche sind etwas Zwitterhaftes.«

Wenn die Zellen aber nun einmal zu einer Person gehörten, die man persönlich kannte, ist das Resultat vermutlich ganz anders. In diesem Fall könnte der Eigengeruch der Zellen zu unserer Madeleine werden. Man würde sich nicht nur einem vagen Eindruck ausgesetzt sehen, sondern einer vollständigen synästhetischen Symphonie aller Sinne, mitsamt allen Wörtern, Bildern, Geschmäckern und Gewebebeschaffenheiten, einfach allem, was zu einer komplexen und absolut überzeugenden Illusion gehört – zu einer klassischen Geistererscheinung eben. Auf einer anderen Ebene könnte das auch erklären, weshalb Personen, die gerade einen geliebten Menschen verloren haben, ein so starkes, beständiges Gefühl haben, dass dieser immer noch um sie sei.

Ich glaube, wir haben noch nicht einmal begonnen, unseren »Wundersinn« zu begreifen. Es gibt noch so vieles, das wir lernen müssen, insbesondere über jene Teile dieses Sinns, die im Rhinenzephalon beheimatet sind – dem alten »Riechhirn«, das von so unzähligen Geheimnissen umgeben ist. Sie werden sich aber nur enthüllen, wenn wir den Mut und die Phantasie haben, die richtigen Fragen zu stellen. Jean-Jacques Rousseau sagte einmal, der Geruchssinn sei unser Imaginationssinn und bringe das Gehirn ständig in Aufruhr.[156]

In der Tat, das tut er.

»Ich glaube, wir können ziemlich gut beurteilen, welche Zukunft den biologischen Wissenschaften in einigen Jahrhunderten bevorsteht. Wir brauchen nur die Zeit zu schätzen, die es dauern wird, bis wir uns ein vollständiges, allumfassendes Wissen über den Geruchssinn angeeignet haben. Das mag vielleicht manchem nicht als profund genug erscheinen, um die gesamten Naturwissenschaften beherrschen zu können, doch in Wahrheit werden sich durch ihn Schritt für Schritt alle Geheimnisse lösen lassen.«

LEWIS THOMAS, »On Smell«, *Late Night Thoughts*.

Taxonomie

Die im Text mit ihren umgangssprachlichen Namen erwähnten pflanzlichen und tierischen Arten sind hier präziser unter ihren binomischen lateinischen Bezeichnungen aufgeführt, unter welchen sie auch Carl von Linné wieder erkannt hätte. Beiläufig erwähnte oder domestizierte Züchtungen und Arten wurden hier außer Acht gelassen.

FUNGUS

Trüffel	*Tuber melanosporum*

PFLANZEN

Akazie	*Acacia sp.*
Balsam	*Cistus Ladniferus*
Echte Katzenminze	*Nepeta cataria*
Echter Silber-Ahorn	*Acer saccharum*
Erd-Klee	*Trifolium subterraneum*
Europäisch. Walnussbaum	*Juglans regia*
Gänsekresse	*Arabidopis thaliana*
Gemeine Pappel	*Populus euroamericana*
Goldrute	*Solidago ulmiflora*
Immergrün	*Catharantus roseus*
Johanniskraut	*Hypericum sp.*
Knoblauch	*Allium sativum*
Lorbeer	*Laurus nobilis*
Mimose (Sinnpflanze)	*Mimosa pudica*
Myrte	*Myrtus communis*
Norwegische Fichte	*Picea abies*
Odermenning	*Acrimonia parviflora*
Pinie	*Pinus sp.*

Rose	*Rosa sp.*
Rosmarin	*Rosmarinus officinalis*
Roterle	*Alnus rubra*
Schafgarbe	*Achillea millefolium*
Sitka-Weide	*Salix sitchensis*
Tabak	*Nicotina tabacum*

INSEKTEN

(Echter) Seidenspinner	*Bombyx mori*
Raupe des Kalifornischen Ringelspinners	*Malacosoma californica*
Rossameise	*Camponotus socius*

SPINNE

Bolas-Spinne	*Mastophora sp.*

KRUSTENTIER

Meeresgarnele	*Artemia salina*

FISCHE

Elritze	*Phoxinus phoxinus*
Flussaal	*Anguilla anguilla*
Gefleckter Katzenhai	*Scyliorhinus caniculus*
Weißspitzen-Hundshai	*Triaenodon obesus*

AMPHIBIEN

Afrikanischer Krallenfrosch	*Xenopus laevis*
Amerikanischer Leopardfrosch	*Rana pipiens*
Feuerbauchmolch	*Taricha rivularis*
Gefleckter Chorfrosch	*Pseudacris clarkii*
Gemeine Kröte	*Bufo bufo*
Gemeiner europäischer Frosch	*Rana temporaria*
Mexikanische Kröte	*Bufo valliceps*
Streckerscher Chorfrosch	*Pseudacris streckeri*

REPTILIEN

Rennechse	*Cnemidophorus tigris*
Strumpfbandnatter	*Thamnophis radix*

VÖGEL

(Gemeiner) Star	*Sturnus vulgaris*
Buntfüßige Sturmschwalbe	*Oceanites oceanicus*
Großer Sturmtaucher	*Puffinus gravis*
Truthahngeier	*Cathartes aura*
Weißflügel-Sturmvogel	*Pagodrama nivea*

SÄUGETIERE

(Europäischer) Igel	*Erinaceus europaeus*
(Europäisches) Wildkaninchen	*Oryctolagus cuniculus*
(Geschwänztes) Aguti	*Myoprocta prattii*
Asiatischer Elefant	*Elephans maximus*
Bonobo	*Pan paniscus*
Dachs	*Meles meles*
Gabelhornantilope	*Antilocapra americana*
Gemeiner Vampir	*Desmodus rotundus*
Gleithörnchenbeutler	*Petaurus breviceps*
Goldhamster	*Mesocricetus auratus*
Jaguar	*Panthera onca*
Katzenmaki	*Lemur catta*
Kurzschwanzwühlmaus	*Microtus agrestis*
Löwe	*Panthera leo*
Lophiomys (»Haubenratte«)	*Lophiomys imhausi*
Maultierhirsch	*Odocoileus hemionus*
Maus	*Mus musculus*
Mauswiesel	*Mustela nivalis*
Mongolische Rennmaus	*Meriones unguiculatus*
Moschustier	*Moschus moschiferus*
Nilpferd	*Hippopotamus amphibious*
Präriewühlmaus	*Microtus ochrogaster*
Reh	*Capreolus capreolus*

Schabrackenhyäne	*Hyaena brunneas*
Schimpanse	*Pan troglodytes*
Schwarznashorn	*Diceros bicornis*
Springbock	*Antidorcas marsupialis*
Stachelmaus	*Acomys caharinus*
Streifenskunk	*Mephitis mephitis*
Tüpfelhyäne	*Crocuta crocuta*
Wasserratte	*Arvicola terrestris*
Weddell-Robbe	*Leptonychotes weddelli*
Weißbäuchige Spitzmaus	*Suncus murinus*
Weißwedelhirsch	*Odocoileus virginianus*
Wildschweineber	*Sus scrofa*
Zibetkatze	*Viverra sp.*

Bibliographie

1 Ackerman, Diane, *Die schöne Macht der Sinne. Eine Kulturgeschichte,* München, 1991.

2 Adams, Donald R., Wiekamp, Michael D., »The canine vomeronasal organ«, *Journal of Anatomy*, 138, 771, 1984.

3 Adams, M. D., »Seasonal changes in the skin glands of roe deer«, Dissertation, Reading University, 1976.

4 Adams M. G., »Odour producing organs of mammals«, *Symposia of Zoological Society of London*, 45, 57, 1980.

5 Agosta, William C., *Chemical Communication: The Language of Pheromones*, Scientific American Library, New York, 1992.

6 Audubon, John J., »Account of the habits of the turkey vulture«, *Edinburgh New Philosophy Journal*, 2, 172, 1827.

7 Ayabe-Kanamura, Saho; Schicker, Ina; Lasker, Mattias; Hudson, Robin; Distel, Hans; Kobayakawa, Tatsu; Saito, Sachiko, »Differences in perception of everyday odours: A Japanese-German cross-cultural study«, *Chemical Senses*, 23, 31, 1998.

8 Baldwin, B. A.; Shillito, Elizabeth E., »The effects of ablation of the olfactory bulbs on parturition and maternal behaviour in Soay sheep«, *Animal Behaviour*, 22, 220, 1974.

9 Baldwin, Ian T.; Schultz, Jack C., »Rapid changes in tree leaf chemistry induced by damage«, *Science*, 221, 277, 1983.

10 Bang, Bety G.; Cobb, Stanley, »The size of the olfactory bulb in 108 species of bird«, *The Auk,* 85, 55, 1968.

11 Bang, Bety G., »Functional anatomy of the olfactory system in 23 orders of birds«, *Acta Anatomica,* 79, Sup. 58, I., 1971.

12 Berliner, David L.; Jennings-White, Clive; Lavker, Robert, M., »The human skin: Fragrances and pheromones«, *Journal of Steroid Biochemistry and Molecular Biology*, 39, 671, 1991.

13 Berliner, David, L.; Monti-Bloch, Luis; Jennings-White, Clive; Diaz-Sanchez, Vicente, »The functionality of the human vomeronasal organ (VNO): Evidence for steroid receptors«, *Journal of Steroid Biochemistry and Molecular Biology,* 58, 26, 1996.

14 Brill, A. A., »The sense of smell in the neuroses and psychoses«, *Psychoanalysis Quarterly,* I., 7, 1932.

15 Brockie, R., »Self-anointing by wild hedgehogs«, *Animal Behaviour*, 24, 68, 1976.

16 Broom, Robert, »A contribution to the comparative anatomy of the mammalian Organ of Jacobson«, *Transactions of the Royal Society of Edinburgh,* 39, 231, 1897.

17 Broom, Robert, *The Mammal-Like Reptiles of South Africa,* London, 1932.

18 Broom, Robert, »On the palate, occiput and hindfoot of *Bauria cynops*«, *American Museum Novitates*, Nr. 946, 106, 1937.

19 Brownlee, Robert G.; Silverstein, Robert M., »Isolation, identification and function of the chief component of the male tarsal scent in black-tailed deer«, *Nature,* 221, 284, 1969.

20 Burger, J; Gochfeld, M., »A hypothesis on the role of pheromones on age of menarche«, *Medical Hypotheses,* 17, 39, 1985.

21 Butenandt, A.; Beckmann, R.; Stam, D.; Hecker, E., »Über den Sexual-Lockstoff des Seidenspinners *Bombyx mori*«, *Zeitschrift für Naturforschung*, 14, 283, 1959.

22 Cain, William S., »Educating your nose«, *Psychology Today*, 15, 48, 1981.

23 Cain, William S., »What do we remember about odours?« *Perfumer and Flavorist*, 9. 17, 1984.

24 Carson, Rachel, *The Sea Around Us*, London, 1951.

25 Cernoch, Jennifer M.; Porter, Richard H., »Recognition of maternal axillary odours by infants«, *Child Development*, 56, 1593, 1985.

26 Charles, Dan, »Stressed plants cry for help«, *New Scientist*, 8 März, S. 7., 1997.

27 Clark, Larry; Mason, J. Russell, »Olfactory discrimination of plant volatiles by the European starling«, *Animal Behaviour*, 35, 227, 1987.

28 Classen, Constance; Howes, David; Synnott, Anthony, *Aroma: The Cultural History of Smell*, London, 1994.

29 Classen, Constance, Worlds of Sense: *Exploring the Senses in History and Across Cultures*, London, 1995.

30 Comfort, Alex, »Likelihood of human pheromones«, *Nature*, 230, 432, 1971.

31 Conniff, Richard, »We shed 50 million skin cells a day«, *Smithsonian*, S. 65, Januar 1986.

32 Cooper, J. Gregory, »Comparative anatomy of the vomeronasal organ complex in bats«, *Journal of Anatomy*, 122, 571, 1976.

33 Corbin, Alain, *Pesthauch und Blütenduft. Eine Geschichte des Geruchs*. Berlin, 1996.

34 Cowley, J. J.; Brooksbank, B. W. L., »The effect of the two odorous compounds on performance in an assessment-of-people test«, *Psychoneuroendocrinology*, 2, 159, 1977.

35 Cowley, J. J.; Brooksbank, B. W. L., »Human exposure to putative pheromones and changes in aspects of social behaviour«, *Journal of Steroid Biochemistry and Molecular Biology*, 39, 647, 1991.

36 Crews, David; Garstka, William, R., »Hormonal control of courtship behavior in the garter snake«, *Hormones and Behaviour*, 7, 451, 1976.

37 Crews, David, »The ecological physiology of a garter snake«, *Scientific American*, 247, 159, 1982.
38 Cummings, E. E., *Selected Poems*, London, 1969.
39 Dabney, V., »Connections of the sexual apparatus with the ear, nose and throat«, *New York Medical Journal*, 97, 533, 1913.
40 Day, Stephen, »The sweet smell of death«, *New Scientist*, S. 28, 7. Sept. 1996.
41 Dole, J. W., »The role of olfaction in the orientation of leopard frogs«, *Herpetologica*, 28, 258, 1972.
42 Doty, Richard L., »Changes in the intensity and pleasantness of human vaginal odours during the menstrual cycle«, *Science*, 190, 1316, 1975.
43 Doty, Richard L., »Olfactory communication in humans«, *Chemical Senses*, 6, 351, 1981.
44 Doty, Richard L., »Communication of gender from human breath odours«, *Hormones and Behaviour*, 16, 13, 1982.
45 Durden-Smith, Jo; Diane de Simone, *Sex and the Brain*, New York, 1983.
46 Dryden, G. L.; Conway, C. H., »The origin and hormonal control of scent production in *Suncus murinus*«, *Journal of Mammology*, 48, 420, 1967.
47 Duvall, David, »A new question of pheromones«, *siehe* Ref. 78.
48 Empson, J., »Periodicity in body temperature in man«, *Experientia*, 33, 342, 1977.
49 Estes, R. D., »The role of the vomeronasal organ in mammalian reproduction«, *Mammalia*, 36, 315, 1972.
50 Ewer, R. F., *Ethology of Mammals*, London, 1968.
51 Fabricant, N. D., »Sexual functions and the nose«, *American Journal of Medical Science*, 239, 156, 1960.
52 Farbman, Albert I., *Cell Biology of Olfaction*, Cambridge, 1991.
53 Finger, Thomas E.; Silver, Wayne L., *Neurobiology of Taste and Smell*, New York, 1988.
54 Finlay, G. H., *Dr. Robert Room: Paleontologist and Physician, 1866–1951*, Kapstadt, 1972.
55 Fisher, H. E., *The Anatomy of Love: A Natural History of Mating, Marriage, and Why We Stray*, New York, 1992.
56 Foster, Steven; Duke, James A., *A Field Guide to Medicinal Plants: Eastern and Central North America*, Boston, 1990.
57 Fowles, John, »Seeing nature whole«, *Harpers*, S. 49, Nov. 1979.
58 Freitag, Joachim; Krieger, Jürgen; Strotmann, Jörg; Breer, Heinz, »Two classes of olfactory receptors in *Xenopus laevis*«, *Neuron*, 15, 1383, 1995.
59 Freud, Sigmund, »Bemerkungen über einen Fall von Zwangsneurose«, *GS*, Bd. 8, S. 267–351; *GW*, Bd. 7, S. 379–463; *S.A.*, Bd. 7, S. 31–103.

60 Garcia-Velasco, José; Mondragon, Manuel, »The incidence of the vomeronasal organ in 1000 human subjects and its possible clinical significance«, *Journal of Steroid Biochemistry and Molecular Biology*, 39, 561, 1991.
61 Gemme, R.; Wheeler, C. C. (Hrsg.), *Progress in Sexology: Selected Papers from the Proceedings of the 1976 International Congress of Sexology*, New York: Plenum, 1977.
62 Gibbons, Boyd, »The intimate sense of smell«, *National Geographic*, S. 324, Sept, 1986.
63 Godfrey, J., »The origin of sexual isolation between bank voles«, *Proceedings of the Royal Physical Society of Edinburgh*, 47, 1958.
64 Good, Paul R.; Geary, Nori; Engen, Trygg, »The effect of oestrogen on odour detection«, *Chemical Senses and Flavour*, 2, 45, 1976.
65 Gorman, Martyn L., »Sweaty mongooses and other smelly carnivores«, *siehe* Ref. 185.
66 Graham, C. A.; W. C. McGrew, »Menstrual synchrony in female undergraduates living on a coeducational campus«, *Psychoneuroendrocrinology*, 5, 245, 1980.
67 Grant, E., O. Anderson ; Twitty, V. C., »Homing orientation by olfaction in newts«, *Science*, 160, 1345, 1968.
68 Grubb, T. C., »Smell and foraging in shearwaters and petrels«, *Nature*, 237, 404, 1972.
69 Grubb, Jerry, C., »Olfactory orientation in *Bufo woodhousei fowleri, Pseudacris clarki* and *Peudacris streckeri*«, *Animal Behaviour*, 21, 726, 1973.
70 Grubb, Jerry C., »Maze orientation in Mexican toads«, *Journal of Herpetology*, 10, 97, 1976.
71 Halpern, Mimi; Kubie, John L., »Chemical access to the vomeronasal organs of garter snakes«, *Physiology and Behaviour*, 24, 367, 1980.
72 Halpern, Mimi; Kubie, John L., »The role of the ophidian vomeronasal systems in species-typical behaviour«, *Trends in Neurological Science,* 7, 472, 1984.
73 Hart, Benjamin L., »Flehmen behaviour and vomeronasal organ function«, *siehe* Ref. 133.
74 Hasler, A. D.; Larson, James A., »The homing salmon«, *Scientific American*, 202, 72, 1958.
75 Hedin, P. A. (Hrsg.), *Plant resistance to Insects*, American Chemical Society Dymposia, Bd. 208, 1982.
76 Holldobler, Burt; Wilson, Edward O., *Ameisen. Die Entdeckung einer faszinierenden Welt*, Biel-Benken, 1995.
77 Hooley, Richard, *Current Biology*, im Druck 1999.
78 Hotton, Nicholas III. (Hrsg.) *Ecology and Biology of Mammallike Reptiles*, Smithsonian Institution, Washington, 1986.

79 Houston, David C., »Scavenging efficiency of turkey vultures in tropical forest«, *Condor*, 88, 318, 1986.
80 Hudson R.; Distel, H., »The pattern of behaviour of rabbit pups in the nest«, *Behaviour*, 79, 255, 1982.
81 Hutchinson, L. V.; Wenzel, Bernice M., »Olfactory guidance in foraging by Procellariiformes«, *Condor*, 82, 314, 1980.
82 Huysmans, J. K., *Gegen den Strich*, Bremen, 1991.
83 Jackson, D. D., »Psychotherapy for schizophrenia«, *Scientific American*, 188, 58, 1953.
84 Jacobson, L., »Description anatomique d'un organe observé dans les mammifières«, *Annales Musée Histoire Naturelle*, 18, 412, 1811.
85 Jellinek, J. S.; de Bosque, Olies; Gschwind, J.; Schubert, B.; Scharf, A., »The scent and the marketing mix«, *Dragoco Report*, 39, 103, 1992.
86 Jellinek, J. S., »Perfumes as signals«, *Advances in the Biosciences*, 93, 585, 1994.
87 Jellinek, Paul, *The Practice of Modern Perfumery*, Interscience, New York, 1954.
88 Jennings-White, Clive, »Perfumery and the sixth sense«, unter: http://www.erox.com oder www.realm.de
89 Johnston, R. E., »Responses to individual signatures in scent countermarks«, Advances in the Biosciences, 93, 361, 1994.
90 Jolly, Alison, *Lemur Behaviour: A Madagascar Field Study*, Chicago, 1966.
91 Kalmijn, A. J., »The electric sense of sharks and rays«, *Journal of Experimental Biology*, 55, 371, 1971.
92 Kalmus, H., »The discrimination by the nose of the dog of individual human odours and in particular the odour of twins«, *British Journal of Animal Behaviour*, 3, 25, 1955.
93 Karlson, P.; Lüscher, M., »Pheromones: A new term for a class of biologically active substances«, *Nature*, 183, 55, 1959.
94 Kaufman, G. W.; Siniff, D. B.; Reichle, R., »Colonial behaviour of Wedell seals at Hutton Cliffs, Antarctica«, *Rapports du Conseil Permanent International pour l'Exploration de la Mer*, 169, 228, 1975.
95 Keller, Helen, »Sense and sensibility«, *The Century Magazine*, Nr. 66, Februar 1908.
96 Keverne, Eric B., »Olfaction in the behaviour of non-human primates«, *siehe* Ref. 185.
97 Kiltie, Richard A., »On the significance of menstrual synchrony in closely associated women«, *American Naturalist*, 119, 414, 1982.
98 Kirk-Smith, Michael; Booth, D. A.; Carrol, D.; Davies, P., »Human social attitudes affected by androstenol«, *Research Communications in Psychology, Psychiatry and Behaviour*, 3, 379, 1978.

99 Kirk-Smith, Michael; Booth, D. A., »Effect of androstenone on choice of location in others' presence«, *siehe* Ref. 196.
100 Kirk-Smith, Michael; van Toller, S.; Dodd, G. H., »Unconscious odour conditioning in human subjects«, *Biological Psychology*, 17, 221, 1983.
101 Kleerekoper, H.; Morgensen, J., »Role of olfaction in the orientation of *Petromyzon marinus*«, *Physiological Zoology*, 36, 347, 1963.
102 Klopfer, P. H.; Adams, D. K.; Klopfer, M. R., »Maternal imprinting in goats«, *Proceedings of the National Academy of Sciences*, 52, 911, 1962.
103 Kobal, G.; van Toller, S.; Hummel, T., »Is there directional smelling?«, *Experientia*, 45, 130, 1989.
104 Kruczek, M., »Vomeronasal organ removal eliminates odour preferences in bank voles«, *Advances in the Biosciences*, 93, 421, 1994.
105 Kruuk, H., »Spatial organization and territorial behaviour of the European badger«, *Journal of Zoology*, 184, I, 1978.
106 Kubie, John L.; Halpern, Mimi, »Laboratory observations of trailing behaviour in garter snakes«, *Journal of Comparative and Physiological Psychology*, 89, 667, 1975.
107 Kubie, John L.; Vagvolgyi, Alice; Halpern, Mimi, »Roles of the vomeronasal and olfactory systems in courtship behaviour of male garter snakes«, *Journal of Comparative and Physiological Psychology*, 92, 627, 1977.
108 Kubie, John L.; Halpern, Mimi, »Garter snake trailing behaviour«, *Journal of Comparative and Physiological Psychology*, 93, 362, 1978.
109 Ladewig, Jan; Price, Edward O.; Hart, Benjamin L., »Flehmen in male goats: Role in sexual behaviour«, *Behavioural and Neural Biology*, 30, 312, 1980.
110 Lane, Harlan (Hrsg.), *The Wild Boy of Aveyron*, Cambridge, 1976.
111 Largey, Gale, P.; Watson Davod Rodney, »The sociology of odours«, *American Journal of Sociology*, 77, 1021, 1972.
112 Lawless, Julia, *Aromatherapie*, Köln, 1999.
113 Le Gúerer, Annick, *Scent: The Mysterious and Essential Powers of Smell*, New York, 1992.
114 Linné, Carl von (Carolus Linnaeus), *Systema naturae*, Stockholm, 1735.
115 Linné, Carl von (Carolus Linnaeus), »Odores medicamentorum«, *Amoenitates Academicae*, 3, 183, 1756.
116 Maclean, Charles, *The Wolf Children*, New York, 1978.
117 Maclean, Paul D., »Neurological significance of the mammal-like reptiles«, *siehe* Ref. 78.

118 McClintock, Martha, »Menstrual synchrony and suppression«, *Nature*, 229, 224, 1971.

119 Marks, Lawrence E., *The Unity of the Senses: Interrelations Among the Modalities,* New York, 1978.

120 Martin, L. C., *The Poems of Robert Herrick,* Oxford, 1974.

121 Maugh, Thomas H., »The scent makes sense«, *Science*, 215, 1224, 1982.

122 Maugham, W. Somerset, *On a Chinese Screen*, Oxford, 1985.

123 Mensing, J.; Beck, C., »The psychology of fragrance selection«, *siehe* Ref. 198.

124 Meredith, Michael; Burghardt, Gordon M., »Electrophysiological studies of the tongue and accessory olfactory bulb in garter snakes«, *Physiology and Behaviour*, 21, 1001, 1978.

125 Meredith, Michael; Marques, David M.; O'Connell, Robert J.; Stern, F. Lee, »Vomeronasal pump«, *Science*, 207, 1224, 1980.

126 Mertl, A. S., »Discrimination of individuals by scent in a primate«, *Behavioural Biology*, 14, 505, 1975.

127 Michael, R. P.; Bonsall, R. W., »Chemical signals and primate behaviour«, *siehe* Ref. 133.

128 Monti-Bloch, Luis; Jennings-White, C.; Dolbert, D. S.; Berliner, D. L., »The human vomeronasal system«, *Psychoneuroendocrinology*, 19, 673, 1994.

129 Moran, David T.; Jafek, Bruce W.; Rowley III., J. Carter, »The vomeronasal organ in man: Ultrastructure and frequency of occurrence«, *Journal of Steroid Biochemistry and Molecular Biology*, 39, 545, 1991.

130 Morris, Desmond, *Dogwatching. Die Körpersprache des Hundes*, München, 1996.

131 Moy, R. F., »Histology of the forefoot and hindfoot interdigital and medial glands of the pronghorn«, *Journal of Mammology*, 52, 441, 1971.

132 Muller-Schwarze, D.; Silverstein, R. (Hrsg.), *Chemical Signals in Vertrebrates*, Bd. I, New York, 1977.

133 Muller-Schwarze, D.; Silverstein, R. (Hrsg.), *Chemical Signals in Vertebrates,* Bd. III, New York, 1983.

134 Müller-Velten, H., »Über den Angstgeruch bei der Hausmaus«, *Zeitschrift für vergleichende Physiologie,* 52, 401, 1966.

135 Nietzsche, Friedrich W.: *Jenseits von Gut und Böse*, S. 328 Digitale Bibliothek Band 2: Philosophie, S. 68516 (vgl. Nietzsche Werke, Bd. 2, S. 745)

136 Nunley, M. Christopher, »Response of deer to human blood odour«, *American Anthropologist,* 83, 630, 1981.

137 Orwell, George, *Der Weg nach Wigan Pier*, Zürich, 1982.

138 Owens, M. J.; Owens, Delia D., »Feeding ecology and its influence on social organization in brown hyenas (*Hyena brunnea*) of

the Central Kalahari Desert«, *East African Wildlife Journal*, 16, 113, 1978.

139 Parsons, Thomas S., »Nasal anatomy and the phylogeny of reptiles«, *Evolution*, 13, 197, 1959.

140 Patterson, R. L. S., »Identification of the musk odour component of boar saliva«, *Journal of Science, Food and Agriculture*, 19, 434, 1968.

141 Pederson, Patricia; Stewart, William B.; Greer, Charles A.; Shepherd, Gordon M., »Evidence for olfactory function *in utero*«, *Science,* 221, 478, 1983.

142 Persky, H.; Lief, H. I.; O'Brien, C. P.; Strauss, D.; Miller, D., »Reproductive hormone levels and sexual behaviours of young couples during menstrual cycle«, *siehe* Ref. 61.

143 Pfeiffer, W., »Alarm substances«, *Experientia*, 19, 113, 1963.

144 Plutarch, *Fünf Doppelbiographien*, Düsseldorf, 1994

145 Poddar-Sarkar, M.; Brahmachary, R. L.; Dutta, J., »Scent marking in the tiger«, *Advances in the Biosciences*, 93, 339, 1994.

146 Porter, Richard H.; Etscorn, F., »Olfactory imprinting resulting from brief exposure in *Acomys canirinus*«, *Nature*, 250, 732, 1974

147 Porter, Richard H.; Cernoch, Jennifer M.; McLaughlin, Joseph F., »Maternal recognition of neonates through olfactory cues«, *Physiology and Behaviour*, 30, 151, 1983.

148 Porter, Richard H.; Cernoch, Jennifer M.; McLaughlin, Joseph F., »Odour signatures and kin recognition«, *Physiology and Behaviour*, 34, 455, 1985.

149 Potapov, M. A.; Evsikov, V. I., »Kin recognition in water voles«, *Advances in the Biosciences*, 93, 247, 1995.

150 Powers, J. Bradley; Winans, Sarah S., »Vomeronasal organ: Critical role in mediating sexual behaviour of the male hamster«, *Science*, 187, 961, 1975.

151 Preti, G.; Cutler, W. B.; Huggins, G. R.; Garcia, C. R.; Lawley, H. J., »Human axillary secretions influence women's menstrual cycles«, *Hormones and Behaviour*, 20, 474, 1986.

152 Proust, Marcel, *Auf der Suche nach der verlorenen Zeit*, Bd. I, »Combray«, S. 66–67, Frankfurt am Main, 1953.

153 Riasman, G., »An experimental study of the projection of the amygdala to the accessory olfactory bulb and its relationship to the concept of a dual olfactory system«, *Experimental Brain Research*, 14, 395, 1972.

154 Rasmussen, Lois E.; Schmit, Michael J.; Henneous, Roger; Groves Douglas, »Asian bull elephants: Flehmen-like responses«, *Science*, 217, 159, 1982.

155 Rhoades, David F., »Responses of alder and willow to attack by tent caterpillars and webworms«, *siehe* Ref. 75

156 Rindisbacher, Hans J., *The Smell of Books: A Cultural-Historical Study of Olfactory Perception in Literature*, Ann Arbor, 1992.
157 Roper, Timothy, »Odour and colour as cues for taste-avoidance learning in domestic chicks«, *Animal Behaviour*, 53, 1241, 1997.
158 Rumbelow, Helen, »Smell of Blitz brings back memories«, *The Times*, London, 10. Okt. 1998, S. 19.
159 Russell, Michael J., »Human olfactory communication«, *Nature*, 260, 520, 1976.
160 Russell, Michael J.; Switz, Genevieve M.; Thompson, Kate, »Olfactory influences on the human menstrual cycle«, *Pharmacology, Biochemistry and Behaviour*, 13, 737, 1980.
161 Ruysch, Frederick, *Thesaurus anatomicus*, Amsterdam, 1703.
162 Sanderson, Ivan T., *Living Mammals of the World*, New York, 1972.
163 Sartre, Jean-Paul, *Baudelaire. Ein Essay*, Reinbek b. Hamburg, 1997.
164 Schleidt, M.; Neumann, P.; Morishita, H., »A cross-cultural study on the attitude towards personal odours«, *Journal of Chemical Ecology*, 7, 19, 1981.
165 Schmidt, U.; Greenhall, A. M., »Untersuchungen zur geruchlichen Orientierung der Vampir-Fledermaus«, *Zeitschrift für vergleichende Physiologie*, 74, 217, 1971.
166 Schultze-Westrum, T., »Innerartliche Verständigung durch Düfte beim Gleitbeutler«, *Zeitschrift für vergleichende Physiologie*, 50, 151, 1965.
167 Seton, E. T., *Lives of Game Animals*, New York 1927.
168 Shelley, W. B.; Hurley, H. J.; Nichols, A. C., »Axillary odor: Experimental study on the role of bacteria, apocrine sweat and deodorants«, *Archives of Dermatology and Syphiology*, 68, 430, 1953.
169 Shepher, J., *Incest: A Biosocial View*, New York, 1983.
170 Shulaev, Vladimir; Silverman, Paul; Raskin, Ilya, »Airborne signaling by methyl salicilate in plant pathogen resistance«, *Nature*, 385, 718, 1977.
171 Shutt, Donald, A., »The effects of plant oestrogens on animal reproduction«, *Endeavour*, 35, 110, 1976.
172 Signoret, J. P., »Chemical communication and reproduction in domestic animals«, *siehe* Ref. 132.
173 Simon, Carol A., »Masters of the tongue flick«, *Natural History*, 91, 59, 1982.
174 Singer, Alan G., »A chemistry of mammalian pheromones«, *Journal of Steroid Biochemistry and Molecular Biology*, 39, 627, 1991.
175 Singh, J. A. L.; Zingg, R. M., *Wolf Children and Feral Man*, New Haven, 1966.

176 Smith, K.; Sines, J. O., »Demonstration of a peculiar odour in the sweat of schizophrenic patients«, *Archives of General Psychiatry*, 2, 184, 1960.
177 Smith, R. J. F., »Alarm substance of fish«, *siehe* Ref. 132.
178 Sommerville, Barbarda; Gee, David; Avelill, June, »On the scent of body odour«, *New Scientist*, 10. Juli 1986, S. 41.
179 Sonenshine, D. E., »Pheromones and other semiochemicals of the acari«, *Annual Review of Entomology*, 30, I, 1985.
180 Stehn, R. A.; Richmond, Milo E., »Male induced pregnancy termination in the prairie vole *Microtus ochrogaster*«, *Science*, 187, 1211, 1975.
181 Stensaas, Larry J., »Ultrastructure of the human vomeronasal organ«, *Journal of Steroid Biochemistry and Molecular Biology*, 39, 553, 1991.
182 Stern, Kathleen, McClintock, Martha K., »Regulation of ovulation by human pheromones«, *Nature*, 392, 177, 1998.
183 Stoddart, D. Michael, »Effect of the odour of weasels on trapped samples of their prey«, *Oecologia*, 22, 439, 1976.
184 Stoddart, D. Michael, *The Ecology of Vertebrate Olfaction*, London, 1980.
185 Stoddart, D. Michael (Hrsg.), *Olfaction in Mammals*, Symposia of the Zoological Society of London, Bd. 45, 1980.
186 Stoddart, D. Michael, »The role of olfaction in the evolution of human sexual biology«, *Man*, 21, 514, 1986.
187 Stoddart, D. Michael, *The Scented Ape: The Biology and Culture of Human Odour,* Cambridge, 1990.
188 Süskind, Patrick, *Das Parfum. Die Geschichte eines Mörders*, Zürich, 1985.
189 Teichmann, H., »Concerning the power of the olfactory sense of the eel«, *Zeitschrift für vergleichende Physiologie*, 42, 206, 1959.
190 Tester, A. L., »The role of olfaction in shark predation«, *Pacific Science*, 17, 145, 1963.
191 Thiessen, D. D.; Rice, M., »Mammalian scent gland marking and social behaviour«, *Psychological Bulletin*, 84, 505, 1976.
192 Thomas, Lewis, *The Lives of a Cell: Notes of a Biology Watcher*, New York, 1974.
193 Twitty, V. C.; Grant, D. L.; Anderson, O., »Course and timing of the homing migration of a newt«, *Proceedings of the National Academy of Sciences*, 56, 864, 1966.
194 Vandenbergh, J. G., »Male odor accelerates female sexual maturation in mice«, *Endocrinology*, 84, 658, 1969.
195 Van der Lee, S.; Boot, L. M., »Spontaneous pseudopregnancy in mice«, *Acta Physiologica et Pharmacologica*, 4. 442, 1955.
196 Van der Starre, H. (Hrsg.), *Olfaction and Taste VII*, London, 1980.

197 Van Hoven, W., »Trees' secret warning system against browsers«, *Custos*, 13, 11, 1984.

198 Van Toller, Steve; Dodd, G. H. (Hrsg.), *Perfumery: The Psychology and Biology of Fragrance*, London, 1988. Siehe auch »Begriffe aus der Fachsprache der Parfumeure zur Charakterisierung von Duftnoten«, http://www.physik.uni-bremen.de/physics.education/schwedes/text/febsinne.htm.

199 Van Toller, Steve, »Emotion and the brain«, *siehe* Ref. 198.

200 Von Frisch, Karl, »Zur Psychologie des Fisch-Schwarmes«, *Naturwissenschaften*, 26, 601, 1938.

201 Wallace, P., »Individual discrimination of humans by odour«, *Psychology and Behaviour,* 19, 577, 1977.

202 Watson, Lyall, *Heaven's Breath: A Natural History of the Wind*, London, 1984.

203 Watson, Lyall, *Die Nachtseite des Lebens. Eine Naturgeschichte des Bösen*, Frankfurt am Main, 1997.

204 Watson, Lyall, *Geheimes Wissen. Das Natürliche des Übernatürlichen*, Eschborn, 1998.

205 Weller, Aron; Weller Leonhard, »Menstrual synchrony between mothers and daughters and between roommates«, *Physiology and Behaviour,* 53, 943, 1993.

206 Weller, Aron; Weller, Leonhard, »The impact of social interaction factors on menstrual synchrony in the workplace«, *Psychoneuroendocrinology*, 20, 21, 1995.

207 Wenzel, Bernice, »The olfactory and related systems in birds«, *Annals of the New York Academy of Sciences*, 519, 137, 1987.

208 Whitten, W. K., »Modification of the oestrus cycle of the mouse by external sexual stimuli associated with the male«, *Journal of Endocrinology*, 13, 399, 1956.

209 Wiener, Harry, »External chemical messengers: I«, *New York State Journal of Medicine*, 66, 3153, 1966.

210 Wiener, Harry, »External chemical messengers: II«, *New York State Journal of Medicine*, 67, 1144, 1967.

211 Wiener, Harry, »External chemical messengers: III«, *New York State Journal of Medicine*, 67, 1286, 1967.

212 Wilkie, Maxine, »Scent of a market«, *American Demographics*, 17, 40, 1995.

213 Williams, Joseph M., »Synesthetic adjectives«, *Language*, 52, 461, 1976.

214 Wright, Karen, »The sniff of legend«, *Discover*, April 1994, S. 61.

215 Wysocki, Charles J.; Lepri, John J., »Consequences of removing the vomeronasal organ«, *Journal of Steroid Biochemistry and Molecular Biology,* 39, 661, 1991.

Register

Stephen Jay Gould

Ein Dinosaurier im Heuhaufen
Streifzüge durch die Naturgeschichte

Aus dem Amerikanischen von Sebastian Vogel und
Claudia Holfelder-von der Tann
Geb., 608 Seiten mit 34 Abbildungen im Text
ISBN 3-10-027808-9

Mit diesem Buch erweist sich der Evolutionsbiologe und Paläontologe Stephen Jay Gould abermals als virtuoser Essayist. Ganz in der Tradition Montaignes vermag Gould seine Leser zu bannen, indem er Literatur, Wissenschaft und persönliche Ansichten zusammenführt. Ob er über die Sonnenfinsternis in New York, Mary Shelleys »Frankenstein« oder die Trugschlüsse der Eugenik berichtet, stets entwickelt er einen undogmatischen, umfassenden Blick auf die Welt.
Seine großen Themen – Zeit, Geschichte und Evolution – verliert Gould nie aus den Augen. Anders als viele Wissenschaftler geht er davon aus, dass die Evolution kein langsamer, stetiger Prozess ist, sondern von plötzlichen Ereignissen vorangetrieben wird. Lehrreich und unterhaltsam erläutert er seine Theorie anhand vieler überraschender Fragen, deren Antworten sich wie spannende Detektivgeschichten lesen.

S. Fischer